# Design

职业设计师岗位技能培训系列教程

## 从设计到印刷

1DVD 影音视频 教学光盘

# CorelDRAW X6

平面设计师必读

刘 进 刘蒙蒙 李少勇 编著

# Print

U0222154

北京希望电子出版社
**Beijing Hope Electronic Press**
www.bhp.com.cn

# 内 容 简 介

本书全面介绍了 CorelDRAW X6 的基础知识和各项功能，以及相关的印刷知识。

全书共 11 章。第 1~2 章介绍 CorelDRAW X6 和设计开始前的准备工作；第 3~7 章讲解绘制图形、编辑轮廓线和填充颜色、文本和表格的处理、编辑对象、排列与管理对象的方法；第 8~9 章介绍图形特效、位图的转换与处理等高级操作技能；第 10 章给出了印刷过程中逃出陷阱的方法；第 11 章利用综合案例常用艺术文字表现技法、企业 VI 设计、插画设计、包装设计、海报设计等实践了 CorelDRAW 的操作技能。

本书可以作为设计、印刷等专业院校的教材，也可以作为有志从事设计工作的自学人员的学习用书。

本书配套光盘内容为书中部分案例视频教学，同时还配有部分图片素材、场景和效果文件。

图书在版编目（CIP）数据

从设计到印刷 CorelDRAW X6 平面设计师必读 / 刘进，刘蒙蒙，李少勇编著. —北京：北京希望电子出版社，2013.6

职业设计师岗位技能培训系列教程

ISBN 978-7-83002-100-9

Ⅰ . ①从… Ⅱ . ①刘… ②刘… ③李… Ⅲ . ①图形软件－技术培训－教材 Ⅳ . ①TP391.41

中国版本图书馆 CIP 数据核字（2013）第 095566 号

出版：北京希望电子出版社
地址：北京市海淀区上地 3 街 9 号
金隅嘉华大厦 C 座 611
邮编：100085
网址：www.bhp.com.cn
电话：010-62978181（总机）转发行部
010-82702675（邮购）
传真：010-82702698
经销：各地新华书店

封面：深度文化
编辑：刘秀青
校对：刘 伟
开本：787mm×1092mm 1/16
印张：25
印数：1-3500
字数：593 千字
印刷：北京市密东印刷有限公司
版次：2013 年 6 月 1 版 1 次印刷

定价：49.80 元（配 1 张 DVD 光盘）

# 丛 书 序

职业教育是我国教育事业的重要组成部分，是衡量一个国家现代化水平的重要标志，我国一直非常重视职业教育的发展。《国务院关于大力发展职业教育的决定》中明确提出，要"推进职业教育办学思想的转变。坚持'以服务为宗旨、以就业为导向'的职业教育办学方针，积极推动职业教育从计划培养向市场驱动转变，从政府直接管理向宏观引导转变，从传统的'升学导向'向'就业导向'转变。促进职业教育教学与生产实践、技术推广、社会服务紧密结合，推动职业院校更好地面向社会、面向市场办学"。各级政府和社会各界对这种职业教育的办学思路已逐步形成共识，并引导着我国职业教育不断深化改革。

在新闻出版领域中，随着计算机技术的发展，装帧设计、排版输出的软硬件技术也得到了迅速发展。由于缺少专门的培训机构，在岗人员多采取自学的方式来掌握新技术，因此存在技术掌握不系统、不全面的问题，甚至因为错误理解、应用导致印刷错误而造成经济损失。

鉴于以上原因，新闻出版总署教育培训中心开展了"职业数码出版设计师"高级技能人才培训项目。该培训聘请资深软件技术工程师、北京印刷学院等院校的专业讲师以及来自生产一线的实战技能专家共同参与开发教育方案，参照"理论+实践"培训模式，力求切实提高学员的实际工作能力，培养掌握最新技术并具备实际工作水平的专业人才。

## 关于"职业数码出版设计师"培训

"职业数码出版设计师"是同时掌握设计专业知识、相关计算机软件技术以及印刷常识，能够独立完成出版社、杂志社、报社、广告公司、印刷制版中心设计工作的专业设计师。培训包括以下模块。

- Photoshop色彩管理与专业校色模块：系统介绍色彩管理的知识，包括原稿分析，图像阶调的调整，图像色彩的调整，图像清晰度的调整，重要类型图像的校正方法。
- InDesign排版技术应用模块：传授InDesign最新的排版技术，令学员能完成符合印刷要求的排版，掌握使用InDesign的各种技巧，规避排版中的各种错误。
- 印刷基础模块：主要讲解印刷基础知识，如基本概念、印刷分类，印刷品的成色原理与影响色彩还原的因素；典型工艺流程，即"设计—制作—排版—输出—印刷—印后工艺-装订与成型"完整工艺流程。
- 印刷品质量评价与事故鉴别方法：讲解各种特殊印刷品表面装饰工艺：覆膜、局部上光工艺、烫印、模切与凸凹等；以及印刷成本核算与报价方法。

## 关于"从设计到印刷"丛书

本丛书是配合新闻出版总署教育培训中心的"职业数码出版设计师"项目开发的教材，包括如下4本。

- 《从设计到印刷Photoshop CS6平面设计师必读》
- 《从设计到印刷InDesign CS6平面设计师必读》
- 《从设计到印刷Illustrator CS6平面设计师必读》
- 《从设计到印刷CorelDRAW X6平面设计师必读》

本丛书通过大量实际案例，结合培训中4个模块的专业知识，将软件的功能与设计、印刷专业知识精心结合并进行综合分析与介绍，贯彻"从设计到印刷"的理念，培养和提高职业数码设计师、平面设计师等相关从业人员的实际工作技能。

编著者

设计是有目的的策划，平面设计是这些策划将要采取的形式之一。在平面设计中，设计师需要用视觉元素来传播设想和计划，用文字和图形把信息传达给受众，让人们通过这些视觉元素了解设计师的设计愿望。

作为一名工业设计师，必须掌握若干种能迅速、真实表达创意的工具。从专业角度分析，Alias类的高端工业设计软件是最适合做产品设计的，因为从最初草图创意到后期数控加工，整个流程几乎是无缝的连接，而且每一个环节都能淋漓尽致地表现设计师的天赋。遗憾的是，不是每一个人、每一个企业都能负担得起这种专业工具的使用，不仅仅是软件本身的价格高和操作难度大，相关的设备也需要很大的投入。从我国国情考虑，价格低廉、操作简便的软件更适合大部分的企业和设计工作室。实际情况也是如此，相当数量的工业设计师依然在使用平面设计软件进行创意和效果制作。

设计软件是设计师完成视觉传达的得力助手。在平面类设计软件中，最深入人心的当数Photoshop、Illustrator、InDesign和CorelDRAW软件，它们分工协作，相辅相成。

平面设计软件大致可以分为图像软件（如Photoshop）、图形软件（如Illustrator、CorelDRAW）、排版软件（如InDesign、CorelDRAW）三类。图像软件和图形软件的区别就如同给设计师一个照相机和一支画笔，设计师可以选择将物品拍下来，也可以选择将物体画出来；排版软件区别于其他两类软件的地方是能对文字进行更加高效精确的编辑，对版面的控制也更方便。

CorelDRAW软件是与Illustrator、FreeHand等齐名的矢量绘图软件，广泛应用于平面设计、插图制作、排版印刷、网页制作等领域。虽然CorelDRAW属于平面设计软件，但由于其方便、快捷的操作方式、能够很好地表现图像外观，许多人也将CorelDRAW用于产品效果制作。

以商业印刷为目的的商业设计，还需要设计师对印刷知识有一定的了解。商业设计印刷流程可以理解为一个"分分合合"的过程：收集客户提供的各种图文素材是"分"；在电脑中完成各种素材的设计组合为"合"；对设计好的文件进行分色输出是"分"，对分色输出的媒介（菲林片、PS版）配上不同的油墨重新组合印刷为"合"。深刻理解这个过程，有助于设计师对商业印刷设计的精确把握。

本书由刘进、刘蒙蒙、李少勇编著，参与编写的还有于海宝、徐文秀、吕晓梦、孟智青、李茹、赵鹏达、张林、王雄健、李向瑞、张恺、荣立峰、胡恒、王玉、刘峥、张云、贾玉印、张春燕、刘杰、罗冰、陈月娟、陈月霞、刘希林、黄健、黄永生、田冰、徐昊，北方电脑学校的温振宁、黄荣芹、刘德生、宋明、刘景君、张锋、相世强、徐伟伟、王海峰诸位老师，在此一并表示感谢。

在创作的过程中，由于水平有限，错误在所难免，希望广大读者批评指正。邮箱：bhpbangzhu@163.com。

编著者

# CONTENTS 目 录

# 第8章 图形特效

# 第9章　位图的转换与处理

# 第10章　逃出陷阱

# 第11章 综合案例

第 **1** 章

# 认识
# CorelDRAW X6

Chapter
# 01

**本章要点：**

　　本章将对CorelDRAW X6进行简单的介绍，包括CorelDRAW在设计流程和印刷设计中的作用，CorelDRAW X6的安装、启动、工作环境介绍以及文件的操作等基础知识，使读者对CorelDRAW X6有初步的了解。

**主要内容：**

- 基础知识
- CorelDRAW在设计流程中的重要作用
- CorelDRAW在印刷设计中的运用
- 软件的安装
- 启动CorelDRAW X6
- CorelDRAW X6的工作环境
- 文件的操作
- 页面设置
- 视图控制
- 图形对象的导入与导出
- CorelDRAW X6的优化设置

# 1.1 基础知识

本节讲解的基础知识主要包括矢量图形、位图图像和颜色模式等内容。

矢量图形与位图图像是在平面设计时根据所使用的程序以及最终存储方式的不同而生成的两种文件类型。在平面设计过程中，区分矢量图形和位图图像所具有的不同性质非常重要。

## 1.1.1 矢量图形与位图图像

计算机图形主要分为两类：矢量图形和位图图像。在CorelDRAW应用程序中，可以将矢量图形转换为位图，然后在CorelDRAW中应用不能用于矢量图形或对象的特殊效果。在进行转换时，可以选择位图的颜色模式。颜色模式决定构成位图的颜色数量和种类，因此文件大小也受到影响。

将矢量图形转换为位图时，还可以确定多种设置，例如背景透明度和颜色预置文件等。

### 1. 矢量图形

矢量图形（也称为向量图形）是由被称为矢量的数学对象定义的线条和曲线组成，矢量根据图像的几何特性描绘图像。

矢量图形与分辨率无关，可以将图形缩放到任意尺寸，也可以按任意分辨率打印，都不会丢失细节或降低清晰度。因此，矢量图形在标志设计、插图设计及工程绘图上占有很大的优势，如图1-1所示。

由于计算机显示器呈现图像的方式是在网格上显示图像，因此，矢量数据和位图数据在屏幕上都会显示为像素。

在平面设计方面，制作矢量图的程序主要有CorelDRAW、FreeHand、PageMaker和Illustrator等程序。CorelDRAW程序常用于PC机，FreeHand程序常用于Mac（苹果）机；PageMaker和Illustrator程序可用于PC机，也可用于苹果机，它们都是对图形、文字、标志等对象进行处理的程序。

### 2. 位图图像

位图图像（也称为点阵图像）是由许多点组成的，其中每一个点称为像素，而每个像素都有一个明确的颜色，如图1-2所示。在处理位图图像时，用户所编辑的是像素，而不是对象或形状。

图1-1　矢量图形的显示　　　　　　　图1-2　位图图形的显示

位图图像是连续色调图像（例如照片或数字绘画）最常用的电子媒介，因为它们可以表现阴影和颜色的细微层次。位图图像与分辨率有关，也就是说，它们包含固定数量的像素。因此，如果在屏幕上对它们进行缩放或低于创建时的分辨率来打印它们，将丢失其中的细节，并会呈现锯齿状。

在平面设计方面，制作位图的程序主要是Adobe公司推出的Photoshop程序与微软公司推出的画图程序，其中Photoshop程序是目前平面设计中图形图像处理的首选程序。

## 1.1.2  颜色模式

CorelDRAW软件中的应用程序允许用户使用各种各样符合行业标准的调色板、颜色混合器以及颜色模型来选择和创建颜色。可以创建并编辑自定义调色板，用于存储常用颜色以备将来使用。也可以通过改变色样大小、调色板中的行数和其他属性来自定义调色板在屏幕上的显示方式。

颜色模式用于定义组成图像的颜色数量和类别的系统。黑白、灰度、RGB、CMYK和调色板颜色就是几种不同的颜色模式。

颜色模型：一种简单的颜色图表，它定义颜色模式中显示的颜色范围。以下是几种颜色模型：RGB（红色、绿色和蓝色），CMY（青色、品红色和黄色），CMYK（青色、品红、黄色和黑色），HSB（色度、饱和度和亮度），HLS（色度、光度和饱和度）以及CIE L*a*b（Lab），如图1-3所示。

在CorelDRAW中处理的图像的颜色以颜色模式为基础。颜色模式定义图像的颜色特征，并由其组件的颜色来描述。CMYK颜色模式由青色（C）、品红色（M）、黄色（Y）和黑色（K）值组成，RGB颜色模式由红色（R）、绿色（G）和蓝色（B）值组成。

图1-3  颜色模型的显示

采用CMYK模式印刷可以产生真实的黑色和范围很广的色调。在CMYK颜色模式中，颜色值是以百分数表示的，因此一个值为100的墨水意味着它是以全饱和度应用的。

尽管从屏幕上看不出CMYK颜色模式的图像与RGB颜色模式的图像之间的差别，但是这两种图像是截然不同的。在图像尺度相同的情况下，RGB图像的文件大小比CMYK图像要小，但RGB颜色空间或色谱却可以显示更多的颜色。因此，凡是用于要求有精确色调逼真度的Web或桌面打印机的图像，一般都采用RGB模式。在商业印刷机等需要精确打印再现的场合，图像一般采用CMYK模式创建。调色板颜色图像在减小文件大小的同时力求保持色调逼真度，因而适合在屏幕上使用。

每次转换图像的颜色模式时，都可能会丢失颜色信息。因此应该先保存编辑好的图像，再将其更改为不同的颜色模式。

CorelDRAW支持黑白（1位）、灰度（8位）、双色调（8位）、调色板（8位）、RGB颜色（24位）、Lab颜色（24位）与CMYK颜色（32位）等颜色模式。

## 1.2 CorelDRAW在设计流程中的重要作用

　　CorelDRAW作为一款集绘图和排版于一身的优秀的设计软件，在平面设计流程中占据着重要位置，它可以为其他的排版软件提供绘制的图形，也可以接受其他软件生成的图片完成排版，直接用于输出印刷。

　　通过流程图，能够直观地看到3类常用设计软件的不同作用，以及它们共同协作完成商业品的制作流程，如图1-4所示。

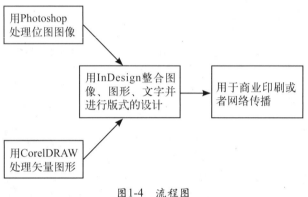

图1-4　流程图

## 1.3 CorelDRAW在印刷设计中的运用

　　使用CorelDRAW软件为企业绘制标志、图形，排版书刊、画册是设计师必备的技能。CorelDRAW常用来处理以下工作。

### 1. 地图

　　利用CorelDRAW的手绘工具，设计师能轻松地完成绘制路径以及在地图中的路线上进行描边的工作。使用CorelDRAW的自定义符号，可以节省时间，并显著地减小文件的大小，如图1-5所示。

### 2. 海报、名片

　　使用CorelDRAW的绘图功能、文字变形功能和图案编辑功能，可以制作出各种各样的海报、名片，制作的海报效果如图1-6所示。

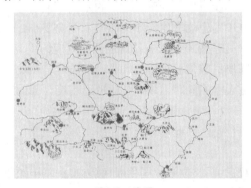

图1-5　地图

图1-6　海报

### 3. 户型图

使用CorelDRAW可以制作出房地产宣传页中使用的户型图，如图1-7所示。

### 4. 画册

用CorelDRAW可以制作企业宣传画册和书刊，如图1-8所示。

图1-7　户型图

图1-8　宣传画册

## 1.4　软件的安装

下面介绍CorelDRAW X6的运行环境以及安装方法。

### 1.4.1　CorelDRAW X6 的运行环境

CorelDRAW X6对系统的要求较高，在安装与使用CorelDRAW X6之前，首先要了解一下CorelDRAW X6对系统的基本要求。CorelDRAW X6简体中文版对系统的要求如表1-1所示。

表1-1　CorelDRAW X6系统需求

| 操作系统 | Windows 7（32位或64位）、Windows Vista（32位或64位）或Windows XP（所有版本） |
|---|---|
| CPU（处理器） | Pentium 4或AMD Athlon 64 （或更高） |
| 内存 | 1GB或更高 |
| 硬盘 | 80GB或更高 |
| 显示器 | 1024像素×768像素或更高 |
| 驱动器 | DVD-ROM |

### 1.4.2　CorelDRAW X6 的安装步骤

**STEP 01** 将CorelDRAW X6的安装光盘放入光盘驱动器，系统会自动运行CorelDRAW X6的安装程序。首先屏幕中会弹出一个安装前提，如图1-9所示，单击【继续】按钮。然后CorelDRAW X6的安装程序会弹出一个用户许可协议，单击【接受】按钮，如图1-10所示。

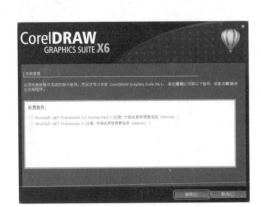

图1-9 CorelDRAW X6安装前提

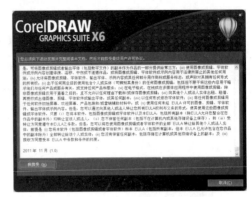

图1-10 CorelDRAW X6用户许可协议

**02** 在该对话框中的【序列号】文本框中填入序列号进行安装，如果用户没有序列号，也可以单击下方的【我没有序列号，我想试用产品】按钮，然后单击【下一步】按钮，如图1-11所示。

**03** 此时会从弹出CorelDRAW X6的安装选项，单击【自定义安装】按钮，然后单击右下角【Cancel】按钮，如图1-12所示。

图1-11 输入序列号或选择安装试用版

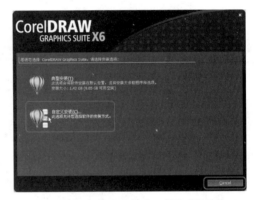

图1-12 自定义安装CorelDRAW X6

**04** 在所弹出的对话框中，单击【选项】按钮，然后单击【更改】按钮，选择CorelDRAW X6软件所要安装的文件夹，如图1-13所示。

**05** 安装路径选择完成后，单击右下角的【现在开始安装】按钮，CorelDRAW X6会自动弹出安装进程界面，如图1-14所示，安装过程需等待几分钟。

图1-13 CorelDRAW X6选择安装路径

图1-14 安装进程界面

**06** 安装完成后，会显示一个安装完成界面，如图1-15所示。单击【完成】按钮，完成CorelDRAW X6的安装。软件安装结束后，CorelDRAW X6会自动在Windows程序组中添加一个CorelDRAW X6的快捷方式，如图1-16所示。

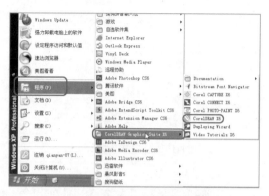

图1-15　完成安装界面　　　　　　　　　图1-16　CorelDRAW X6的快捷方式

## 1.5　启动CorelDRAW X6

　　如果用户的计算机上已经安装好CorelDRAW X6程序，即可启动程序。启动程序的方法如下。

**01** 在Windows系统的【开始】菜单中选择【程序】|【CorelDRAW Graphics Suite X6】|【CorelDRAW X6】命令，如图1-17所示。

**02** 即可出现如图1-18所示的启动界面。

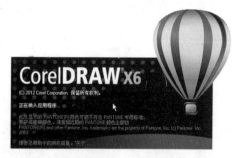

图1-17　在程序菜单中启动　　　　　　　　图1-18　启动界面

**03** 在完成启动CorelDRAW X6后会出现如图1-19所示的欢迎屏幕窗口。

**04** 在欢迎屏幕窗口中单击【新建空白文档】图标，即可新建一个文件，并正式进入CorelDRAW X6程序窗口，如图1-20所示。

**05** 这样，CorelDRAW X6程序就启动完成了。

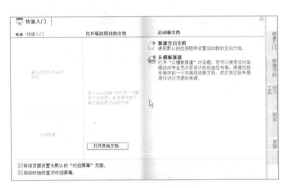

图1-19　欢迎屏幕窗口

图1-20　CorelDRAW X6程序窗口

# 1.6　CorelDRAW X6的工作环境

　　CorelDRAW X6的操作界面主要由标题栏、菜单栏、标准工具栏、标尺栏、属性栏、工具箱、状态栏、绘图窗口（绘图窗口中包括绘图页和草稿区）、泊坞窗、窗口控制按钮和默认CMYK调色板等部分组成，如图1-21所示。

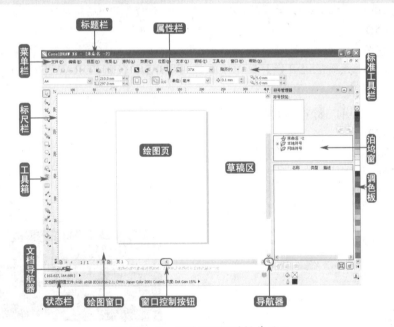

图1-21　CorelDRAW X6的操作界面

　　通过菜单栏、工具栏、工具箱、属性栏和泊坞窗，可以使用各种应用程序命令。通过属性栏和泊坞窗，可以使用与活动工具或当前任务相关的命令。属性栏、泊坞窗、工具栏和工具箱都可以随时打开、关闭以及在屏幕上移动。

　　窗口控制按钮由▢▢✕组成，它们的功能如下。

- 最小化按钮▬：在程序窗口中单击该按钮，可以将窗口缩小为一个按钮 ▧ CorelDRAW X6 - [ 并存放到Windows的任务栏中；如果在任务栏中单击按钮 ，则会将程序窗口还原；在图形窗口中单击按钮 _，可将窗口缩小为一个小图标 ，并存放到程序窗口的左下角。

- 还原按钮：单击该按钮，窗口缩小一部分并显示在屏幕中间；当该按钮变成时称为最大化按钮，单击按钮，则窗口放大并且覆盖整个屏幕。

- 关闭按钮：单击该按钮，可以关闭窗口或对话框。

## 1.6.1 标题栏

CorelDRAW X6的标题栏与其他Windows应用程序相同，位于工作区的顶部，主要显示程序图标与程序名称。如当前编辑的图像文件处于最大化显示，左侧位置还显示当前图像文件的名称及其路径。

> **提示** 在标题栏中双击，可以使CorelDRAW X6窗口在最大化与还原状态之间切换；当CorelDRAW X6窗口处于还原状态时，在标题栏中按住左键拖动，可将CorelDRAW窗口移动到屏幕的任意位置。

## 1.6.2 菜单栏

菜单栏是CorelDRAW X6的重要组成部分，和其他应用程序一样，CorelDRAW X6将绝大多数功能的命令分类后，分别放在11个菜单中。菜单栏提供了包含【文件】、【编辑】、【视图】、【布局】、【排列】、【效果】、【位图】、【文本】、【表格】、【工具】、【窗口】、【帮助】12个菜单，只要单击其中某一菜单，即会弹出一个下拉菜单，如图1-22所示。如果命令为浅灰色，则表示该命令在目前状态下不能执行。命令右边的字母组合键表示该命令的键盘快捷键，按该快捷键即可执行该命令，使用键盘快捷键有助于提高操作效率。有的命令后面带省略号，则表示有对话框出现。

图1-22 【文件】菜单

## 1.6.3 标准工具栏

默认情况下，操作界面中显示标准工具栏，其中包含许多菜单命令的快捷方式按钮和控件，如图1-23所示。

图1-23 标准工具栏

## 1.6.4 属性栏

属性栏显示与当前活动工具或所执行的任务相关的最常用的功能。尽管属性栏外观看起来像工具栏，但是其内容随使用工具或任务的变化而变化。如在工具箱中选择矩形工具时，属性栏中就会显示与矩形相关的操作命令，如图1-24所示。

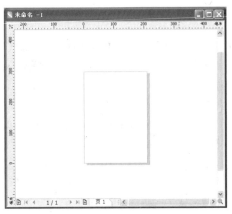

图1-24 矩形工具属性栏

## 1.6.5 绘图窗口

绘图窗口是绘制与编辑图形的区域，它包括草稿区与绘图页。绘图窗口中央的矩形就是用于创建图形的绘图页，如图1-25所示，只有在绘图页中绘制的图形才能被打印出来。绘图页以外的区域为草稿区，可以在其中绘制或编辑与绘图页中相关的图形，然后将其拖动并复制到绘图页中，起到绘图的辅助作用。

如果是打开的文件，则在标题栏上会显示其文件的路径。如果是新建的文件并未保存过，则用【图形】加上数字（1、2、3、4……）作为文件的名称。

在绘图窗口中可以实现所有的绘制与编辑功能，也可以对窗口进行多种操作，如改变窗口的大小和位置、对窗口进行缩放、最大化与最小化窗口等。

图1-25 绘图页

## 1.6.6 工具箱

图1-26为工具箱，第一次启动应用程序时，工具箱出现在屏幕的左侧。当用鼠标指向工具图标时成三维凸起状态，单击呈凹下状态时即已经选中此工具，可用它进行工作。图1-26中选中并使用的工具为缩放工具，而指向矩形工具时图标则呈现凸起状态，如果稍停留片刻，则会出现工具提示。提示括号中的字母则表示该工具的快捷键（在键盘上按F6键，即可选择矩形工具）。

如果在工具右下方有小三角形图标，则表示其中还有其他工具，单击小三角图标即可弹出一个工具组，如图1-27所示，用户可从中选择所需的工具。

工具箱中一些工具的属性显示在属性栏内。用户可以在属性栏中使用文字、选择、绘图、取样、编辑、移动、颜色、裁剪和查看图形等功能。

图1-26 工具箱　　图1-27 弹出的工具组

### 1.6.7 泊坞窗

泊坞窗显示与对话框类型相同的控件，如命令按钮、选项和列表框。与大多数对话框不同，泊坞窗可以在操作文档时一直打开，便于使用各种命令来尝试不同的效果。

【对象属性】泊坞窗既是一例。打开该泊坞窗时，可以单击绘图窗口中的对象，然后查看对象的格式、尺寸和其他属性，也可以在其中编辑选择对象的属性，如图1-28所示。

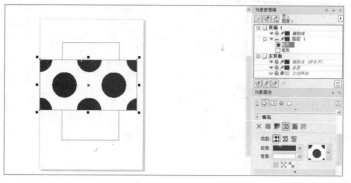

图1-28 【对象属性】泊坞窗

CorelDRAW X6提供了27个泊坞窗，如图1-29、图1-30所示。泊坞窗既可以停放，也可以浮动。停放泊坞窗就是将其附加到应用程序窗口的边缘。也可以折叠泊坞窗以节省屏幕空间。取消停放泊坞窗会使其与工作区的其他部分分离，用户也可将它拖放到屏幕的任何位置上。只要将鼠标指针指向面板标题栏中的两条横线或蓝色条，并按住左键不放，将它拖到屏幕所需的位置后松开鼠标左键即可。

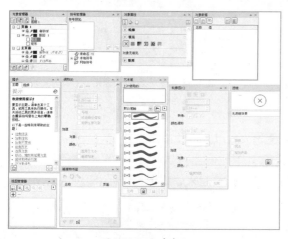

图1-29 泊坞窗1

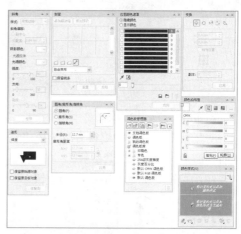

图1-30 泊坞窗2

如果同时打开了几个泊坞窗，通常会嵌套显示，并且只有一个泊坞窗完整显示。可以通过单击泊坞窗的标签快速显示隐藏的泊坞窗。

#### 1. 分离或嵌套泊坞窗

有时需要对泊坞窗进行重新组合，有时则需要将它们独立分开。将常用的泊坞窗嵌套在一起可以节省屏幕的空间，从而留出更大的绘图、编辑空间，也可以更方便快捷地调出所需的泊坞窗。嵌套后的泊坞窗只需单击泊坞窗的标签，即可以在泊坞窗之间进行切换，并且这些泊坞窗将被一起打开、关闭或最小化。

（1）分离泊坞窗

先将指针指向要分离的泊坞窗的标签上，再按住左键并向泊坞窗外拖移，如图1-31所示，松开左键后即可将泊坞窗从嵌套群组中分离出来，如图1-32所示。

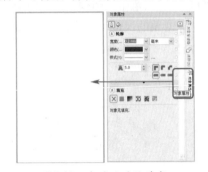

图1-31　向外移动泊坞窗　　　　　　　图1-32　移动泊坞窗后的效果

（2）嵌套泊坞窗

先将指针指向泊坞窗的标或标题栏上，再按住左键并向需要嵌套的泊坞窗中拖移，当泊坞窗中显示一个虚线粗方框时，如图1-33所示，松开左键即可将它们嵌套在一起，如图1-34所示。

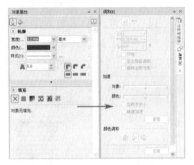

图1-33　移动嵌套的泊坞窗　　　　　　图1-34　移动后的效果

### 2. 折叠与展开泊坞窗

对于已经打开的泊坞窗有时需要将它们折叠起来，以加大绘图窗口的显示，有时则需要展开泊坞窗来查看与修改其参数。

在泊坞窗的标题栏中单击⯈按钮，即可将泊坞窗折叠起来，如图1-35所示。单击⯇按钮，可以将泊坞窗展开，如图1-36所示。

图1-35　折叠泊坞窗　　　　　　　　　图1-36　展开泊坞窗

### 3. 关闭泊坞窗

如果不想使用某泊坞窗，可以将其关闭，只需要单击泊坞窗右上角的关闭按钮 × ，即可将其关闭。

## 1.6.8　文档导航器

文档导航器是位于应用应用程序窗口左下方的区域，包含用于页面间移动和添加页的控件，如图1-37所示。

图1-37　文档导航器

## 1.6.9　状态栏

状态栏显示有关选定对象（如颜色、填充类型和轮廓、光标位置和相关命令）的信息。状态栏还显示鼠标指针的当前位置以及相关命令，如图1-38所示。如果要使绘图窗口更大，可以隐藏状态栏。也可以移动状态栏的位置。

( 595.896, 71.965 )　　▶　　　　　　　　　　矩形 于 桌面
文档颜色预置文件: RGB: sRGB IEC61966-2.1; CMYK: Japan Color 2001 Coated; 灰度: Dot Gain 15% ▶

图1-38　状态栏

## 1.7　文件的操作

本节将详细介绍CorelDRAW X6程序文件的新建、打开、保存、关闭、退出等操作，同时还对相关对话框中的按钮与选项进行说明。

启动程序后，可以在欢迎窗口中直接单击相关的图标来新建、打开或查看相关文件。但是我们在创作与设计时，通常制作好一个作品后还需要再制作一个作品，所以经常会需要新建一个或者多个文件或打开所需的文件来进行创作与设计。

如果一个作品文件制作好了，则需要将其保存起来，以备后用；保存好后如果不再需要编辑与修改，则可以将其关闭；也可以同时打开一个或多个已经做好后的文件进行编辑与修改。

## 1.7.1　新建文件

当用户启动CorelDRAW X6程序时，会出现一个欢迎窗口，在其中单击【新建空白文档】图标，即可新建一个文件。

如果将【启动时始终显示欢迎屏幕】勾选，则启动CorelDRAW X6程序的同时会新建一个文件。如果每新建一个文件就去启动CorelDRAW X6程序，那既会浪费时间，又操作麻烦。所以还提供了几种新建文件的方法。

**注意** 在第一次启动CorelDRAW X6程序时会显示欢迎屏幕窗口，如果用户此时取消【启动时始终显示欢迎屏幕】复选框的勾选，则会在下次启动CorelDRAW X6时不会显示欢迎屏幕窗口。

- 方法一：在菜单栏中选择【文件】|【新建】命令，如图1-39所示。或在标准工具栏中单击【新建】按钮或按Ctrl+N组合键，即可新建一个空白文件，并同时将它进行命名，如图1-40所示。

图1-39　选择【新建】命令　　　　　　　　图1-40　新建的空白文档效果

**提示**　在标准工具栏中存放着一些常用命令按钮，用户直接单击所需的按钮，即可执行相应的命令。

- 方法二：用户可由模板新建一个图形文件。在菜单栏中选择【文件】|【从模板新建】命令，如图1-41所示，弹出【从模板新建】对话框，然后在窗口中选择所需要的模板，如图1-42所示，选择完成后单击【打开】按钮，即可新建一个由模板新建的文件，如图1-43所示，这样用户就可以根据该模板进行编辑，输入相关文字或绘图了。

 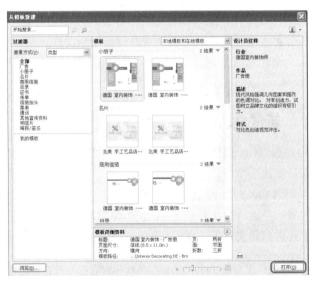

图1-41　选择【从模板新建】命令　　　　　图1-42　【从模板新建】对话框

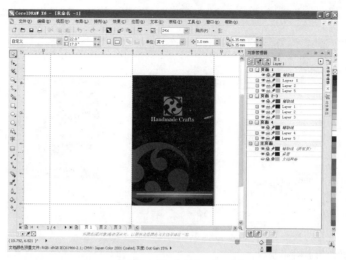

图1-43　新建模板效果

【从模板新建】对话框中相应的标签的说明如下。

- 单击【全部】标签，即可在文件列表中选择所需的全页面模型，单击【进入】按钮，即可在新建的文件中根据模型进行编辑与输入相关的文字。
- 单击【小册子】标签，则可以新建一些预设好的小册子文件，用户只需在其中输入相关的内容，然后直接保存就可以了，也可以根据需要进行相应的修改。
- 单击【名片】标签，则可以新建一些预设好的名片文件，用户只需在其中输入相关的内容，输入好后直接保存就可以了，也可以根据需要进行相应的修改。
- 单击【商用信笺】标签，则可以新建一些预设好的信笺文件，用户只需在其中输入相关的内容，输入好后直接保存就可以了，也可以根据需要进行相应的修改。
- 单击【明信片】标签，则可以新建一些预设好的明信片文件，用户只需在其中输入相关的内容，输入好后直接保存就可以了，也可以根据需要进行相应的修改。
- 单击【我的模版】标签，则可以在其中选择一些自定义的模型文件来新建文件，用户也可以直接在其中进行一些相关的修改。

提示　用户可以在【从模板新建】对话框中单击相应的标签，显示相关的内容，然后在对话框的文件列表中选择所需的模板，再单击【打开】按钮，即可将选择的模型新建到程序窗口中，这样就可以应用该模板编辑所需的内容了。

## 1.7.2　打开文件

在菜单栏中选择【文件】|【打开】命令或单击■按钮，弹出如图1-44所示的【打开绘图】对话框，在【查找范围】下拉列表中选择文件所在的文件夹，再在文件夹中选择所需的文件，然后单击【打开】按钮；也可以直接双击要打开的文件，即可将选择的文件在程序窗口中打开，如图1-45所示。

如果要打开多个文件，在【打开绘图】对话框中按住Ctrl或Shift键不放并用鼠标左键单击所需打开的文件，选择好后单击【打开】按钮，即可同时打开多个文件。

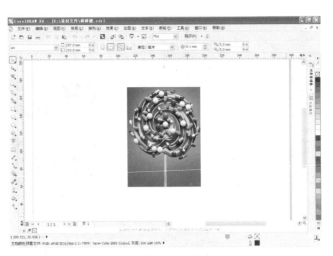

图1-44 【打开绘图】对话框　　　　　　　　　　　图1-45 打开的文件效果

## 1.7.3 保存文件

CorelDRAW X6程序支持多种文件格式，用户可根据需要将图形保存为不同格式的文件，绘制好图形后一定要进行保存。具体的操作步骤如下。

**STEP 01** 按Ctrl+N组合键新建一个文件，用户可在CorelDRAW X6程序中使用工具箱中的绘图工具（例如椭圆工具）随意绘制一个图形，也可用【导入】命令导入图片，如图1-46所示是图片效果。

图1-46 图片效果图

**STEP 02** 在菜单栏中选择【文件】|【保存】命令或单击标准工具栏中的【保存】按钮，由于文件是第一次保存，因此会弹出【保存绘图】对话框，用户可根据需要在【文件名】文本框中输入所需的文件名称，在【保存类型】下拉列表中选择所需的文件格式（这里采用默认值），如图1-47所示。单击【保存】按钮，即可将文件保存，并可在标题栏中看到图形文件的名称已经改为所命名的名称，并显示其路径，且标准工具栏中的【保存】按钮呈灰色不可用状态，如图1-48所示。

图1-47 【保存绘图】对话框

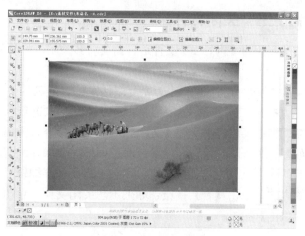

图1-48 保存完成后的效果

【保存绘图】对话框中选项说明如下。

- 在【保存类型】下拉列表中可以选择所要保存文件的文件格式。
- 在【关键字】文本框中可以输入该文件的相关内容（例如创建时间、公司名称、文件中的关键字等），在【注释】文本框中同样可以输入该文件的相关内容（例如公司名称、用途等）。一般情况下不对其进行说明与注释。
- 如果勾选【只是选定的】复选框，则只保存在图形窗口中选择的对象；如果不勾选【只是选定的】复选框，则保存图形窗口中的所有对象。
- 还可根据需要选择要保存的版本、缩略图显示颜色，是否使用网页、兼容、文件名等。

## 1.7.4 文件窗口的切换

如果用户在程序窗口中打开了多个文件，就存在文件窗口的切换问题。

一种方式是从【窗口】菜单中选择文件名称；另一种方式是在【窗口】菜单中执行【垂直平铺】或【水平平铺】命令，将所打开的多个文件平铺，然后直接在窗口中单击，即可以使该文件为当前可编辑的文件，如图1-49所示。

图1-49 垂直平铺多个文件效果

### 1.7.5 关闭文件

当用户编辑好一个文件后，需要将其关闭，如何关闭文件呢？

情况一：如果文件经过编辑后已经保存了，则只需在菜单栏中执行【文件】|【关闭】命令或在绘图窗口的标题栏中单击关闭按钮 ，就可将文件关闭了。

情况二：如果文件经过编辑后，但并未进行保存，则在菜单栏中执行【文件】|【关闭】命令，弹出如图1-50所示的【警告】对话框，如果需要保存编辑后的内容，单击【是】按钮；如果不需要保存编辑后的内容，单击【否】按钮；如果不想关闭文件，单击【取消】按钮。

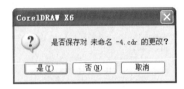

图1-50 【警告】对话框

### 1.7.6 退出程序

当不想使用CorelDRAW X6程序来绘制与编辑文件时，可以将该程序退出，如何退该程序呢？

如果程序窗口中的文件已经全部关闭，则在【文件】菜单中执行【退出】命令，即可直接将CorelDRAW X6程序关闭。

如果程序窗口中还有文件没有保存，并且需要保存时，请先将其进行保存；如果不需要保存，则可以在【文件】菜单中执行【退出】命令，弹出【警告】对话框，在其中单击【否】按钮，同样可退出CorelDRAW X6程序。

## 1.8 页面设置

页面设置是指设置页面打印区域（即绘图窗口中有阴影的矩形区域）的大小、方向、背景、版面等。为什么称为页面打印区域？是因为只有这部分区域的图形才会被打印输出。

绘图从指定页面的大小、方向与版面样式设置开始。

指定页面大小的途径有两条：即选择预设页面大小或创建用户自己的页面。可以从众多预设页面大小中进行选择，范围从法律公文纸与封套到海报与网页。如果预设页面大小不符合用户的要求，可以通过指定绘图尺寸来创建自定义页面大小。

页面方向既可以是横向的，也可以是纵向的。在横向页面中，绘图的宽度大于高度；而在纵向页面中，绘图的高度大于宽度，如图1-51所示。添加到绘图项目中的任何页面都采用当前方向；但用户可以对绘图项目中的每个页面指定不同的方向。用户指定页面版面时选择的选项可以作为创建所有新绘图的默认值，也可以调整页面的大小和方向，以便用于打印的标准纸张设置匹配。

按Ctrl+N组合键新建一个文件，再在菜单栏中执行【布局】|【页面设置】命令，弹出如图1-52所示的对话框，可以设置所需的页面尺寸、布局、标签与背景等。

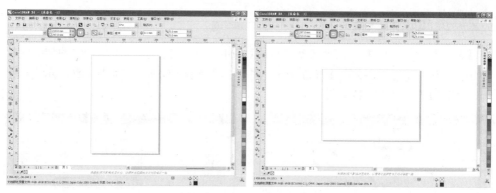

图1-51　纵、横向页面显示

图1-52　【选项】对话框

## 1.8.1　页面大小与方向设置

在【选项】对话框的左边栏中选择【页面尺寸】项目，就会在右边栏中显示它的相关设置。可以在【大小】下拉列表中选择所需的预设页面大小，如图1-53所示；也可以在【宽度】与【高度】文本框中输入所需的数值，来自定页面大小；如果只需调整当前页面大小，勾选【只将大小应用到当前页面】复选框；如果需要从打印机设置，单击【从打印机获取页面尺寸】按钮；如果需要添加页框，单击【添加页框】按钮；如果要将页面设为横向，选择【横向】按钮。

图1-53　【纸张】下拉列表

**注意**

用户也可以在如图1-54所示的属性栏中来设定页面的大小与方向，在 A4 （纸张类型／大小）列表中选择所需的预设页面大小；在 （纸张宽度和高度）文本框中可以输入所需的纸张大小；单击 （纵向）按钮，可以将页面设为纵向；单击 （横向）按钮，可以将页面设为横向。

图1-54　属性栏

## 1.8.2 页面版面设置

在【选项】对话框的左边栏中选择【布局】项目，就会在右边栏中显示它的相关设置，如图1-55所示。用户可以在其中的【布局】下拉列表中选择所需的版式，如图1-56所示，如果需要对开页，可以勾选【对开页】复选框。

图1-55　设置布局　　　　　　　　　　　　图1-56　【布局】下拉列表

## 1.8.3 页面背景设置

在【选项】对话框的左边栏中选择【背景】项目，就会在右边栏中显示它的相关设置，如图1-57所示，用户可以在其中单击【纯色】或【位图】单选按钮来设置所需的背景颜色或图案，默认状态为【无背景】。

如果单击【纯色】单选按钮，其后的按钮呈活动可用显示，打开调色板，可以在其中选择所需的背景颜色，如图1-58所示。选择好后在【选项】对话框中单击【确定】按钮，即可将页面背景设为该颜色，如图1-59所示。

如果单击【位图】单选按钮，其后的【浏览】按钮呈活动可用显示，单击它弹出【导入】对话框，可在其中选择要作为背景的文件，如图1-60所示。

选择好后单击【导入】按钮，其中的【来源】选项呈活动状态，并且还显示了导入位图的路径，如图1-61所示。单击【确定】按钮，即可将选择的文件导入到新建文件中，并自动排列为文件的背景，如图1-62所示。

图1-57　设置背景　　　　　　　　　　　　图1-58　设置背景颜色图

图1-59　设置完成后的效果

图1-60　浏览位图

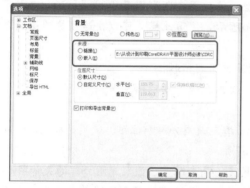

图1-61　显示导入位图路径效果

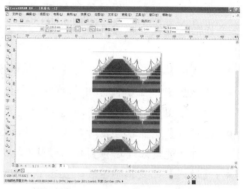

图1-62　设置完背景后的效果

## 1.9　视图控制

　　在进行创作的过程中，经常要对视图进行放大以观察局部细节，缩小以查看整体版面或者改变页面的显示模式。下面介绍视图控制方法。

### 1.9.1　改变显示比例

　　选择工具箱中的【缩放工具】 ，此时，光标会变成 形状，将光标移动到需要放大的区域，单击鼠标左键，则该区域就会放大两倍显示；按住Shift键单击鼠标左键或者单击鼠标右键，图形会缩小至原来的1/2倍显示。还可以用鼠标拖曳框选出一个区域，使该区域放大显示，如图1-63所示；按住Shift键单击鼠标左键或按住鼠标右键框选，可使该区域缩小显示。

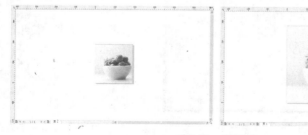

图1-63　比例图

> **提示**
>
> 也可以通过缩放工具属性栏内的按钮来改变显比例，如图1-64所示。 
>
> 50% ⊕ ⊖ ⊝ ⊕ ⊕ ⊡ ⊡
>
> 图1-64  缩放工具属性栏

## 1.9.2  改变显示模式

在图形绘制的过程中，需要以适当的方式查看绘制的效果。在【视图】菜单中提供了8种图形的显示模式：【简单线框】、【线框】、【草稿】、【正常】、【增强】、【像素】、【模拟叠印】和【光栅化复合效果】，如图1-65所示。

- 【简单线框】：通过隐藏填充、立体模型、轮廓图、阴影以及中间调和形状来显示绘图的轮廓；也以单色显示位图，如图1-66所示。使用此模式可以快速预览绘图的基本元素。

- 【线框】：在简单的线框模式下显示绘图及中间调和形状。

- 【草稿】：显示低分辨率的填充和位图。使用此模式可以消除某些细节，使用户能够关注绘图中的颜色均衡问题。

- 【正常】：显示绘图时，不显示 PostScript 填充或高分辨率位图。使用此模式时，刷新及打开速度比【增强】模式稍快。如图1-67所示。

- 【增强】：显示绘图时，显示 PostScript 填充、高分辨率位图及光滑处理的矢量图形。

- 【像素】：显示了基于像素的绘图，允许用户放大对象的某个区域来更准确地确定对象的位置和大小。此视图还可让用户查看导出为位图文件格式的绘图。

- 【模拟叠印】：模拟重叠对象设置为叠印的区域颜色，并显示 PostScript 填充、高分辨率位图和光滑处理的矢量图形。

- 【光栅化复合效果】：光栅化复合效果的显示，如【增强】视图中的透明、斜角和阴影。该选项对于预览复合效果的打印情况是非常有用的。为确保成功打印复合效果，大多数打印机都需要光栅化复合效果。

图1-65  【视图】菜单

图1-66  【简单线框】效果图

图1-67  【正常】效果图

## 1.10 图形对象的导入与导出

导入与导出对象是应用程序间交换信息的途径。在导入或导出文件时，必须把该文件转换成其他应用程序所能支持的格式。

### 1.10.1 导入文件

在进行创作与设计时，通常需要采用其他程序创建的文件，并且这些文件无法用【打开】命令将其打开，所以CorelDRAW程序提供了导入文件的功能，以便用户随时调用其他应用程序的文件。导入文件的操作步骤如下。

图1-68 横向空白文档效果

**STEP 01** 按Ctrl+N组合键新建一个文件，并在属性栏中选择【横向】按钮，将页面设为横向，如图1-68所示。再在菜单中选择【文件】|【导入】命令或在标准工具栏中单击【导入】按钮，弹出【导入】对话框，并在其中选择所需的文件，如图1-69所示，单击【导入】按钮，指针呈 状，按Enter键即可将导入的文件放置到页面的中心，如图1-70所示。

图1-69 【导入】对话框

图1-70 按Enter键将素材导入

**STEP 02** 当指针呈 状时，直接在画面中所需位置单击，同样可导入该文件；也可以在画面中拖出一个所需大小的虚框，如图1-71所示，来放置要导入的文件，松开左键后即可将要导入的文件放置到指定的范围内，如图1-72所示。

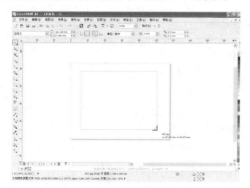

图1-71 为导入的素材指定位置

图1-72 导入素材后的效果

## 1.10.2 导出文件

如果用户想在其他程序中使用CorelDRAW程序所创建的文件，则必须以其相应的文件格式导出。导出文件的具体操作步骤如下。

**STEP 01** 按Ctrl+O组合键，弹出【打开绘图】对话框，在该对话框中选择随书附带光盘中的【素材\第1章\007.cdr】文件，单击【打开】按钮，效果如图1-73所示。

**STEP 02** 在工具箱中选择【选择工具】，选择刚打开文件中的所有对象，如图1-74所示。

图1-73  打开的素材文件

图1-74  选择对象效果

**STEP 03** 在菜单栏中选择【文件】|【导出】命令或在标准工具栏中单击【导出】按钮，弹出【导出】对话框，在【保存类型】下拉列表中选择【JPG-JPEG 位图】，如图1-75所示。

**STEP 04** 选择好后单击【导出】按钮，接着弹出如图1-76所示的对话框，根据需要在其中设置所需的参数，可以在左上角单击各种类型的【预览】按钮，然后在预览窗口中拖动画面来查看效果。如果所设置的参数预览效果满意，单击【确定】按钮，即可将选择的文件导出为JPEG格式的文件。

图1-75  【导出】对话框

图1-76  【导出到 JPEG】对话框

**注意**　若不需要保持原始大小，请不要勾选【保持大小】复选框。还可以在【宽度】与【高度】文本框中输入所要导出文件的大小，也可以指定导出文件的分辨率。

**STEP 05** 如果用户要查看是否导出成功，可以在所保存的文件夹内找到导出的文件，如图1-77所示，这样就可看到刚导出的文件了。双击该文件，即可打开该文件，如图1-78所示。

图1-77　打开【我的电脑】窗口

图1-78　打开的文件效果

# 1.11  CorelDRAW X6的优化设置

在CorelDRAW X6中，设计师可以根据个人的工作习惯来对COrelDRAW X6进行优化设置，以提高工作效率。

## 1.11.1  认识【选项】对话框

CorelDRAW X6是通过修改【选项】对话框中的设置属性来完成优化设置的。在菜单栏中选择【工具】|【选项】命令，弹出【选项】对话框，如图1-79所示。

对话框的左侧区域为列表目录区，列表目录区有3大类设置目录，分别是【工作区】、【文档】、【全局】，在设置选项的【展开】图标上 ⊞ 单击鼠标左键，可以显示下一级设置菜单，设置菜单在列表区中以树状结构呈现。在设置菜单上单击鼠标左键，可以调出相应的设置选项，设置选项被放置在对话框的右侧，右侧区域称为设置区，如图1-80所示。

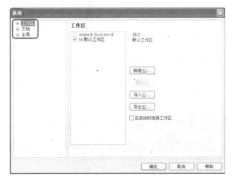

图1-79　【选项】对话框

图1-80　设置区

## 1.11.2  设置【工作区】选项

在【工作区】中可以对【常规】选项、【显示】选项、【编辑】选项和【保存】选项等进行设置。

### 1. 设置【常规】选项

在【常规】设置区中主要包括【入门指南】选项组、【撤销级别】选项组和【用户界面】选项组。

在【入门指南】选项组中，可以在【CorelDRAW X6启动】下拉列表中选择CorelDRAW X6启动时的自动显示窗口。如果取消勾选【显示"新建文档"对话框】复选框，则在新建文档时不会弹出【新建文档】对话框。

在【撤销级别】选项组中，【普通】选项用于设置常规操作时的撤销次数，默认为150次；【位图效果】选项用于设置处理位图时的撤销次数，默认为2次。这些设置直接影响着【编辑】菜单中的【撤销】和【恢复】命令或标准工具栏中【撤销】和【恢复】按钮所能操作的次数，数值越高，所能操作的次数越多，但所需的电脑硬盘空间也越大。

在【用户界面】选项组中，勾选【对话框显示时居中】复选框可以使对话框显示时位于屏幕的中间位置；勾选【在浮动泊坞窗中显示标题】复选框可以使浮动的泊坞窗显示标题的名称；勾选【自动执行单项弹出式菜单】复选框可以自动执行单项弹出式菜单命令，而不必打开菜单；勾选【启用声效】复选框可以打开声音提示。

### 2. 设置【显示】选项

在【显示】设置区中，可以设置对象、页面和渐变的显示方式，如图1-81所示。

### 3. 设置【编辑】选项

【编辑】选项用于进行图形对象角度、精度等的编辑设置，如图1-82所示。

图1-81 【显示】设置区　　　　　　　　　　图1-82 【编辑】设置区

### 4. 设置【PowerClip图文框】选项

【PowerClip图文框】选项用于从一个集中位置（【选项】对话框中的【PowerClip图文框】设置区）将内容拖动至 PowerClip 图文框、创建新内容和标记空的 PowerClip 图文框，如图1-83所示。

### 5. 设置【贴齐对象】选项

【贴齐对象】设置区用于设置当移动对象贴近到勾选的捕捉点时，捕捉点自动捕获对象，如图1-84所示。

### 6. 设置【动态辅助线】选项

【动态辅助线】设置区用于设置动态导线的显示方式，如图1-85所示。

### 7. 设置【对齐辅助线】选项

【对齐辅助线】设置区用于设置对齐导线的显示方式，如图1-86所示。

图1-83 【PowerClip图文框】设置区

图1-84 【贴齐对象】设置区

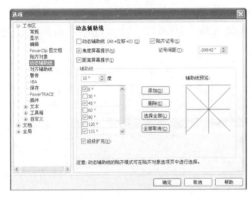

图1-85 【动态辅助线】设置区

图1-86 【对齐辅助线】设置区

### 8. 设置【警告】选项

【警告】设置区中被勾选的内容，如图1-87所示，在操作中出现时将弹出警告窗口，如图1-88所示。

图1-87 【警告】设置区

图1-88 警告窗口

### 9. 设置【VBA】选项

【VBA】设置区用于设置检查调用VBA开发的插件，如图1-89所示。

## 10. 设置【保存】选项

【保存】设置区用于设置临时文件，如图1-90所示。

图1-89 【VBA】选项对话框　　　　　　图1-90 【保存】设置区

## 11. 设置【PowerTRACE】选项

【PowerTRACE】设置区用于选择预设样式或最近使用的设置、决定描摹结果的性能级别和质量、选择合并描摹结果时颜色的方式，如图1-91所示。

## 12. 设置【插件】选项

【插件】设置区用于添加、删除插件，如图1-92所示。

图1-91 【PowerTRACE】设置区　　　　　图1-92 【插件】设置区

## 13. 设置【文本】选项

【文本】设置区用于编辑和显示本文。【文本】的设置很重要，设置合理可以极大地提高用户的工作效率。单击【文本】选项将显示【文本】设置区，如图1-93所示。

- 勾选【编辑时显示图柄】复选框表示可以在编辑文本时显示选择框的控制柄。
- 勾选【自动键盘切换】复选框表示文字可在中英文字符间自动切换。
- 【最小线宽】用于设置文本行的最少字符数。
- 【下面的希腊文字】根据数值栏中设置的像素值，以黑条显示低于此设置值的文字字号，以提高计算机的运行速度。
- 【显示】根据数值栏中设置的数值来判定在调整字距时是否显示字体轮廓。
- 【键盘文本递增】根据数值栏中设置的数值来指定用小键盘调整文本大小时的增量。
- 【默认文本单元】可以设置文本的度量单位。

- 【文本光标】选项组中可以对文字光标进行设置，其中包括【突出显示格式更改】和
【增强文本光标】复选框。

单击【文本】展开按钮⊞，下面包含4个子项目；【段落文本框】、【字体】、【拼
写】、【快速更正】，可分别对其进行设置。

- 单击【段落文本框】项目，出现与段落文本相关的设置选项，如图1-94所示。

图1-93 【文本】设置区　　　　图1-94 【段落文本框】设置区

- ◆ 勾选【显示文本框的链接】复选框，可以显示文本框之间的文本流关系。
- ◆ 勾选【显示文本框】复选框，可以显示段落文本框。
- ◆ 勾选【按文本缩放段落文本框】复选框，可以使段落文本框的大小随文本内容的多少
而自动变化。
- ◆ 【编辑时，将文本框格式应用于】选项用于设置文本格式的应用范围，包括【所有链
接的文本框】、【仅选定文本框】、【选定及后续的文本框】3个单选按钮。
- 单击【字体】项目，出现与字体相关的设置选项，如图1-95所示。
- ◆ 【字体列表内容】选项组中的复选框，可以显示相应的字体或符号类型。
- ◆ 勾选【只显示文档字体】复选框，可以只显示当前选择文档的字体。
- ◆ 勾选【在字体列表旁展开显示字体示例】复选框，当光标移动到字体列表中的字体
- ◆ 名称时，字体旁边出现示例文字。
- ◆ 勾选【在字体列表旁展开显示可用的字体样式】复选框，可以使字体列表中的字体显
示出粗体、斜体等样式。
- ◆ 勾选【使用字体显示字体名称】复选框，可以将字体的名称以本字体显示。
- ◆ 【显示的最近使用的字体数】根据参数栏中输入的数值，设置字体列表的最上端显示
的字体数量。
- ◆ 【字体匹配】选项组中的单选按钮用于设置编辑文字时是否匹配没有安装的字体。
- 单击【拼写】项目，出现与拼写相关的选项，可以设置自动拼写检查以及对错误文本
提示方式，如图1-96所示。
- 单击【快速更正】项目，出现与快速更正相关的设置选项，设置选项中列出了一些常见的
更正项目和替换项目。选择这些内容后，当文本中出现此类问题时，将自动进行更正。

## 14. 设置【工具箱】选项

单击【工具箱】选项，在展开的下级列表中列出了一些常用的工具子项目，单击这些 子项
目，会显示相关的设置选项，可以分别设置这些选项，如图1-97所示。

图1-95 【字体】设置区　　　　　　　　　　图1-96 【拼写】设置区

### 15. 设置【自定义】选项

单击【自定义】选项，在展开的下级列表中有【命令栏】、【命令】、【调色板】和【应用程序】4个子项目。

● 单击【命令栏】项目，出现与命令栏相关的设置选项，如图1-98所示。

◆ 【大小】选项用来设置按钮图标的大小。

◆ 【边框】用来设置按钮图标的边框尺寸。

◆ 【默认按钮外观】为用户提供了多种默认的按钮样式。

◆ 【新建】按钮用于为中间的工具栏列表新增选项。

◆ 【重置】按钮用于恢复CorelDRAW中原有的设置。

图1-97 【工具箱】设置区　　　　　　　　图1-98 【命令栏】设置区

● 单击【命令】项目，出现与命令相关的设置选项，可以自定义其快捷键和外观等，如图1-99所示。在【命令】列表中选择一个命令组，命令组所包含的所有命令都会陈列在列表框中，单击列表框中的命令，在【常规】、【快捷键】和【外观】3个选项卡中会出现相应的设置选项。

◆ 在【常规】选项卡中可以自定义提示文字，当光标移动到该命令时，会显示用户自定义的文字。

◆ 在【快捷键】选项卡中可以自定义快捷键。

◆ 在【外观】选项卡中可以生成、编辑、导入图标来替换原图标。

● 选择【调色板】项目，出现与调色板相关的设置选项，如图1-100所示。

◆ 在【调色板选项】选项组中勾选【停放后的调色板最大行数】复选框来设置固定在桌面右侧的调色板呈几列排列。

图1-99 【命令】设置区

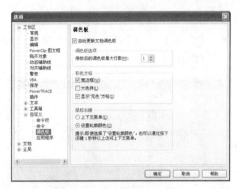

图1-100 【调色板】设置区

- 在【彩色方格】选项组中勾选【宽边框】复选框，可使调色板中色彩样本的边界变宽。
- 【鼠标右键】选项组中的复选框设置单击鼠标右键所执行的命令。
- 选择【应用程序】项目，出现与应用程序相关的设置选项，在选项中可以设置勾选内容的透明度，如图1-101所示。

图1-101 【应用程序】设置区

## 1.11.3 设置【文档】选项

在列表目录区中的【文档】上单击，设置区出现【文档】的相关内容，展开图标⊞可以展开设置菜单，【文档】选项可以设置相关的页面信息，如图1-102所示。

- 单击【常规】选项，设置区中出现一些常规的设置选项，可以修改默认的视图模式，填充未封闭的路径，设置对象偏移量以及修改默认的颜色模式等，如图1-103所示。

图1-102 【文档】设置区

- 单击【页面尺寸】选项，设置区中出现与页面相关的设置选项，可以对页面的大小、宽度和高度等属性进行设置。
- 单击【布局】选项，在设置区中可以选择CorelDRAW X6提供的预制尺寸。
- 单击【标签】选项，在设置区中可以选择预制的标签。
- 单击【背景】选项，在设置区中可以设置新建文档时的背景颜色。
- 单击【辅助线】选项，设置区中将出现与辅助线相关的设置选项。勾选【显示辅助线】复选框和【贴齐辅助线】复选框，可以显示和对齐辅助线，还可以设置辅助线的颜色，如图1-104所示。【辅助线】选项包括【水平】、【垂直】、【辅助线】和【预设】4个子项目。【水平】、【垂直】和【辅助线】选项可以直接添加和删除辅助线；

勾选【预设】中的内容，可以在页面上预设出相应的辅助线。

- 【网格】、【标尺】、【保存】、【导出HTML】等选项可以设置网格、标尺、保存和HTML的属性。

图1-103 【常规】设置区　　　　　　　图1-104 【辅助线】设置区

### 1.11.4　设置【全局】选项

在【全局】设置区中可以设置打印信息和创建关联选项。选择【过滤器】|【关联】选项，可以设置CorelDRAW X6与其他软件关联，以打开使用这些软件创建的文件，如图1-105所示。

图1-105 【全局】设置区

# 1.12　习题

### 一、填空题

（1）CorelDRAW X6的操作界面主要由标题栏、（　　　）、（　　　）、（　　　）、（　　　）、（　　　）、状态栏、绘图窗口、泊坞窗、窗口控制按钮和默认CMYK调色板等组成。

（2）菜单栏是CorelDRAW X6的重要组成部分，它提供了包括文件、编辑、（　　　）、（　　　）、（　　　）、（　　　）、（　　　）、表格、工具、窗口、帮助12个菜单。

（3）新建文件的快捷键是（　　　），打开文件的快捷键是（　　　），保存文件的快捷键是（　　　）。

### 二、简答题

（1）简述新建文件的几种方法。

（2）简述关闭文件的几种方法。

（3）简述怎样设置页面的各项参数。

# 第 2 章

## 设计开始前的准备工作

**本章要点：**

　　本章介绍有关文字、图片的获取、筛选、管理和使用的应用知识，以及缩放工具、滴管工具和颜料桶等工具的使用方法。

**主要内容：**

- 文字的获取与筛选
- 图片的获取与筛选
- 原稿与制作文件的管理
- 创建合格的文件
- 缩放工具
- 滴管工具与颜料桶工具
- 使用标尺
- 使用辅助线与网格

## 2.1 文字的获取与筛选

文字排版是设计中最重要的环节之一。设计师对文字的前期处理要规范，随便排入文字会出现各种令人烦恼的问题。在开始设计制作之前，应该对获取的文字素材进行筛选、整理。文字的来源如图2-1所示。

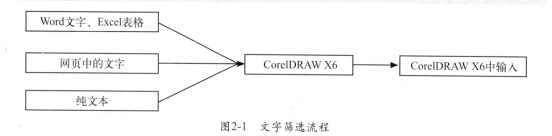

图2-1 文字筛选流程

### 2.1.1 Word文字

素材可通过导入、复制粘贴和拖曳等多种方法放入CorelDRAW X6中；也可以将Word文件存成纯文本文件，导入到CorelDRAW X6中，然后在CorelDRAW X6中对图文进行排版设计。

在Word中，打开文件或者录入完文字后，在菜单栏中选择【文件】|【另存为】命令，如图2-2所示，在弹出的【另存为】对话框中选择保存的路径，输入文件名，单击【保存类型】右侧的下三角，在下拉菜单中选择【纯文本】命令，单击【保存】按钮，完成文件的保存，如图2-3所示。

图2-2 选择【另存为】命令

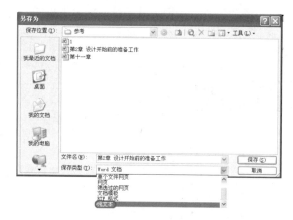

图2-3 选择【纯文本】格式

### 2.1.2 Excel表格

在Excel中做好的表格可以直接导入到CorelDRAW X6中，并且可以在CorelDRAW X6中进行编辑修改。

导入方法是框选Excel中所需要的区域表格，单击鼠标右键，在弹出的快捷菜单中选择【复制】命令，如图2-4所示。

在CorelDRAW X6中新建一个文档，然后在菜单栏中选择【编辑】|【选择性粘贴】命令，如图2-5所示，弹出【选择性粘贴】对话框，在对话框中单击【粘贴链接】单选按钮，选择【作为】列表框中的【Microsoft Excel 2003工作表】选项，如图2-6所示。

然后单击【确定】按钮，可以看到表格被粘贴到了页面中，此时就可以对表格进行编辑修改，如图2-7所示。

图2-4　选择【复制】命令 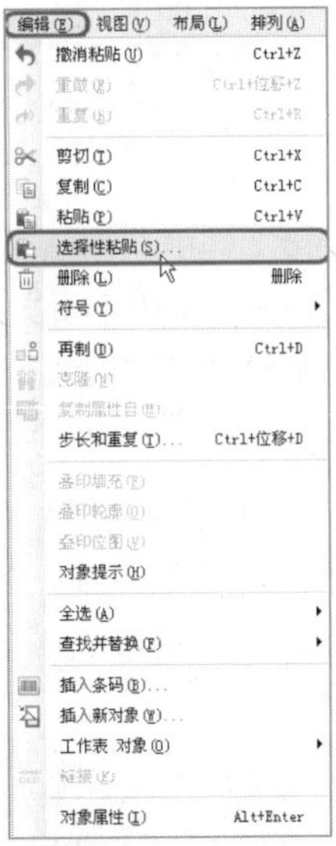　　　　　　　　　图2-5　【选择性粘贴】命令

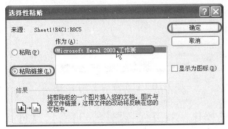

图2-6　【选择性粘贴】对话框

| 书名 | 作者 | 页数 | 价格 | 日期 |
|---|---|---|---|---|
| ps | 周立超 | 480 | 52 | 11.1 |
| ID | 徐文秀 | ×420 | 40 | 9.25 |
| AI | 安洋 | 420 | 38 | 5.8 |
| CD | 李茹 | 360 | 35 | 12.3 |

图2-7　可编辑表格

### 2.1.3　网页中的文字

设计师经常会在网上搜索设计所需要的资料，然后把收集到的资料直接复制到Word文档中。但复制的速度经常很慢，出现这种情况的原因是因为从网页复制到Word的内容中会带有超链接、图片和文字样式。此时设计师可以把复制的网页文字粘贴到文本文档中，文本文档可以将超链接、图片和文字样式过滤掉。

## 2.2　图片的获取与筛选

图片的来源如图2-8所示。

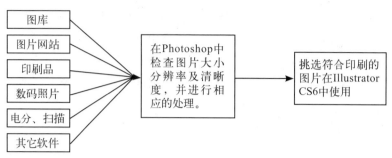

图2-8　图片的获取与筛选流程

可以从Word文档中获取清晰的图片。因为Word会对放入文档中的图片进行压缩，以减小文档大小，设计师可以把Word文件另存为【网页】格式，则可从保存的文件夹中挑选清晰的图片。下面以实例介绍操作步骤。

**01** 打开随书附带光盘中的【素材\第2章\时间产生美.doc】文档，如图2-9所示。

**02** 在菜单栏选择【文件】|【另存为】命令，弹出【另存为】对话框，在【保存类型】下拉列表框中选择【网页】选项，如图2-10所示。

图2-9　打开的素材文件　　　　　　　　　图2-10　【另存为】对话框

**03** 单击【保存】按钮，则完成保存网页格式的操作。打开保存路径，可看到【时间产生美.Files】文件夹。双击打开文件夹，然后单击【查看】按钮，在弹出的下拉菜单中选择【详细信息】命令，如图2-11所示。

**04** 比较详细信息列表中的图像容量的大小，每张图片会存为两个不同大小的文件，较大的则为较清晰的图片，如图2-12所示。

图2-11　选择【详细信息】命令　　　　　　图2-12　图片的大小

## 2.3　原稿与制作文件的管理

在进行一项设计工作之前，对收集的素材分类管理，会让设计师在工作中能快速找到需要的素材，以提高工作效率。CorelDRAW X6中的图像有链接和嵌入两种形式。使用链接图像的CorelDRAW X6文档可防止文件过大，但修改图像时需要回到图像处理软件中修改，链接的图像不能进行滤镜和效果的操作；而使用嵌入图像的CorelDRAW X6文档文件较大，修改完图像后还需重新嵌入图像，但这种图像可进行滤镜和效果的操作。

如果一个出版物需要几个设计师进行分工协作，对于图像的命名就显得很重要。当多个文档合并为一个文档，整理链接图像时重名的图像很容易被覆盖，因此在为图像起名字时应该定好规则，比如按页码及用图顺序（第一页的第一张图像为1-1）等，如图2-13所示。

CorelDRAW X6文件的分类管理流程如图2-14所示。

图2-13　原稿与制作文件的管理

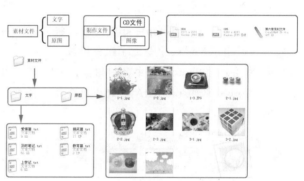

图2-14　文件分类管理流程

## 2.4　创建合格的文件

创建一个符合印刷要求的CorelDRAW X6文档，需要设计师注意成品尺寸、出血和裁 切线的设置。本节将以实例操作的形式为设计师讲解在实际运用中如何对书刊封面文档进 行正确的设置。

在创建书刊封面文档时，设计师应注意以下几个问题。

- 书脊的尺寸要计算准确。在做书刊封面时，一定要对书的厚度计算准确，这关系到书脊的正确尺寸。如果书脊尺寸计算不准确，当书脊与书封颜色不同时，会造成书封上出现多余的书脊颜色，或者书脊上出现多余的书封颜色，如图2-15所示。为避免此类情况的出现，建议设计师在设计书封和书脊时尽量使用相同的颜色。
- 勒口的尺寸设计要合理。在制作封面勒口时不宜过大，这会造成印刷成本提高；也不宜过小，这会使勒口失去保护书籍的作用。

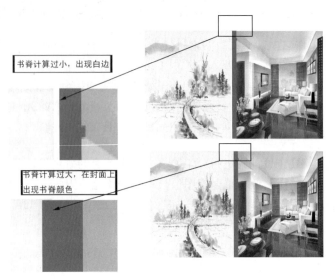

书脊计算过小，出现白边

书脊计算过大，在封面上
出现书脊颜色

图2-15　书脊尺寸大小表现

制作书刊封面的两种方法如下。

- 组合：在Photoshop中处理图像，将书封、书脊和勒口组合成为一张图，再将其置入到CorelDRAW X6中与文字组合排版。

- 拆分：在Photoshop中处理图像，将书封、书脊和勒口分别拆分成独立的部分，再将其分别置入到CorelDRAW X6中拼合成一张图，然后与文字组合排版。

# 2.5 缩放工具

　　使用缩放工具，可将图形缩小或放大，可以方便查看或修改。将缩放工具移入绘图区时指针形状呈，中心有一个+号，在图形上单击，即可将对象显示放大效果。如果按住Shift键，指针则呈形状，中心有一个-号，在图形上单击，即可将对象显示缩小效果。

## 2.5.1 缩放工具的属性设置

　　在工具箱中选择【缩放工具】，属性栏中就会显示它相关的工具选项，如图2-16所示。

图2-16　缩放工具属性栏

属性栏各选项说明如下。

- 100% 选项：在该下拉列表中包括多种特定的显示比例，用户可以在下拉列表中选择所需的选项，来使用窗口的显示比例。

- 【放大】按钮：单击该按钮，将图像以【2×原倍数】的形式进行放大，用户也可以直接在画面中单击来放大画面。

- 【缩小】按钮：单击该按钮，将图像以【2×原倍数】的形式进行缩小，用户也可以直接在画面中单击来缩小画面，也可以按F3键。

- 【缩放选定对象】按钮：单击该按钮，可以将绘图窗口所选取的图形进行最大化显示，也可以按Shift+F2组合键。
- 【缩放全部对象】按钮：单击该按钮，可以将绘图窗口中全部图形进行最大化显示，也可以按F4键。
- 【显示页面】按钮：单击该按钮，可以将绘图窗口的页面打印区域以100%进行显示，也可以按Shift+F4组合键。
- 【按页宽显示】按钮：单击该按钮，可以根据页面打印区域的页宽进行显示。
- 【按页高显示】按钮：单击该按钮，可以根据页面打印区域的页高进行显示。

## 2.5.2　使用缩放工具

具体操作方法如下。

**01** 按Ctrl+I组合键，打开随书附带光盘中的【素材\第2章\素材1.jpg】文件，效果如图2-17所示。

**02** 在工具箱中选择【缩放工具】，在绘图页上放大导入的文件，如图2-18所示。

**03** 如果想要看清某个部分的图像，可以用鼠标框选想要放大的部分，如图2-19所示；然后松开左键，即可将框选的部分放大，效果如图2-20所示。

**04** 也可以在绘图页上右击鼠标，来缩小图像，效果如图2-21所示。

图2-17　导入的素材文件

图2-18　放大图像显示

图2-19　框选区域

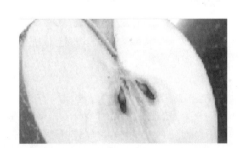

图2-20　放大框选区域显示

图2-21　缩小图像后的效果

## 2.5.3　手形工具

当绘图窗口不能全部显示整幅图画时，如图2-22所示，可以使用【平移工具】，在绘图区中上下、左右移动图形，以观察图形的位置，如图2-23所示。使用【平移工具】在绘图区上下、左右移动图形，便于用户对局部进行修改。可以在图形上右击来缩小画面。

图2-22　无法显示全的图案效果　　　　　　图2-23　拖动后的效果

## 2.6　滴管工具与颜料桶工具

使用滴管工具可以吸取对象的颜色或属性，使用颜料桶工具可以将滴管工具吸取的颜色或属性应用到其他对象上。

在工具箱中选择【颜色滴管工具】 ，属性栏中就会显示它的相关选项，如图2-24所示。在【属性滴管】列表中，则会显示其相关选项，如图2-25所示。

图2-24　滴管工具属性栏　　　　　　图2-25　改变【取样类型】属性

各选项说明如下。

- 【属性】：单击该按钮，弹出如图2-26所示的面板，可以在其中根据需要选择要应用的属性，可以选择一项，也可以选择几项。
- 【变换】：单击该按钮，弹出如图2-27所示的面板，可以在其中根据需要选择要应用的变换，可以选择一项，也可以选择几项。
- 【效果】：单击该按钮，弹出如图2-28所示的面板，可以在其中根据需要选择要应用的效果，可以选择一项，也可以选择几项。
- 【样本大小】： 对1×1单像素颜色取样； 对2×2的像素区域中的平均颜色值进行取样； 对5×5像素区域中的平均颜色值取样；可以在其中根据需要选择要取样颜色的范围。

图2-26　【属性】面板　　　图2-27　【变换】面板　　　图2-28　【效果】面板

● 【从桌面选择】：单击该按钮，可以在CorelDRAW X6程序窗口外选择所需的颜色（桌面的任何对象中选择的所有颜色），如图2-29所示。

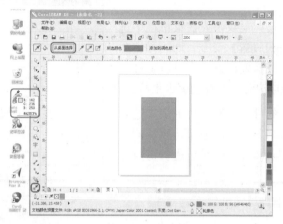

图2-29　选择桌面颜色

## 2.7　使用标尺

在绘图区中可以显示标尺，以帮助用户精确地绘制、缩放和对齐对象；可以隐藏标尺或将其移动到绘图区中的其他位置，还可以根据需要来自定义标尺的设置。默认情况下，CorelDRAW X6对再制和微调距离应用与标尺相同的单位，也可以更改默认值。

### 2.7.1　更改标尺原点

标尺原点默认情况下在绘图区的左上角。有时为了便于在测量时直接看到所测量的值，需要更改标尺的原点。具体步骤如下。

**STEP 01** 按Ctrl+I组合键，导入随书附带光盘中的【素材\第2章\素材2.jpg】文件，效果如图2-30所示。

**STEP 02** 在标尺栏的左上角交叉点处按住左键并向所需的特定点拖动，在拖动的同时会出现一个十字线，如图2-31所示，到达特定点后松开鼠标左键，该特定点即成为标尺的新原点，如图2-32所示。

图2-30　导入素材文件后的效果

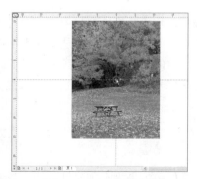
图2-31　定义新原点位置

图2-32　定义新原点位置后的效果

### 2.7.2 更改标尺设置

具体操作步骤如下。

**01** 接上节，在标尺栏上双击或在菜单栏中选择【视图】|【网格和标尺设置】命令，即可弹出如图2-33所示的【选项】对话框，在其中可设置标尺的单位、原点位置、刻度记号，以及微调距离等。

**02** 在【网格】栏的【水平】下拉列表中选择【厘米间距】，如图2-34所示，其他保持默认值，单击【确定】按钮，即可将标尺的单位进行更改，如图2-35所示。

图2-33 【选项】对话框

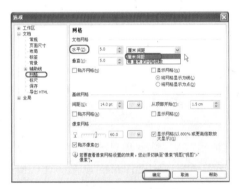

图2-34 设置【标尺】单位

图2-35 改变【标尺】单位后的效果

## 2.8 使用辅助线与网格

辅助线是可以放置在绘图窗口中任何位置的线条，用来帮助放置对象。辅助线分为3种类型：水平、垂直和倾斜。可以显示／隐藏添加到绘图窗口的辅助线。添加辅助线后，可对辅助线进行选择、移动、旋转、锁定或删除操作。可以使对象与辅助线贴齐，这样当对象移近辅助线时，对象就只能位于辅助线的中间，或者与辅助线的任意一端贴齐。辅助线总是使用为标尺指定的测量单位。

网格就是一系列交叉的虚线或点，用于在绘图窗口中精确地对齐和定位对象。通过指定频率或间距，可以设置网格线或网格点之间的距离：频率是指在水平和垂直单位之间显示的线数或点数；间距是指每条线或每个点之间的精确距离。高频率值或低间距值有利于更精确地对齐和定位对象。可以使对象与网格贴齐，这样在移动对象时，对象就会在网格线之间跳动。

### 2.8.1 创建辅助线

具体操作步骤如下。

**01** 在新建的文件中或打开的文件中如果没有创建辅助线，是无法显示辅助线，所以要先从标尺栏中拖出辅助线。在垂直标尺栏中按住左键向右拖移到适当位置，如图2-36所示；松开鼠标左键即可创建出一条垂直辅助线，如图2-37所示。

图2-36　拖移辅助线效果

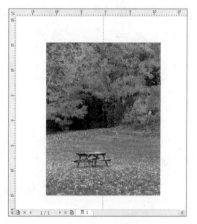

图2-37　创建出的辅助线效果

**02** 在菜单栏中选择【视图】|【设置】|【辅助线设置】命令，在【选项】对话框中选择左侧列表中的【垂直】选项，显示垂直辅助线的相关选项，如图2-38所示。

**03** 选择左侧列表中的【水平】选项，如图2-39所示，在右边【水平】栏的第一个文本框中输入【10.2】，如图2-40所示；再单击【添加】按钮，即可将该数值添加到下方的文本框中，如图2-41所示。

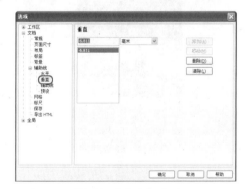

图2-38　【垂直】选项

图2-39　单击【水平】选项

图2-40　输入【水平】辅助线数值

图2-41　添加辅助线

**04** 用同样的方法再添加一条辅助线，如图2-42所示。设置完成后，单击【确定】按钮，效果如图2-43所示。

图2-42　再次【添加】辅助线

图2-43　添加辅助线后的效果

## 2.8.2　移动辅助线

在工具箱中选择【选择工具】 ，指向辅助线时指针呈双箭头状，如图2-44所示，按住左键向下拖动到适当的位置，松开鼠标左键即可移动辅助线到该位置，如图2-45所示。

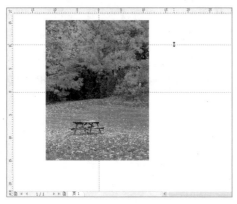

图2-44　选择辅助线

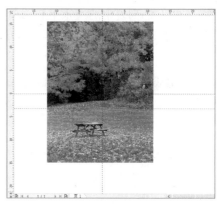

图2-45　移动辅助线

## 2.8.3　显示或隐藏辅助线

在绘图区中创建了辅助线后，在菜单栏中执行【视图】|【辅助线】命令，即可显示或隐藏辅助线。

## 2.8.4　删除辅助线

如果要删除一条或几条辅助线，可用【选择工具】 先选择要删除的辅助线，再按Delete键将其删除。

## 2.8.5　显示或隐藏网格

在菜单栏中执行【视图】|【网格】命令，可以显示、隐藏网格。如图2-46所示为显示网格

时的状态。

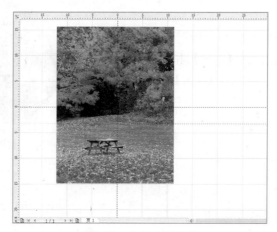

图2-46　显示网格效果

### 2.8.6　设置网格

具体操作步骤如下。

**01** 在菜单栏中选择【视图】|【网格和标尺设置】命令，弹出如图2-47所示的对话框，可以在其中设置网格的间距，还可以指定网格是按点显示还是按线显示。

**02** 在右边的【网格】栏中单击【将网格显示为点】单选按钮，单击【确定】按钮，即可将网格以点显示在绘图窗口中，效果如图2-48所示。

图2-47　显示【选项】对话框

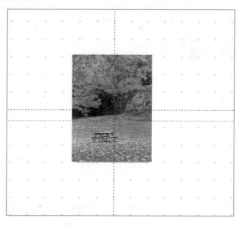

图2-48　按点显示网格

## 2.9　拓展练习——绘制西瓜

本例将介绍如何绘制西瓜，其效果如图2-49所示。通过本案例的学习，用户可以对本章所介绍的内容有所巩固。

图2-49　效果图

STEP **01** 选择【文件】|【新建】菜单命令，如图2-50 所示。

STEP **02** 在弹出的【新建文件】对话框中设置其参数，将其命名为【西瓜】，将【宽度】和【高度】分别设置为29.7cm、21.0cm，取向为【横向】，如图2-51 所示。

STEP **03** 单击【确定】即可，其新建的文件效果如图2-52所示。

图2-50　选择【新建】命令

图2-51　设置新建文档

图2-52　新建后效果

STEP **04** 选择工具箱中的【椭圆形工具】◎，按住Ctrl键的同时，在绘图页面中绘制一个正圆，如图2-53所示。

STEP **05** 按F11键，弹出【渐变填充】对话框，设置【从】的颜色为浅绿色（C：67，M：0，Y：79，K：0），设置【到】的颜色为草绿色（C：82，M：15，Y：100，K：0），如图2-54所示。

STEP **06** 单击【确定】按钮，返回到【填充渐变】对话框，设置【选项】下【角度】为90，如图2-55所示。

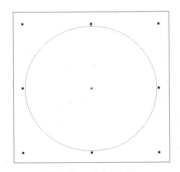

图2-53　绘制正圆

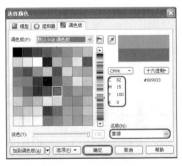

图2-54　设置颜色

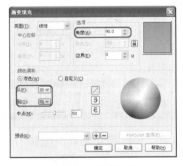

图2-55　设置渐变

**STEP 07** 单击【确定】按钮后，其填充渐变的效果如图2-56所示。

**STEP 08** 完成渐变填充后，右击调色板上的【透明色】按钮⊠，取消轮廓颜色。其效果如图2-57所示。

**STEP 09** 选择工具箱中的【椭圆形工具】◎，按住Ctrl键的同时，在绘图页面中绘制一个正圆，并调整其位置，其效果如图2-58所示。

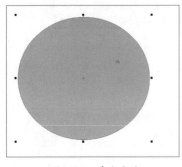
图2-56　填充渐变

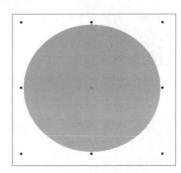
图2-57　取消轮廓颜色

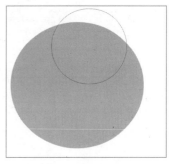
图2-58　绘制正圆

**STEP 10** 按Shift+F11组合键，在弹出的【均匀填充】对话框中，将其颜色设置为绿色（C：38，M：0，Y：60，K：0），如图2-59所示。

**STEP 11** 单击【确定】按钮，填充颜色后，右击调色板上的【透明色】按钮⊠，取消轮廓颜色，效果如图2-60所示。

**STEP 12** 选择工具箱中的【透明度工具】♈，在属性栏中将【透明度类型】设置为【辐射】，选中黑色滑块，将其设置为0，选中白色滑块，将其设置为100，使用【透明度工具】在圆形中拖动其控制柄，其透明度效果如图2-61所示。

图2-59　设置颜色值

图2-60　填充颜色

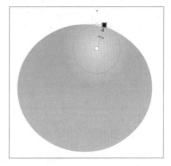
图2-61　设置透明度

**STEP 13** 选择工具箱中的【贝塞尔工具】↘，绘制如图2-62所示的图形。

**STEP 14** 绘制完成后，为其填充颜色，其颜色为绿色（C：91，M：50，Y：100，K：16），如图2-63所示。

**STEP 15** 单击【确定】按钮为其填充颜色，并取消其轮廓，效果如图2-64所示。

**STEP 16** 使用同样的方法绘制如图2-65所示的图形。

**STEP 17** 按F11键打开【渐变填充】对话框，设置【从】的颜色为苔绿色（C：90，M：50，Y：11，K：16），设置【到】的颜色为灰绿色（C：47，M：0，Y：75，K：0），如图2-66所示。

**18** 单击【确定】按钮，返回到【填充渐变】对话框，设置【选项】下【角度】为90，【边界】设为4，如图2-67所示。

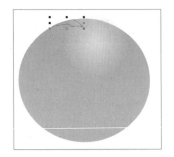

图2-62　绘制图形

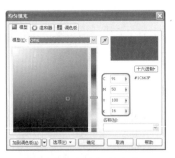

图2-63　设置颜色参数

图2-64　填充颜色

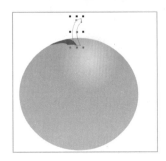

图2-65　绘制图形

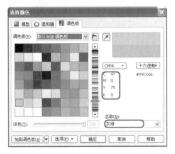

图2-66　设置颜色

图2-67　设置渐变参数

**19** 单击【确定】按钮为其填充颜色，并取消其轮廓，如图2-68所示。

**20** 使用同样的方法绘制右侧的图形，填充与左侧相同的颜色，效果如图2-69所示。

**21** 选择工具箱中的【钢笔工具】，在属性栏中将【轮廓宽度】设置为1.5mm，在场景中绘制如图2-70所示的图形。

图2-68　填充渐变

图2-69　绘制图形

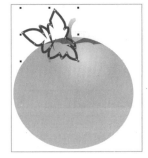

图2-70　绘制图形

**22** 将轮廓色改为（C：85，M：43，Y：100，K：5），如图2-71所示。

**23** 单击两次【确定】按钮，其效果如图2-72所示。

**24** 按Shift+F11组合键，在弹出的【均匀填充】对话框中，将其颜色设置为绿色（C：67，M：0，Y：79，K：0），如图2-73所示。

**25** 单击【确定】按钮，其效果如图2-74所示。

**26** 选择工具箱中的【贝塞尔工具】，在场景中绘制如图2-75所示的图形。

**STEP 27** 将其填充颜色设为（C：91，M：50，Y：100，K：16），并取消其轮廓颜色，如图2-76所示。

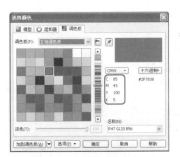

图2-71　设置颜色

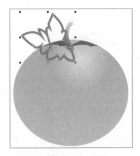

图2-72　填充颜色

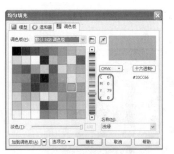

图2-73　设置颜色

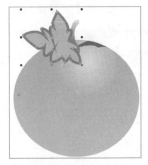

图2-74　填充颜色

图2-75　绘制图形

图2-76　填充颜色

**STEP 28** 选择工具箱中的【贝塞尔工具】，在场景中绘制如图2-77所示的图形。

**STEP 29** 为其填充的颜色为（C：91，M：50，Y：100，K：16）。填充后并取消其轮廓颜色，效果如图2-78所示。

**STEP 30** 使用同样的方法绘制其他图形，并填充颜色，如图2-79所示。

图2-77　绘制图形

图2-78　填充颜色

图2-79　绘制其他图形

**STEP 31** 选择工具箱中的【阴影工具】，在场景拖动控制柄，生成阴影，效果如图2-80所示。

**STEP 32** 设置完成后，西瓜的绘制已制作完成，在菜单栏中选择【文件】|【导出】命令，将其效果导出，如图2-81所示。

**STEP 33** 弹出【导出】对话框，在该对话框中指定导出路径，为其命名并将【保存类型】设置为JPEG格式，单击【导出】按钮即可，如图2-82所示。

图2-80　设置阴影效果　　图2-81　选择【导出】命令　　图2-82　【导出】对话框

**STEP 34** 弹出【导出到 JPEG】对话框，单击【确定】按钮即可，如图2-83所示。

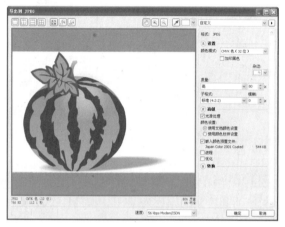

图2-83　导出文件

# 2.10　习题

### 一、填空题

（1）文字排版是设计中最重要的环节之一。对文字的前期处理要规范，随便排入文字会出现各种令人烦恼的问题。设计师在开始设计制作之前，应该对获取的文字素材进行（　　　）、整理。

（2）素材可通过导入、（　　　）和（　　　）等多种方法进入到CorelDRAW X6中；也可以将Word文件存成（　　　）文件，然后导入到CorelDRAW X6中，然后在CorelDRAW X6中对图文进行排版设计。

（3）Word会对放入文档中的图片进行（　　　），以减小文档大小。设计师可以把Word文件另存为（　　　），则可从保存的文件夹中挑选清晰的图片。

### 二、简答题

（1）如果书脊计算过大或过小会造成什么结果？

（2）简述【颜色滴管工具】里【样本大小】按钮的作用。

第 **3** 章

# 绘制图形

Chapter

# 03

**本章要点：**

　　CorelDRAW程序中的绘图工具是绘制图形的基本工具，只有掌握了绘图工具的使用方法，才能为后面的图形绘制与创作奠定基础。本章主要介绍手绘工具、贝塞尔工具、艺术笔工具、钢笔工具等在CorelDRAW程序中的使用方法。

**主要内容：**

- 手绘工具
- 贝塞尔工具
- 艺术笔工具
- 钢笔工具
- 折线工具
- 3点曲线工具
- 智能工具
- 矩形工具组
- 椭圆形工具组

- 多边形工具
- 螺纹工具与图纸工具
- 度量工具
- 直线、直角、直角圆形连线器
- 绘制基本图形
- 使用标注形状工具为对象进行标注说明

# 3.1 手绘工具

使用手绘工具可以绘制出各种图形、线条与箭头，就像我们日常生活中使用铅笔绘制图样一样，而且它比用铅笔更方便，可以不用尺就可以绘制直线。用户还可以通过先设定轮廓的样式与宽度来绘制所需的图形与线条。

## 3.1.1 使用手绘工具绘制曲线

在工具箱中选择【手绘工具】，如图3-1所示，移动指针到画面中，按住左键向所需的方向拖移，得到所需的长度与形状后松开左键，即可绘制出一条曲线（同时它还处于选择状态，这样以便于用户对其进行修改），如图3-2所示。

图3-1 选择手绘工具

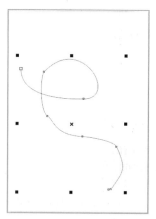

图3-2 使用手绘工具绘制曲线

## 3.1.2 使用手绘工具绘制直线与箭头

确定【手绘工具】处于被选择的状态，移动指针到画面中，在适当位置单击确定起点，再移动指针到直线的终点处单击，即可完成直线的绘制，如图3-3所示。

按Esc键取消对象的选择，并保持【手绘工具】处于选择状态，再在属性栏中单击【终止箭头选择器】，在弹出的选项中选择所需的箭头，如图3-4所示。选择完成箭头后，会弹出如图3-5所示的对话框，直接单击【确定】按钮，即可将要绘制的新直线或曲线都改为直线箭头或曲线箭头；然后移动指针到画面中，在适当位置单击确定起点，再移动指针到终点处单击完成直线箭头的绘制，如图3-6所示。

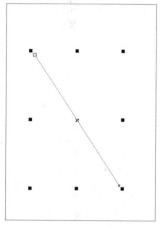

图3-3 绘制直线

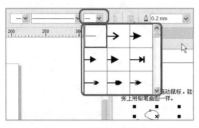

图3-4　选择箭头

图3-5　【轮廓笔】对话框

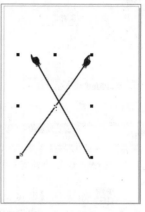

图3-6　绘制箭头

**提示**　如果要将选择的直线或曲线改为箭头，直接在属性栏的起始或终止箭头选择器中选择所需的箭头类型，即可将直线或曲线改为箭头。

　　如果要将新对象由箭头改为默认值（即没有箭头的直线或曲线），则需先取消对象的选择，再在【终止箭对选择器】中选择直线，同样在弹出的对话框中直接单击【确定】按钮即可，如图3-7所示。

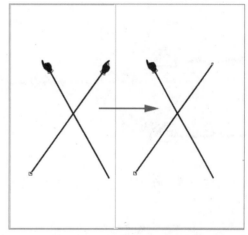

图3-7　由箭头改为默认值

## 3.1.3　修改对象属性

　　当用手绘工具绘制好对象后，它的属性栏就会自动显示与所绘制图形相关的选项，如图3-8所示，这样便于用户随时更改对象的属性，例如大小、位置、旋转角度、轮廓宽度等。

图3-8　属性栏

如何修改对象的属性呢？下面是具体操作步骤。

**01**　以前面绘制的箭头为例，在属性栏中设定【轮廓宽度】为4.0mm，如图3-9所示，即可将箭头的轮廓宽度加宽，如图3-10所示。

**02**　如果在【旋转角度】文本框中输入30后按Enter键，可将箭头旋转30°，效果如图3-11所示。

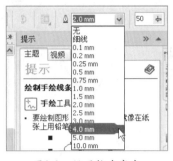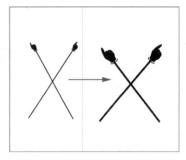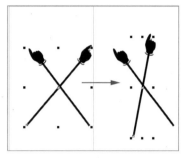

图3-9 设置轮廓宽度　　　图3-10 设置轮廓宽度后的效果　　　图3-11 旋转角度后的效果

**03** 如果在【宽度】文本框中输入60后按Enter键，即可将箭头的宽度设为60mm，如图3-12所示；在默认的CMYK调色板中右击红色块，即可将对象的轮廓色改为红色，效果如图3-13所示。

**04** 在属性栏的【轮廓样式选择器】中选择所需的虚线，即可将实线箭头改为虚线箭头，如图3-14所示。

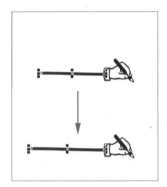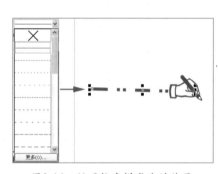

图3-12 设置宽度后的效果　　　图3-13 设置轮廓颜色后的效果　　　图3-14 设置轮廓样式后的效果

# 3.2 贝塞尔工具

使用贝塞尔工具可以通过单击（或单击并拖动）绘制出各种形状的多边形或任意形状的图形。

## 3.2.1 选择贝塞尔工具

在工具箱中按住【手绘工具】或单击右下角的小三角形，弹出工具条，选择【贝塞尔工具】，如图3-15所示；使它为当前工具，如图3-16所示，这样就可以使用它进行绘图了。

**注意**　为了讲解方便，不管是在工具箱中选择隐藏在工具箱中的工具，还是选择显示在工具箱上的工具，都简称为在工具箱中选择某某工具。

图3-15　选择贝赛尔工具

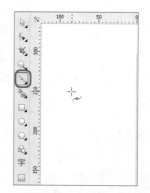

图3-16　使该工具为当前选择

## 3.2.2　使用贝塞尔工具绘制卡通屋

使用【贝塞尔工具】的方法如下。

**01** 按Ctrl+N组合键新建一个空白文档。

**02** 在工具箱中选择【贝塞尔工具】，移动指针位置单击确定起始点，再移动指针向上至适当位置单击，绘制一段线段，如图3-17所示；接着再移动指针向右上方到第3点处单击再绘制一条线段，如图3-18所示；再移动单击绘制线段，如图3-19所示；最后返回到起点处单击，即可绘制一个封闭的图形，效果如图3-20所示。

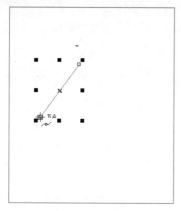

图3-17　定位线段

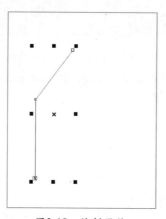

图3-18　绘制线段

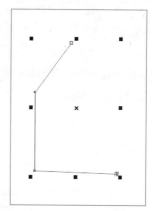

图3-19　绘制线段效果

**03** 在工具箱中选择【填充工具】，在列表中选择【均匀填充】命令，在随后弹出的【均匀填充】对话框中，选择【黄色】，单击【确定】按钮，如图3-21所示；为上面绘制的形状填充【黄色】，填充颜色后的效果如图3-22所示。

**04** 使用上面的方法再绘制出几个多边形，并为其填充颜色，绘制完成并填充颜色后的效果如图3-23所示。

**05** 为了使其表现的更加真实，再为其添加装饰，效果如图3-24所示。

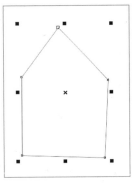

图3-20 绘制的封闭图形

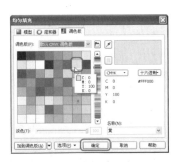

图3-21 选择填充颜色

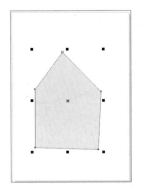

图3-22 填充颜色后的效果

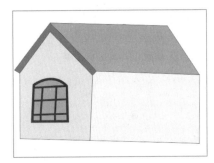

图3-23 绘制完成后的卡通屋效果

图3-24 完成装饰后的效果

**STEP 06** 制作完成后,按Ctrl+S组合键将场景进行保存。

# 3.3 艺术笔工具

在CorelDRAW X6中,可以使用艺术笔工具绘制并应用各种各样的预设笔触,包括带箭头的笔触、填充了色彩图样的笔触等。在绘制预设笔触时,可以指定某些属性。例如,可以更改笔触的宽度,并指定其平滑度。

艺术笔工具中含有5个工具选项,分别为预设、笔刷、喷涂、书法与压力,每个工具都有相应的属性,如图3-25所示。

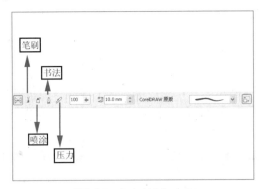

图3-25 包含的5个工具

### 3.3.1 预设工具属性栏

在工具箱中选择【艺术笔工具】，并在属性栏中单击【预设】按钮，便会显示它的相关选项，如图3-26所示。

图3-26 预设工具属性栏

### 3.3.2 笔刷工具属性栏

在工具箱中选择【艺术笔工具】，并在属性栏中单击【笔刷工具】，其后便会显示它的相关选项，如图3-27所示。

图3-27 【笔刷工具】属性栏

**提示**　如果在画面中选择了一个或多个矢量对象，则【保存艺术笔触】按钮呈可用状态，单击它可以将选择的对象保存为艺术笔触。如果在【笔触列表】中选择了自定的书笔触，则【删除】按钮呈可用状态，单击它可以将当前自定的艺术笔触删除。

### 3.3.3 喷涂工具属性设置

在工具箱中选择【艺术笔工具】，并在属性栏中单击【喷涂工具】，显示相关选项，如图3-28所示。

图3-28 【喷涂工具】属性栏

- 在【喷涂对象大小】框中可以输入1%~999%之间的数值来设定要喷涂对象的大小。
- 可以在【喷涂列表文件列表】中选择所需的喷涂对象，如图3-29所示。
- 单击【喷涂列表选项】，弹出如图3-30所示的【创建播放列表】对话框，用户可在【喷涂列表】中选择所需的对象，再单击【添加】按钮，将其添加到【播放列表】，也可以从【播放列表】中移除不需要的对象。
- 在【要喷涂的对象的小块颜料/间距】文本框中输入所需的数字来设置要喷涂对象颜料的多少以及要喷涂对象之间的间距，如图3-31和图3-32所示为设置不同参数的效果对比图。

  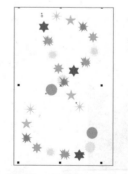 

图3-29 喷涂列表图　图3-30 【创建播放列表】对话框　图3-31 设置较小参数　图3-32 设置较大参数

- 单击【旋转】按钮，弹出如图3-33所示的面板，用户可在其中设置喷涂对象的旋转角度、是否使用增量、是基于路径旋转还是基于页面旋转等，如图3-34所示是旋转与不旋转的效果对比图。

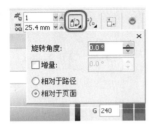

图3-33　单击【旋转】按钮

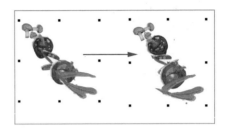

图3-34　不旋转与旋转效果对比

- 单击【偏移工具】，弹出如图3-35所示的面板，用户可在其中设置喷涂对象的偏移距离与偏移方向，以及是否使用偏移，如图3-36所示为设置不同偏移值的效果对比图。

图3-35　单击【偏移工具】

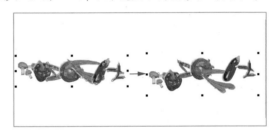

图3-36　不偏移与偏移效果对比

### 3.3.4　使用喷涂工具绘制图案

使用【喷涂工具】的方法如下。

**01** 按Ctrl+N组合键新建一个空白文档。

**02** 在工具箱中选择【矩形工具】，在绘图页中绘制出如图3-37所示的矩形效果，并为其填充渐变颜色。

**03** 在工具箱中选择【艺术笔工具】，并在属性栏中单击【喷涂工具】，从【喷涂列表文件列表】中选择所需的喷涂对象，如图3-38所示。

**04** 使用选择的喷涂对象，绘制出如图3-39所示的效果。

图3-37　绘制矩形并填充渐变颜色效果　　图3-38　选择喷涂对象　　图3-39　绘制小草效果

**STEP 05** 在工具箱中选择【艺术笔工具】 ，并在【喷涂列表文件列表】中选择所需的喷涂对象，如图3-40所示。

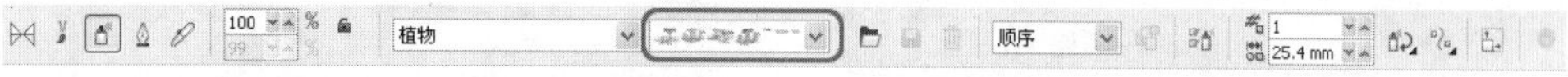

图3-40　选择喷涂对象

**STEP 06** 使用选择的喷涂对象，绘制出如图3-41所示的效果。

**STEP 07** 用同样的方法绘制出如图3-42所示的效果。

**STEP 08** 在属性栏中单击【每个色块中的图像数和图像间距】按钮，并在其中的文本框中输入【3mm】和【2.84mm】，按Enter键进行确定，效果如图3-43所示。

**STEP 09** 在属性栏【喷涂列表文件列表】中选择喷涂对象，使用选择的喷涂对象，绘制出的效果如图3-44所示。

图3-41　绘制蘑菇效果

图3-42　绘制对象效果

图3-43　设置后的效果图

图3-44　绘制出的效果

**STEP 10** 制作完成后，按Ctrl+S组合键将场景文件保存。

## 3.3.5　书法工具

使用艺术笔工具中的【书法工具】 ，可以在绘制线条时模拟书法钢笔的效果。书法线条的粗细会随着线条的方向和笔头的角度而改变。默认情况下，书法线条呈现铅笔绘制的闭合形状。通过改变相对于所选的书法绘制的线条的角度，可以控制书法线条的粗细。

操作步骤如下。

**STEP 01** 在菜单栏中旋转【文件】|【导入】命令，在弹出的【导入】对话框中打开随书附带光盘中的【素材\第3章\002.jpg】文件，调整其大小和位置，如图3-45所示。

**STEP 02** 选择【艺术笔工具】 ，在属性栏中单击【书法工具】 ，在【笔触宽度】文本框中输入0.5，在【书法角度】文本框中输入15，然后移动指针到画面中适当位置，按住左键来书写所需的文字，如图3-46所示。

**STEP 03** 书写好后松开左键，完成字的书写，如图3-47所示。

**STEP 04** 在默认的CMYK调色板中单击【白色】色块，使它填充为【白色】，画面效果如图3-48所示。

图3-45 【导入】的文件

图3-46 输入文字

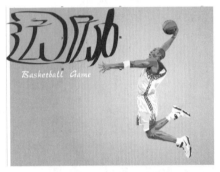

图3-47 完成书写的文字

图3-48 填充颜色效果

### 3.3.6 压力工具

使用艺术笔工具中的【压力工具】 ✐ 可以创建各种粗细的压感线条。可以使用鼠标或压感钢笔和图形蜡笔来创建这种效果。两种方法绘制的线条都带有曲边，而且路径的各部分宽度不同。

使用压力模式绘图的方法如下。

**STEP 01** 先在属性栏中设置好平滑度和宽度，然后在绘图区域拖动鼠标绘制图形，如图3-49所示。

**STEP 02** 绘制完成后松开鼠标左键，即可完成图形的绘制，然后将其填充为红色，完成后的效果如图3-50所示。

图3-49 输入文字

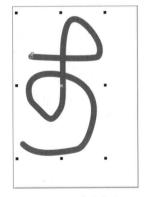

图3-50 填充颜色

注意　如果要使用压力工具绘图，用户要有图形蜡版和压感笔。

# 3.4 钢笔工具

使用钢笔工具可以绘制出各种直线段、曲线与各种形状的复杂图形。

## 3.4.1 钢笔工具属性栏

在工具箱选择【钢笔工具】，画面中没有选择任何对象，其属性栏中显示的选项如图3-51所示；如果画面中选择了对象或用钢笔工具绘制了对象，则属性栏中一些不可用的选项就成为活动可用状态，如图3-52所示，这样用户就可以通过在属性栏设置相关参数来改变选择对象的属性。

图3-51　未选择对象时的属性栏效果

图3-52　选择对象后的属性栏效果

### 1. 绘制直线

首先单击一点作为直线的第一点，移动鼠标再单击一点作为直线的终点，这样就可以绘制出一条直线。依次单击，可以绘制连续的直线，双击或者按Esc建可结束绘制，如图3-53所示为绘制直线的效果。

### 2. 绘制曲线

单击第二个点的时候拖动鼠标可以绘制曲线，同时会显示控制柄和控制点，以便调节曲线的方向，双击或者按Esc建可结束绘制，如图3-54所示为绘制曲线的效果。

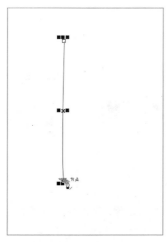

图3-53　绘制的直线

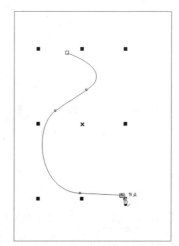

图3-54　绘制的曲线

### 3.4.2 使用钢笔工具绘制熊猫

使用【钢笔工具】 的方法如下。

**STEP 01** 按Ctrl+N组合键，新建一个空白文档。

**STEP 02** 在工具箱中选择【钢笔工具】 ，移动指针到绘制页的适当位置单击确定起点，再移动指针到适当的位置进行拖移，得到所需的弧度后松开左键，然后重复单击并拖移，绘制出如图3-55所示的熊猫的头部效果。

**STEP 03** 使用同样的方法，绘制熊猫脸部的效果图，如图3-56所示。

**STEP 04** 在工具箱中选择【填充工具】 下的【均匀填充】图样，如图3-57所示。

**STEP 05** 在弹出的【均匀填充】对话框中选择【调色板】选项卡中的【默认CMYK调色板】，并在默认的CMYK调色板中选择【40%黑】，单击【确定】按钮；再次在默认的CMYK调色板中选择【粉色】，单击【确定】按钮，如图3-58所示。

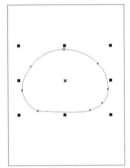

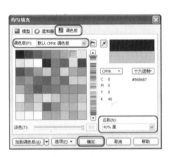

图3-55　绘制头部　　　图3-56　绘制脸部　　　图3-57　选择工具　　　图3-58　【均匀填充】对话框

**STEP 06** 填充颜色后为其去除轮廓，效果如图3-59所示。

**STEP 07** 在工具箱中选择【钢笔工具】 ，在适当位置绘制出眼睛，并为眼睛填充黑色，效果如图3-60所示。

**STEP 08** 填充颜色后为其去除轮廓，效果如图3-61所示。

**STEP 09** 用同样的方法再绘制一片熊猫的耳朵，将其填充为黑色，效果如图3-62所示。

图3-59　填充颜色　　图3-60　绘制眼睛和填充颜色　　图3-61　为眼睛去除轮廓　　图3-62　填充耳朵

**STEP 10** 填充颜色后为其去除轮廓，效果如图3-63所示。

**STEP 11** 用同样的方法绘制熊猫的胳膊、肚子和腿，并为其填充颜色为黑色，如图3-64所示。

**STEP 12** 填充颜色后为其去除轮廓，效果如图3-65所示。

**STEP 13** 使用同样的方法，绘制熊猫的嘴和鼻子，为其添加【轮廓】为2.0，效果如图3-66所示。

图3-63 去除耳朵轮廓　　图3-64 绘制并填充颜色　　图3-65 去除其他的轮廓　　图3-66 绘制并添加轮廓

**STEP 14** 制作完成后，按Ctrl+S组合键将场景文件保存。

# 3.5 折线工具

使用折线工具可以绘制出直线段、曲线与各种形状的复杂图形。

与钢笔工具不同的是，折线工具可以像使用（手绘）工具一样按住左键拖动，以绘制出所需的曲线，也可以通过不同位置的两次单击得到一条直线段。而钢笔工具则只能通过单击并移动或单击并拖动来绘制直线段、曲线与各种形状的图形，并且它在绘制的同时可以在曲线上添加锚点，按住Ctrl键还可以调整锚点的位置以达到调整曲线形状的目的。

 **注意** 　手绘工具在按住左键一直拖移到所需的位置松开左键时完成绘制，而折线工具则在按住左键一直拖移到所需的位置松开左键后，还可以继续绘制直到返回到起点处单击或双击为止。

在工具箱中选择【折线工具】，属性栏中就会显示它的相关选项，如图3-67所示。它与手绘工具的属性栏基本相同，只是【手绘平滑】选项不可用。

图3-67 折线工具属性栏

折线工具使用方法如下。

**STEP 01** 按Ctrl+N组合键，新建一个空白文档。

**STEP 02** 在工具箱中选择【折线工具】，使用其在文档中绘制五星图形，如图3-68所示。

**STEP 03** 在工具箱中选择【填充工具】，然后在弹出的下拉列表中选择【均匀填充】选项，如图3-69所示。

**STEP 04** 在弹出的【均匀填充】对话框中选择【调色板】选项卡的【默认CMYK调色板】中的红色，单击【确定】按钮，如图3-70所示。

**STEP 05** 在工具箱中选择【形状工具】，按住Ctrl键并调整图形的锚点，如图3-71所示。

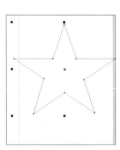  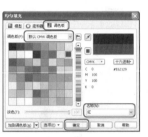 

图3-68　绘制五星图形　　图3-69　【均与填充】选项　　图3-70　选择填充的颜色　　图3-71　调整后的效果

**STEP 06** 制作完成后，按住Ctrl+S组合键将场景文件保存。

# 3.6　3点曲线工具

　　使用3点曲线工具可以绘制出各种弧度的曲线或饼形，也可以绘制出指定两点之间的曲线。

　　在工具箱中选择【3点曲线工具】，属性栏中就会显示它的相关选项。与折线工具的属性栏一样，移动到画面中适当位置，按住左键向所需的方向拖动，如图3-72所示，达到所需的宽度后松开左键，再向刚拖出直线的两旁移动，如图3-73所示，得到所需的弧度后单击，即可完成这条曲线的绘制，效果如图3-74所示。

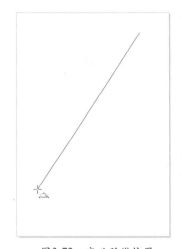 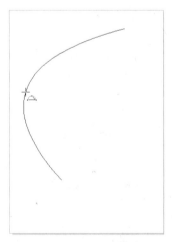 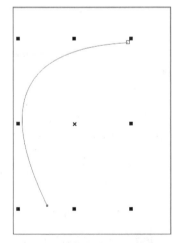

图3-72　定义弧线位置　　　图3-73　定义弧线宽度　　　图3-74　绘制完成的弧线效果

　　绘制好曲线后用户可以通过属性栏来改变它的属性，也可以在默认的CMYK调色板或颜色泊坞窗直来更改它的颜色。

# 3.7　智能工具

CorelDRAW X6新增的智能填充工具，能让用户对任意两个或多个对象重叠的区域或者任何封闭的对象进行填色，该工具无论对做动漫创作或矢量绘画、服装设计人还是VI设计的工作者来说，都是一个非常实用的工具。

使用【智能填充工具】可以非常方便地将两个图形的重叠部分创建为一个新的对象，同时完成对象的填充，即通过填充创建新对象，如图3-75所示。

使用【智能绘图工具】可以绘制手绘笔触，可对手绘笔触进行识别，并转换为基本形状。用形状识别所绘制的对象和曲线都是可编辑的。用户可以设置形状识别等级，CorelDRAW依据该等级对形状进行识别，并将它们转换为对象；还可以设置应用于曲线的平滑度。

用户可以设置从创建笔触到实施形状识别所需的时间。例如，如果将【轮廓宽度】设置为4，并且用户绘制了一个矩形，则形状识别将会增大轮廓宽度，如图3-76所示。

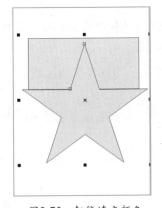
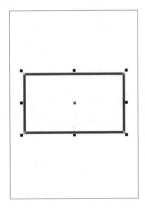

图3-75　智能填充颜色　　　　　图3-76　智能工具绘制的图形

使用智能工具，可以在绘制时进行校正，还可以更改使用形状识别所绘制的形状的线条粗细和样式。

## 3.7.1　智能填充工具属性栏

在工具箱中选择【智能填充工具】，其属性栏就会显示它的相关选项，如图3-77所示，用户可以在其中指定要填充的颜色与轮廓色，也可以将填充／轮廓选项改为默认值或无填充、无轮廓。

图3-77　智能填充工具属性栏

## 3.7.2　使用智能填充工具为复杂图像填充颜色

使用【智能填充工具】的方法如下。

**01** 按Ctrl+N组合键，创建一个空白文档。

**STEP 02** 在工具箱中选择【钢笔工具】，在空白文档中绘制一个图形，如图3-78所示。

**STEP 03** 在工具箱中选择【智能填充工具】，在其属性栏中单击要填充的颜色，在弹出的颜色面板中单击【更多】按钮，如图3-79所示。

**STEP 04** 在弹出的【选择颜色】对话框中，将CMYK值设置为（0、100、100、0），设置完成后单击【确定】按钮，如图3-80所示。

图3-78　绘制的图形

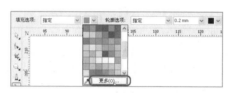

图3-79　单击【更多】按钮

图3-80　设置颜色CMYK

**STEP 05** 移动指针到要填充颜色的空白区域（该区域的每条轮廓线为相交或重叠）中单击，即可将指定的空白区域填充为设置的颜色，效果如图3-81所示。

**STEP 06** 接着对其他要填充为相同颜色的区域依次单击，即可将其他区域都填充为设置的颜色，填充后的效果如图3-82所示。

**STEP 07** 在属性栏中设定【填充颜色】为【黄色】，然后在画面中需要填充颜色的区域单击，效果如图3-83所示。

图3-81　为指定区域填充颜色

图3-82　为其他区域填充颜色

图3-83　完成后的效果

**STEP 08** 制作完成后，按Ctrl+S组合键将场景进行保存。

### 3.7.3　使用智能绘图工具绘图

在工具箱中选择【智能绘图工具】，其属性栏就会显示它的相关选项，如图3-84所示，用户可以在其中指定形状识别率与平滑率，以及所绘对象的轮廓宽度。

图3-84　智能绘图工具属性栏

使用智能绘图工具绘制圆形与正方形的方法如下。

**STEP 01** 在工具箱中选择【智能绘图工具】 ⚠，并在【形状识别等级】下拉列表中选择【最高】，再移动指针到画面中，按住左键大致绘制出一个圆的形状，如图3-85所示，松开左键后系统即会自动将其识别为圆形，如图3-86所示。

**STEP 02** 再在圆形的右边按住左键大致绘制出一个四边形形状，如图3-87所示，松开左键后系统即会自动将其识别为正方形，如图3-88所示。

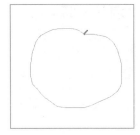 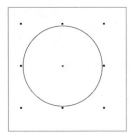  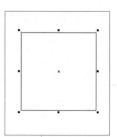

图3-85  绘制圆形　　　图3-86  识别为圆形　图3-87  大致绘制一个四边形　图3-88  识别为四边形

# 3.8 矩形工具组

使用矩形工具与3点矩形工具可以绘制出各种大小不同的矩形、方形与圆角矩形。使用3点矩形工具还可以绘制出菱形与平行四边形。

## 3.8.1 矩形工具

在工具箱中选择【矩形工具】 ▢，在属性栏中就会显示它的相关选项，如图3-89所示。用户可通过先设定矩形的边角圆滑度与轮廓宽度来绘制所需的矩形，也可以直接在画面中按住左键向对角移动，达到所需的大小后松开左键，得到所需大小的矩形。如果所绘制的矩形不满意，还可以在属性栏中设置所需的参数，来修改绘制好的矩形，如图3-90所示。

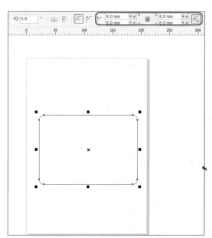

图3-89  矩形工具属性栏　　　　　　　图3-90  在属性栏中设置绘制的矩形

### 3.8.2 3点矩形工具

在工具箱中选择【3点矩形工具】，在属性栏中就会显示它的相关选项，如图3-91所示，可通过先设定矩形、菱形或平行四边形的边角圆滑度与轮廓宽度来绘制所需的图形；也可以直接在画面中按住左键向另一点移动，得到所需的长度后松开左键，绘制出一条边，如图3-92所示，然后再移向长边的一侧适当的位置（如图3-93所示）单击，确定该图形的高度，从而得到所需的图形，如图3-94所示，绘制好图形后其属性栏中一些不可用的选项已成为活动可用状态。如果所绘制的图形不满意，还可以在属性栏中设置所需的参数来修改绘制好的图形。

图3-91　3点矩形工具属性栏

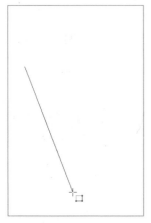

图3-92　定义矩形长度

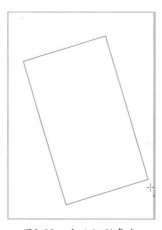

图3-93　定义矩形高度

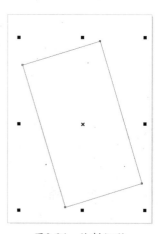

图3-94　绘制矩形

如果在属性栏中单击【锁定】按钮，将解除锁定；在【宽度】文本框中输入100mm，【高度】文本框中输入120mm，然后按Enter键进行确定，即可将随意绘制的四边形改为所需大小的四边形，效果如图3-95所示。

如果在【编辑圆滑度】文本框中输入25，即可将尖角改为圆角，效果如图3-96所示。

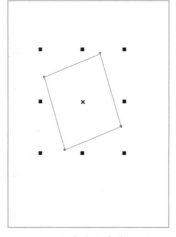

图3-95　改变宽度和高度后的效果

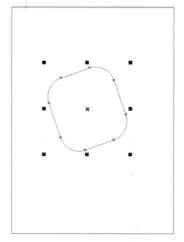

图3-96　置圆滑度

## 3.9　椭圆形工具组

使用椭圆形工具与3点椭圆形工具可以绘制出各种大小不同的圆形、椭圆形、弧形与饼形。

### 3.9.1　椭圆工具

如果画面中没有选择任何对象，在工具箱中选择【椭圆形工具】 ，在属性栏中就会显示如图3-97所示的选项。用户可先在其中确定要绘制椭圆、饼形、弧线，以及饼形与弧线的起始和终止角度，然后在画面中按住左键向对角拖动来绘制所需的图形；也可以直接在画面中按住左键向对角拖动来绘制所需的图形，如果所绘制的图形形状与大小不满意，可在属性栏中进行更改。

图3-97　椭圆工具属性栏

**注意**　按住Ctrl键在画面中拖动，可以绘制出正圆形。

### 3.9.2　使用椭圆形工具绘制钥匙

使用【椭圆工具】 绘图的方法如下。

**01** 按Ctrl+N组合键，新建一个空白文档。

**02** 在工具箱中选择【椭圆形工具】 ，移动指针到绘制页，按住Ctrl键绘制一个如图3-98所示的正圆。

**03** 在工具箱中选择【填充工具】 ，并在弹出的列表中选择【渐变填充】选项，如图3-99所示。

**04** 在弹出的【渐变填充】对话框中将【类型】设置为【圆锥】，【角度】设置为30，并在【颜色调和】选项组中选择【双色】，颜色选择从【橘红】到【黄】，如图3-100所示。

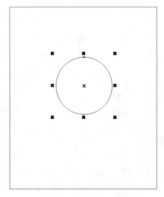

图3-98　绘制正圆

图3-99　选择【均与填充】选项

图3-100　填充颜色

**05** 单击【确定】按钮，填充完颜色后，在属性栏中将【轮廓】设置为【无】，设置后的效果如图3-101所示。

**06** 在数字键盘中按+键，原位置复制相同的图形。按住Shift键，当光标靠近控制点变成✛，拖动鼠标并按等比例缩放该图形，效果如图3-102所示。

**07** 在菜单栏中选择【排列】|【顺序】|【到图层后面】命令，选择原图形，在属性栏中将【旋转】设置为180，设置完后按Enter键，效果如图3-103所示。

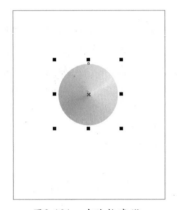 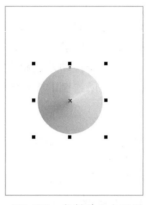 

图3-101　去除轮廓线　　　　图3-102　复制并放大图形　　　图3-103　设置图形角度和位置

**08** 在工具箱中选择【椭圆形工具】◎，并将其颜色填充为白色，然后在属性栏中将【轮廓】设置为【无】。在工具箱中选择【钢笔工具】◉，在页面中绘制出钥匙的其他部分，然后在菜单栏中选择【排列】|【顺序】|【到图层后面】命令，设置后的效果如图3-104所示。

**09** 在工具箱中选择【填充工具】◈，并在弹出的列表中选择【渐变填充】选项，然后在弹出的【渐变填充】对话框中将【类型】设置为【线性】，并在【颜色调和】选项卡中选择【双色】，颜色选择从【橘红】到【黄】，单击【确定】按钮。再次返回【渐变填充】对话框，颜色选择【黄】到【橘红】，单击【确定】按钮，设置后的效果如图3-105所示。

**10** 选择刚刚绘制的图形，在属性栏中将【轮廓】设置为【无】，去除设置后的效果如图3-106所示。

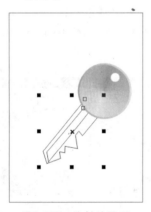  

图3-104　绘制的图形　　　　图3-105　填充颜色　　　　　图3-106　制作完成的效果

**11** 制作完成后，按Ctrl+S组合键将场景进行保存。

### 3.9.3 使用3点椭圆形工具绘制百分比图

使用3点椭圆形工具绘制图形的方法如下。

**01** 按Ctrl+N组合键，新建一个空白文档。

**02** 在工具箱中选择【3点椭圆形工具】，移动指针到画面中适当位置，按住左键向下拖动，确定椭圆轴的长度，到达所需长度后松开左键向右拖移，确定椭圆的大小，如图3-107所示。

**03** 到达所需的大小后单击，即可绘制一个椭圆，效果如图3-108所示。

**04** 按数字键盘上的+键，原位置复制相同的图形。然后在属性栏中单击【饼形】按钮，选择饼形按钮后的效果，如图3-109所示。

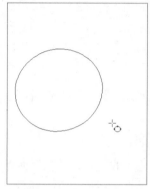
图3-107 绘制椭圆效果

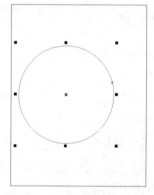
图3-108 为椭圆填充颜色效果

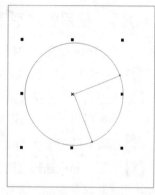
图3-109 选择饼形

**05** 在工具箱中选择【形状工具】，拖动复制图形的锚点到合适的位置，然后在默认的CMYK调色板中选择红色，填充效果如图3-110所示。

**06** 在工具箱中选择【文本工具】，然后在复制图形的下方输入文字和数字，并在属性栏中将【字体】设置为【汉仪长宋简】，【大小】设置为60，效果如图3-111所示。

**07** 使用上面同样的方法复制图形，并为其填充颜色，效果如图3-112所示。

**08** 使用【文本工具】输入文字和数字的效果如图3-113所示。

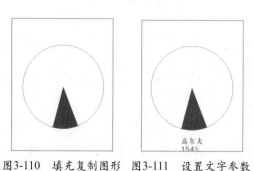
图3-110 填充复制图形　　图3-111 设置文字参数

图3-112 填充颜色

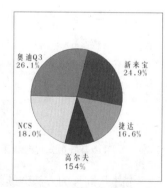
图3-113 输入文字和数字

**09** 制作完成后，按Ctrl+S组合键将场景进行保存。

# 3.10 多边形工具

使用多边形工具可以绘制等边多边形。

在工具箱中选择【多边形工具】◎，如果画面中没有选择任何对象，则属性栏中就只有【多边形边数】选项为可用状态，用户可根据需要先设定所需的多边形边数；也可直接在画面中拖动出一个多边形后再更改其边数，如图3-114所示。

图3-114　多边形属性栏

## 3.10.1　使用多边形工具绘图

下面介绍如何使用多边形工具绘制花朵效果。

**STEP 01** 按Ctrl+N组合键，新建一个空白文档。

**STEP 02** 在工具箱中选择【多边形工具】◎，在其属性栏中将【边数】设置为5，然后在绘制页中按住左键拖曳出一个正五边形，如图3-115所示。

**STEP 03** 在菜单栏中选择【编辑】|【再制】命令，如图3-116所示。

**STEP 04** 在工具箱中选择【选择工具】▷，将再制的对象移动到适当的位置，并在属性栏中将【旋转角度】设置为37，效果如图3-117所示。

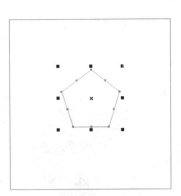

图3-115　绘制五边形效果

图3-116　选择再制命令

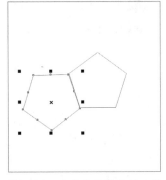

图3-117　移动并旋转再制对象

**STEP 05** 用同样的方法继续复制正五边形，使用【选择工具】将其移动到适当的位置，效果如图3-118所示。

**STEP 06** 按住Shift键，使用【选择工具】在画面中选择如图3-119所示的正五边形。

**STEP 07** 按F11键打开【渐变填充】对话框，将【类型】设置为【圆锥】，然后在设置其渐变颜色，设置完成后单击【确定】按钮，如图3-120所示。

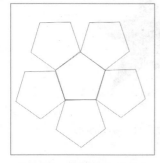

图3-118　再制六边形效果

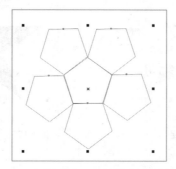

图3-119　选择对象

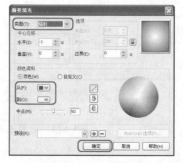

图3-120　设置渐变填充颜色

**STEP 08** 再次选择其他的正五边形，并在默认的CMYK调色板中选择黄色，为其填充颜色后的效果如图3-121所示。

**STEP 09** 选择所有的图形，并在属性栏中将【轮廓】设置为【无】，效果如图3-122所示。

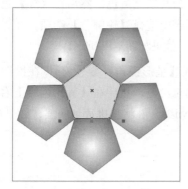

图3-121　填充颜色后的效果

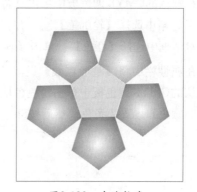

图3-122　去除轮廓

**STEP 10** 制作完成后，按Ctrl+S组合键将场景文件进行保存。

## 3.10.2　使用星形工具绘图

使用星形工具可以绘制多边形与星形。

在工具箱中选择【星形工具】，如果画面中没有选择任何对象，则属性栏中就只有【边数和锐度】选项为可用状态，用户可根据需要先设定所需的星形边数，也可直接在画面中拖动出一个星形后再更改其边数，如图3-123所示。

图3-123　星形工具属性栏

**STEP 01** 在工具箱中选择【星形工具】，在绘图区中绘制一个如图3-124所示的五角星效果。

**STEP 02** 在默认的CMYK调色板中单击红色块，为其填充红颜色，然后在【黄】色块上右击鼠标，将其【轮廓颜色】设置为【黄色】，效果如图3-125所示。

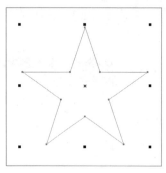

图3-124　绘制五角星

图3-125　为五角星填充颜色

### 3.10.3　使用复杂星形工具绘图

使用复杂星形工具可以绘制出比较复杂的星形，方法如下。

**01** 在工具箱中选择【复杂星形工具】 ，在绘图区中绘制一个如图3-126所示的星形。

**02** 在默认的CMYK调色板中单击【黄】色块，为其填充黄色，然后在【红】色块上右击鼠标，在工具箱中选择【轮廓笔】 ，并在弹出的列表中选择【轮廓色】选项，在弹出的【轮廓颜色】对话框中选择【红色】，单击【确定】按钮，效果如图3-127所示。

**03** 在属性栏中将【星形点数】设置为15，设置【星形锐角】参数为3，在绘图区进行绘制。在默认的CMYK调色板中单击粉色色块，为其填充粉色，然后在【黄】色块上右击鼠标，将其【轮廓颜色】设置为黄色，然后按Shift+PageDown组合键将其排放到底层，效果如图3-128所示。

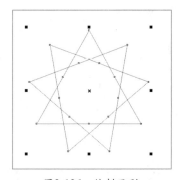

图3-126　绘制星形

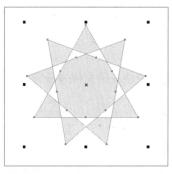

图3-127　为星形填充颜色

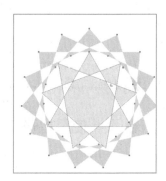

图3-128　绘制星形效果

# 3.11 螺纹工具与图纸工具

### 3.11.1　绘制网格

使用图纸工具可以绘制网格。

在工具箱中选择【图纸工具】■，在其属性栏中就会显示与其相关的选项，如图3-129所示。用户需要在【图纸行和列数】文本框中输入所需的行数与列数。

绘制成绩单的方法如下。

**STEP 01** 按Ctrl+N组合键，新建一个空白文档。

**STEP 02** 在属性栏中将【行数】和【列数】值分别设置为9和5，按Enter键确定，然后在绘图区中绘制出一个如图3-130所示的网格效果。

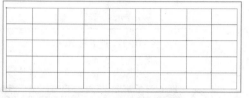

图3-129　图纸工具属性栏　　　　　　　　　　图3-130　绘制网格效果

**STEP 03** 在工具箱中选择【文本工具】字，在文档中输入文字，并设置文字的参数，设置后的效果如图3-131所示。

**STEP 04** 再次使用【文本工具】输入文字和数字，如图3-132所示。

班级成绩单

| 科目 | 语文 | 数学 | 英语 | 政治 | 物理 | 地理 | 历史 | 生物 |
|------|------|------|------|------|------|------|------|------|
| 总分 | 2535 | 2385 | 2344 | 2457 | 2250 | 2450 | 2465 | 2448 |
| 平均分 | 70.44 | 66.25 | 65.11 | 68.25 | 62.50 | 68.33 | 67.03 | 68.00 |
| 及格率 | 0.75 | 0.67 | 0.64 | 0.69 | 0.53 | 0.67 | 0.69 | 0.69 |
| 优秀率 | 0.08 | 0.85 | 0.22 | 0.08 | 0.11 | 0.14 | 0.19 | 0.14 |

图3-131　输入文字　　　　　　　　　　图3-132　最终效果

**STEP 05** 制作完成后，按Ctrl+S组合键将场景文件进行保存。

## 3.11.2　绘制螺纹线

使用螺纹工具可以绘制螺纹线，操作如下。

**STEP 01** 在工具箱中选择【螺纹线工具】◎，在绘图区中绘制一个如图3-133所示的螺纹线效果。

**STEP 02** 按F12键打开【轮廓笔】对话框，将【颜色】设置为【天蓝】，设置【宽度】参数为2.0mm，设置完成后单击【确定】按钮，如图3-134所示。

**STEP 03** 设置完轮廓后的效果如图3-135所示。

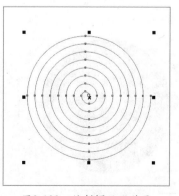

图3-133　绘制螺纹线效果

图3-134　设置轮廓参数

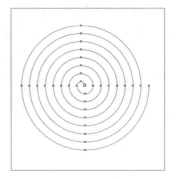

图3-135　设置完轮廓后的效果

# 3.12　度量工具

在工具箱中选择【平行度量工具】 ，其属性栏中就会显示它的相关选项，如图3-136所示。

图3-136　度量工具属性栏

## 3.12.1　测量对象的宽度

使用【水平或垂直度量工具】 的方法如下。

STEP 01　按Ctrl+N组合键，新建一个空白文档，并在文档中绘制一个图形，如图3-137所示。

STEP 02　在工具箱中选择【水平或垂直度量】 ，然后移动指针到测量的起点，会出现一个蓝色小方块，如图3-138所示。在其上按住左键向上拖移到另一个顶点上，如图3-139所示。在该点上单击后向左方移动到适当位置，如图3-140所示。再次单击即可绘制一条标注线，同时还用文字进行了标注，效果如图3-141所示。

STEP 03　在工具箱中选择【选择工具】 ，并在属性栏的【文本位置下拉式对话框】中选择如图3-142所示的选项，即可将尺度的文本排放到所需的位置，效果如图3-143所示。

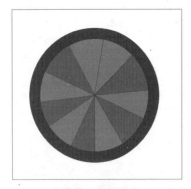

图3-137　绘制的图形

图3-138　自定义起点

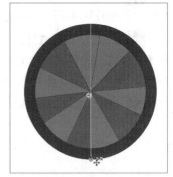

图3-139　拖移到另一个点

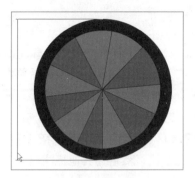

图3-140 向左拖动

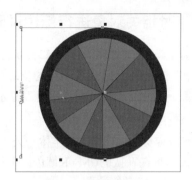

图3-141 单击定义终点

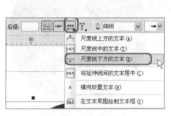

图3-142 选择选项

图3-143 选择选项后的效果

提示 用户可以为标注添加前缀或后缀，在【尺寸的前缀】文本框中可以输入尺度的前缀；在后缀【尺寸的后缀】文本框中可以输入尺度的后缀。

水平度量工具、倾斜度量工具的操作方法类似于自动度量工具。下面只对角度量工具和标注工具进行讲解。

## 3.12.2 测量对象的角度

具体操作步骤如下。

**01** 继续上面的操作，在工具箱中选择【角度工具】，对刚标注过的对象进行角度标注，将指针移到相应的点上，如图3-144所示。

**02** 出现一小方块时单击，确定角顶点，接着移动指针到要标注角度的一边适当位置单击，然后再拖动这个角的另一边的适当位置单击，即可完成该角度的测量如图3-145所示。

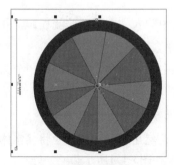

图3-144 定义角的顶点

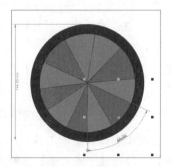

图3-145 拖曳出角的边

### 3.12.3 对相关对象进行标注说明

**STEP 01** 接着上节进行讲解。选择【3点标注工具】，将指针移向要进行标注说明的对象上单击，然后移到想放置标注拉伸引线的位置单击，在水平方向移动一段距离后单击，确定输入文字起点位置，确定文字输入起点后出现提示文本输入的光标，如图3-146所示；接着输入【标盘】文字，这样对象的标注说明就完成了。

**STEP 02** 也可改变标注说明文字的字体和大小、颜色等格式。在工具箱中选择【选择工具】，确认文字输入，再在默认的CMYK调色板中单击黑色色块，然后为其他标注填充不同的颜色，即可得到如图3-147所示的效果。

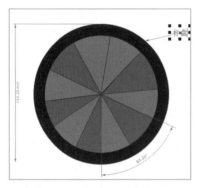
图3-146 为标注填充颜色

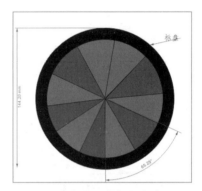
图3-147 设置文字后的效果

**注意** 改变标注文字的字体与字体大小时，应选择文本工具并选择文字。

## 3.13 直线、直角、直角圆形连线器工具

在日常工作中会经常看到一些流程图，如何用CorelDRAW X6来绘制这些流程图呢？

使用直线、直角、直角圆形连线器工具，可以绘制出两个对象或多个对象之间的流程线。绘制流程图方法如下。

**STEP 01** 按Ctrl+N组合键，新建一个空白文档。

**STEP 02** 在工具箱中选择【文本工具】，在绘图区中输入文本【理赔流程】，并在属性栏中设置其文字参数，如图3-148所示。

**STEP 03** 在工具箱中选择【矩形工具】，在属性栏中设置圆角半径后绘制一个圆角矩形，然后为其填充红色，其他使用默认即可，效果如图3-149所示。

**STEP 04** 复制出其他圆角矩形，然后调整其大小，效果如图3-150所示。

**STEP 05** 在工具箱中选择【文本工具】，输入文字，然后在其属性栏中将【字体类型】设置为【华文楷体】，设置【字体大小】参数为50pt，效果如图3-151所示。

  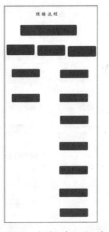 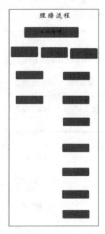

图3-148　设置文字参数　　图3-149　绘制图形　图3-150　复制并调整对象　图3-151　输入文字效果

**STEP 06** 使用同样的方法在场景中输入其他文字效果，如图3-152所示。

**STEP 07** 在工具箱中选择【直角连线器工具】，并在属性栏的【终止箭头选择器】中选择所需的箭头，将【轮廓】设置为2.0mm，移动指针到适当位置，这时会出现一个小三角形，如图3-153所示；然后单击并向左下方拖动，到适当的位置后再次单击，即可将两个矩形连接在一起，效果如图3-154所示。

 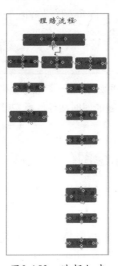 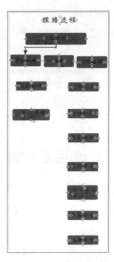

图3-152　输入其他文字效果　　　图3-153　选择起点　　　图3-154　定义终点

**STEP 08** 再使用【直角连线器工具】绘制一个如图3-155所示的形状。

**STEP 09** 用同样的方法，使用【直角连线器工具】在场景中绘制出其他形状效果，完成后的效果如图3-156所示。

**STEP 10** 在工具箱中选择【直线连线器工具】，在场景中出形状，如图3-157所示。

**STEP 11** 再次使用【直线连线器工具】在场景中绘制其他形状的效果，完成后的效果如图3-158所示。

**STEP 12** 制作完成后，按Ctrl+S组合键将场景进行保存。

图3-155 再次绘制形状

图3-156 直角连线的效果

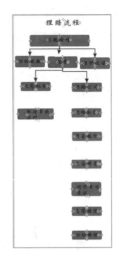
图3-157 用直线连线器绘制

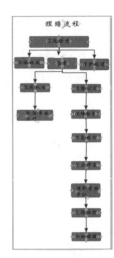
图3-158 完成效果

# 3.14 绘制基本图形

利用基本形状、箭头形状、流程图形状、标题形状工具可绘制各种各样的基本图形，例如箭头、四边形、多边形、标题图形、流程图、标注图形等，它和Office中的绘图工具栏中自选图形很相似，操作方法也类似。

**注意** 按住鼠标左键在画面上拖动，可以创建一个完美形状对象；按住Ctrl键的同时按住鼠标左键拖动，可限制纵横比；按住Shift键的同时按住鼠标左键，可从中心开始绘制图形。

## 3.14.1 使用基本形状工具绘图

利用基本形状工具可以绘制出各种各样的基本形状，操作方法如下。

**01** 在工具箱中选择【基本形状工具】，然后在其属性栏中单击【完美形状】按钮，弹出如图3-159所示的面板，在其中选择形状，然后在绘图区按下左键向对角拖动，到达所需的大小后松开左键，即可绘制一个如图3-160所示的形状。

**02** 在默认的CMYK调色板中右击黄块，为其添加黄色轮廓。然后将其【填充颜色】的CMYK值设置为红色，效果如图3-161所示。

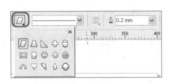
图3-159 选择形状

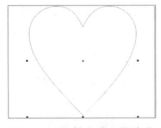
图3-160 绘制出的形状效果

图3-161 填充颜色效果

## 3.14.2　使用箭头形状工具绘图

利用箭头形状工具可以绘制各种箭头，操作方法如下。

**01** 在工具箱中选择【矩形工具】，在绘图区绘制一个矩形，然后为其填充【红色】，效果如图3-162所示。

**02** 在工具箱中选择【箭头形状工具】，在其属性栏中单击按钮，会弹出如图3-163所示的面板，然后在其中选择形状。

**03** 在绘图区中适当的位置拖动鼠标，绘制形状，到适当的位置松开鼠标，即可绘制一个如图3-164所示的形状。然后拖动黄色小菱形调整其形状，效果如图3-165所示。

**04** 调整完成后，在默认的CMYK调色板中单击黄色块，为其填充黄色，效果如图3-166所示。

**05** 在属性栏中将【轮廓】设置为【无】，效果如图3-167所示。

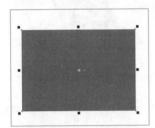

图3-162　制并填充颜色

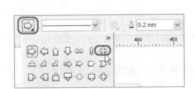

图3-163　选择形状

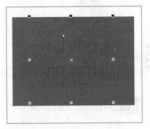

图3-164　定义形状位置

图3-165　调整图形形状

图3-166　填充颜色

图3-167　去除轮廓线

**06** 制作完成后，按Ctrl+S组合键将场景文件进行保存。

## 3.14.3　使用流程图形状工具绘图

使用流程图形状工具绘图的方法如下。

**01** 在工具箱中选择【流程图形状工具】，并在属性栏中单击【完美形状】按钮，在弹出的如图3-168所示的面板中选择形状，然后在绘图区中对角拖动，如图3-169所示，到适当的位置松开鼠标，即可绘制出一个如图3-170所示的形状。

**02** 为上面绘制的形状填充蓝色，效果如图3-171所示。

**03** 在数字键盘中按+键，将图形进行复制，并调整其位置和角度，如图3-172所示。

**04** 在工具箱中选择【选择工具】，选中所有的的图形，并在属性中将【轮廓】设置为

【无】，效果如图3-173所示。

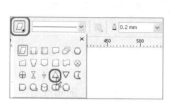

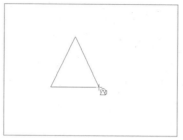

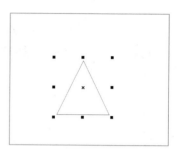

图3-168　选择形状　　　　图3-169　定义形状大小　　　图3-170　绘制出的形状效果

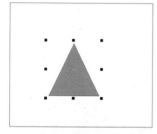

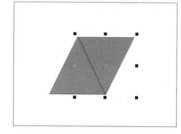

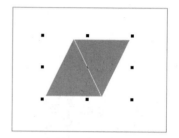

图3-171　为形状填充颜色　　图3-172　复制并调整图形　　图3-173　去除轮廓线

**05** 制作完成后，按Ctrl+S组合键将场景文件进行保存。

## 3.14.4　使用标题形状工具绘图

利用标题形状工具可绘制各种图形，操作方法如下。

**01** 在工具箱中选择【标题形状工具】，并在其属性栏中单击按钮，在弹出的如图3-174所示的面板中选择形状，接着在绘图区中按住左键向对角拖曳，如图3-175所示，绘制出所需的形状，如图3-176所示。

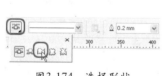

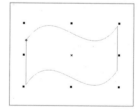

图3-174　选择形状　　　　图3-175　定义形状大小　　　图3-176　绘制出的形状效果

**02** 为上面绘制的形状填充红色，并将其【轮廓】设置为【无】，效果如图3-177所示。

**03** 在工具箱中选择【钢笔工具】，在场景中创建文字路径。然后在工具箱中选择【文本工具】，输入文字，并在其属性栏中将【字体类型】设置为【汉仪中楷简】，设置【字体大小】值为75pt，为文字效果填充黄色，效果如图3-178所示所示。

**04** 在工具箱中选择【选择工具】，调整文字的位置，然后选中文字路径并右击按钮，删除文字路径，效果如图3-179所示。

**05** 制作完成后，按Ctrl+S组合键将场景文件进行保存。

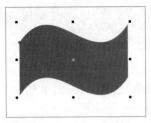

图3-177　为形状填充颜色效果　　　图3-178　输入文字效果　　　图3-179　最终效果

# 3.15 使用标注形状工具标注说明

可用标注形状工具来对某个提醒继续批注。

操作如下。

**01** 在工具箱中选择【标注形状工具】 ，在其属性栏中单击 按钮，在弹出的如图3-180
所示的面板中选择形状。

**02** 在菜单栏中选择【文件】|【导入】命令，在弹出的【导入】对话框中选择【素材\第3
章\003.jpg】文件，如图3-181所示。

**03** 单击【导入】按钮，将文件导入场景中。拖动鼠标到适当的位置松开鼠标，即可绘制
出一个理想的形状，然后在属性栏中将【旋转角度】设置为180，并将其【轮廓】颜色设置为橘
红色，设置其【轮廓大小】值为1mm，效果如图3-182所示。

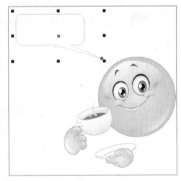

图3-180　选择形状　　　　　图3-181　【导入】对话框　　　　图3-182　设置轮廓颜色及大小

**04** 在工具箱中选择【文本工具】 字 ，在场景中
输入文字效果，在其属性栏中将【字体类型】设置为
【华文新魏】，设置【字体大小】参数为120pt，然后
将其【填充颜色】和【轮廓颜色】都设置为红色，效
果如图3-183所示。

**05** 制作完成后，按Ctrl+S组合键将场景文件进
行保存。

图3-183　输入文字效果

# 3.16　拓展练习——绘制卡通背景

本例将介绍卡通背景的制作。该例的制作比较简单，主要使用了【钢笔工具】、【椭圆工具】和【星形工具】绘制卡通背景，然后使用【渐变填充】和【均匀填充】工具为其填充颜色，效果如图3-184所示。

**STEP 01**　按Ctrl+N键组合键，在弹出的【创建新文档】对话框中，将【宽度】和【高度】分别设置为297mm、210mm，设置完成后，单击【确定】按钮，如图3-185所示。

**STEP 02**　在工具箱中选择【矩形工具】，并在空白文档中绘制一个矩形图形，在默认的CMYK调色板中单击青色色块，给其填充颜色，如图3-186所示。

图3-184　效果图

图3-185　【创建新文档】对话框

图3-186　绘制并填充矩形图形

**STEP 03**　确认矩形图形处于被选择状态，然后在数字键盘中按+键，复制一个新的矩形图形，并按住Shift键调整其大小，如图3-187所示。

**STEP 04**　确认矩形图形处于被选择状态，在菜单栏中选择【位图】|【转为位图】命令，在弹出的【转换为位图】对话框中使用其默认值，然后单击【确定】按钮，如图3-188所示。

**STEP 05**　将其转为位图后，在菜单栏中选择【位图】|【创造性】|【散开】命令，在弹出的【散开】对话框中，拖动【水平】和【垂直】滑块到100，单击【确定】按钮，如图3-189所示。

图3-187　复制矩形图形

图3-188　【转为位图】对话框

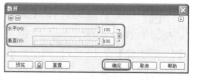
图3-189　【散开】面板

**STEP 06**　在工具箱中选择【椭圆形工具】，按住Ctrl键绘制一个正圆图形，然后在默认的CMYK调色板中选择黄卡其色块，给其填充颜色，如图3-190所示。

**STEP 07**　确认正圆图形处于编辑状态，在数字键盘中按+键，复制一个正圆图形。然后按F11键，在弹出的【渐变填充】对话框中，将【类型】设置为【线性】，【选项】选项组中的【角度】设置为270°，在【颜色调和】选项组中单击【双色】单选按钮，将【从】设置为浅黄，将【到】设置为黄，单击【确定】按钮，如图3-191所示。

**STEP 08** 填充完渐变颜色后，按住Shift键调整其位置和大小，调整后的效果如图3-192所示。

图3-190　绘制并填充正圆图形　　图3-191　设置【渐变填充】参数　　图3-192　调整后的效果

**STEP 09** 再次确认正圆处于编辑状态，在数字键盘中按+键，再次复制一个正圆图形。然后在默认的CMYK调色板中单击青色色块，为其填充颜色，并调整其位置和大小，调整后的效果如图3-193所示。

**STEP 10** 按住Shift键选择3个正圆图形，然后按Ctrl+G组合键将其编组，并在默认的CMYK调色板中右击按钮✕，取消其轮廓线，效果如图3-194所示。

**STEP 11** 在工具箱中选择【星形工具】☆，然后在属性栏的【点数和边数】文本框中输入数字5，并在场景文件中绘制一个五角星，效果如图3-195所示。

图3-193　填充颜色　　　　　　图3-194　取消轮廓线　　　　　图3-195　设置【点数和边数】

**STEP 12** 绘制完成后，在默认的CMYK调色板中单击白色色块，为其填充白，填充后的效果如图3-196所示。

**STEP 13** 在工具箱中选择【形状工具】，在场景文件中调整五角星的节点，调整后的效果如图3-197所示。

**STEP 14** 确认五角星处于编辑状态，在数字键盘中按+键，复制多个五角星，并为其填充颜色，调整其位置和大小，效果如图3-198所示。

**STEP 15** 按住Shift键选择所有的五角星图形，并在默认的CMYK调色板中右击按钮✕，取消它们的轮廓线，效果如图3-199所示。

**STEP 16** 在工具箱中选择【椭圆形工具】○，按住Shift键在场景文件中绘制一个正圆图形，并在默认的CMYK调色板中单击白色色块，为其填充颜色，效果如图3-200所示。

**STEP 17** 确认刚刚绘制的正圆形处于编辑状态，在数字键盘中按+键，复制多个正圆图形，并调整其位置和大小，效果如图3-201所示。

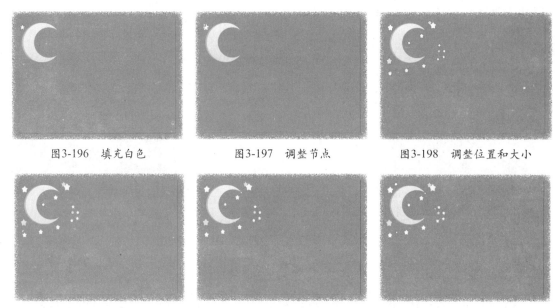

图3-196　填充白色　　　　　　图3-197　调整节点　　　　　　图3-198　调整位置和大小

图3-199　取消轮廓线　　　　　图3-200　绘制圆形　　　　　　图3-201　复制图形

**18** 按住Shift键选择刚刚绘制和复制的正圆图形，在默认的CMYK调色板中右击按钮✕，取消轮廓线，如图3-202所示。

**19** 使用【椭圆形工具】◎在场景文件中绘制云彩，并在默认的CMYK调色板中单击白色色块，为其填充颜色，按Ctrl+G组合键进行编组，效果如图3-203所示。

**20** 在数字键盘中按+键，复制云彩并调整其大小和位置。选中绘制的云彩，在【默认的CMYK调色板】中右击按钮✕，效果如图3-204所示。

图3-202　取消轮廓线　　　　　图3-203　绘制云彩并编组　　　图3-204　复制并取消轮廓线

**21** 在工具箱中选择【钢笔工具】◎，在场景文件中绘制女孩的轮廓，效果如图3-205所示。

**22** 在默认的CMYK调色板中选择需要填充的色块，为女孩填充颜色，填充后的效果如图3-206所示。

**23** 选中女孩，在默认的CMYK调色板中右击按钮✕，将其轮廓去除，效果如图3-207所示。

**24** 在工具箱中绘制女孩的眼睛，并为其填充颜色、去除轮廓线，效果如图3-208所示。

**25** 在工具箱中选择【手绘工具】◎和【钢笔工具】◎，在场景文件中绘制女孩的眉毛、蝴蝶结、嘴巴、耳朵眼和裙摆，并在默认的CMYK调色板中设置填充颜色，效果如图3-209所示。

**26** 在工具箱中选择【基本形状工具】，在属性栏中单击按钮。然后在场景文件中绘制心形，并在默认的CMYK调色板中单击红色色块，右击按钮×，取消其轮廓线，效果如图3-210所示。

图3-205　绘制女孩轮廓

图3-206　填充颜色

图3-207　去除轮廓

图3-208　绘制眼睛并去除轮廓线　图3-209　绘制其他部位并去除轮廓线　图3-210　绘制心形并去除轮廓线

**27** 在工具箱中选择【椭圆形工具】，在属性栏中选择饼形，在心形图形上绘制一个饼形图形，并在工具箱中选择【形状工具】对其进行调整，然后为其设置白色为其填充色，去除轮廓线，效果如图3-211所示。

**28** 选择场景中星形图形，在数字键盘中按+键，复制多个图形，并在默认的CMYK调色板中选择要填充的颜色，效果如图3-212所示。

图3-211　绘制饼形

图3-212　复制并填充颜色

**29** 至此，卡通背景已制作完成，在菜单栏中选择【文件】|【保存】命令，如图3-213所示。

**30** 在弹出的【保存绘图】对话框中，将【文件名】设置为001.cdr，单击【保存】按钮，将场景进行保存，如图3-214所示。

**31** 在菜单栏中选择【文件】|【导出】命令，如图3-215所示。

图3-213　选择【保存】命令　　　图3-214　【保存绘图】对话框　　　图3-215　选择【导出】命令

**STEP 32** 在弹出的【导出】对话框中，将【文件名】设置为001.tif，【保存类型】设置为TIF格式，单击【导出】按钮，如图3-216所示。

**STEP 33** 在弹出的【转换为位图】对话框中，使用其默认值，单击【确定】按钮，将效果进行保存，如图3-217所示。

图3-216　【导出】对话框　　　　　　图3-217　【转换为位图】对话框

# 3.17　习题

## 一、填空题

（1）手绘工具可以绘制各种（　　　　　）、（　　　　　）、（　　　　　），它就像日常生活中使用铅笔绘制图形一样，而且比铅笔更方便。

（2）艺术笔工具主要包含一些基本矢量图形的（　　　　　）、（　　　　　），是艺术类创作人员必不可缺少的常用工具之一，它可以为创作提供现成的艺术图案，可大大提高图形设计工作效率。

## 二、简答题

（1）艺术笔工具含有5个工具选项分别是什么？

（2）利用什么工具可以绘制各种各样的基本图形？

第 **4** 章 Chapter

# 编辑轮廓线与填充颜色

**04**

**本章要点：**

在绘制与编辑彩色图形的过程中，选择颜色与填充颜色是用户经常要做的工作，只有为图形选择了合适的颜色，图形才会变得生动优美。本章主要介绍怎样用工具箱中的工具为图形填充颜色和去除轮廓线，只有掌握了颜色的选择与应用，才能为以后绘制更好的图形打下基础。

**主要内容：**

- 设置颜色
- 轮廓线的编辑
- 标准填充
- 使用【均匀填充】对话框
- 渐变填充
- 使用交互式填充工具填充
- 为对象进行图样填充
- 为对象进行底纹填充
- 为对象进行PsotScript底纹填充
- 为对象进行网状填充

# 4.1 设置颜色

正确认识并使用颜色是平面设计师必备的能力，合理的颜色配比可以加强印刷品（如书刊、包装）和非印刷品（如喷绘、写真）等作品的视觉效果。在使用平面设计软件进行设计时，首先需要根据用途设定一个色彩模式，才能为作品设置颜色的数值。

## 4.1.1 认识色彩模式

用数据来表述颜色的方法叫颜色模型或者色彩模式。色彩模式是认识颜色、正确设置颜色的基础，每种色彩模式描述颜色的方式不同，其用途也不一样。CorelDRAW X6提供了多种色彩模式，如RGB、CMYK、Lab、HSB、灰度等，如图4-1所示。

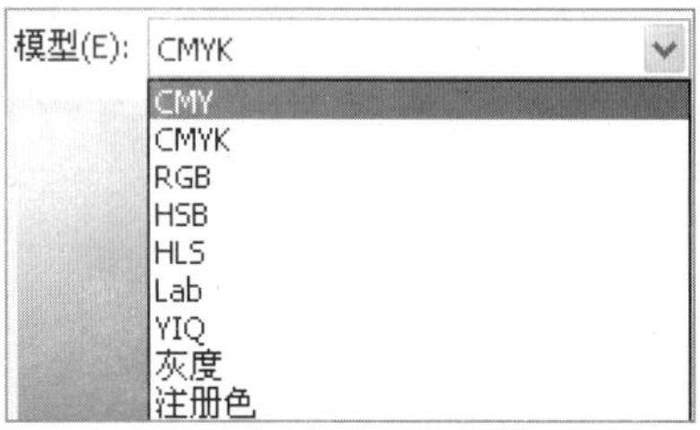

图4-1　色彩模式

### 1. RGB模式

RGB色彩模式是最常用的颜色模式之一，RGB中的R（Red）表示红色、G（Green）表示绿色、B（Blue）表示蓝色，RGB模式产生颜色的方法叫色光加色法，R、G、B这3种光叫色光三原色。科学家们发现，当R、G、B这3种色光按不同的强度叠加混合时，可以产生人眼能够识别的绝大多数颜色，于是RGB颜色模式作为一种行业标准迅速普及，如显示器、电视机、数码相机，只需要三色光源就可以产生各种颜色，这大大地降低了企业成本。

三色光的每一种都被指定了一个从0～255的强度值，共256个。当R、G、B这3个色光强度值都为0时，依照生活常识可以理解为三色光处于关闭状态，什么也看不见，也就是黑色；当R、G、B这3个色光强度值都为255时，可以理解为色光强度最大，其结果为白色。当三色光的强度（1～254）相同时，其结果是灰色，这也叫中性灰，如图4-2所示。

### 2. CMYK模式

CMYK颜色模式是印刷专用的颜色模式，C、M、Y、K分别表示青、品（洋红）、黄、黑4种油墨，印刷油墨是通过吸收反射可见光来实现颜色显示的。人们发现，将青、品（洋红）、黄3种油墨按不同比例进行叠加，可以印刷出大部分可见的颜色。由于油墨纯度的因素，这3种油墨不能叠加出深黑色，于是又引入了黑色油墨，这样，只需要通过4种油墨的按比例进行叠加就可以产生大部分可见的颜色，这就使高效低成本的印刷工业得以发展。因此，这种形成颜色的方法也叫色料减色法，青、品（洋红）、黄3种油墨称为色料三原色。

C、M、Y、K的每个颜色都被指定了一个0～100的比例值，当4种油墨的数值为0时，表示白纸上没有印刷油墨，此时颜色显示为白色，当4种油墨都为100时，显示为黑色。理论上讲，当C、M、Y三色等量叠加时可以得到灰色，但是由于油墨纯度的因素，实际上并不能得到灰色，只有适当调整油墨比例才能得到灰色，这就是灰平衡，如图4-3所示。

### 3. Lab模式

CIE L*a*b*颜色模型（Lab）基于人对颜色的感觉，它是由Commission Internationaled`Eclairagg（CIE）创建的数种颜色模型中的一种，CIE是致力于在光线的各个方面创建标准的组织。

Lab中的数值描述正常视力的人能够看到的所有颜色。因为Lab描述的是颜色的显示方式而不是设备（如显示器、打印机或数码相机）生成颜色所需的特定色料的数量，所以以Lab被视为与设备无关的颜包模型。色彩管理系统使用Lab作为色标，将颜色从一个色彩空间转换到另一个色彩空间。

Lab从亮度或其名度成分（L）及以下两个色度成分的角度描述颜色： a成分（绿色和红色）和b成分（蓝色和黄色）。

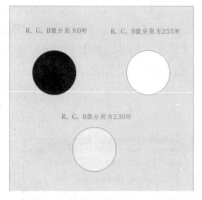

图4-2　R、G、B值相同时的效果

图4-3　C、M、Y、K值相同时的效果

### 4. HSB模式

在介绍完上述3种主要的色彩模式后，下面介绍另一种色彩模式——HSB色彩模式，它在色彩汲取窗口中才会出现。

在HSB模式中， H表示色相， S表示饱和度， B表示亮度。

- 色相：是纯色，即组成可见光谱的单色。红色（R）在0度，绿色（G）在120度，蓝色（B）在240度。它基本上是RGB模式全色度的饼状图。
- 饱和度：表示色彩的纯度，0时是灰色。白、黑和其他灰色色彩都是没有饱和度的。在最大饱和度时，每一色相具有最纯的色光。
- 亮度：是色彩的明亮度。为0时即为黑色，最大亮度是色彩最鲜明的状态。

### 5. 灰度模式

该模式使用多达256级的灰度。灰度图像中的每个像素都有一个0（黑色）到255（白色）之间的亮度值。灰度值也可以用黑色油墨覆盖的百分比来度量（0%等于白色，100%等于黑色）。使用黑白或灰度扫描仪生成的图像通常以灰度模式显示。

尽管灰度模式是标准颜色模型，但是其所表示的实际灰色范围仍因打印条件而异。在CorelDRAW X6中，灰度模式使用【颜色设置】对话框中指定的工作空间设置所定义的范围。

下列原则适用于将图像转换为灰度模式或从灰度模式中转出。

- 位图模式和彩色图像都可转换为灰度模式。
- 为了将彩色图像转换为高品质的灰度图像， CorelDRAW X6放弃原图像中的所有颜色信息。转换后的像素的灰阶（色度）表示原像素的亮度。
- 当从灰度模式向RGB转换时，像素的颜色值取决于其原来的灰色值。灰度图像也可转换为CMYK图像（用于创建印刷色四色调，不必转换为双色调模式）或Lab彩色图像。

## 4.1.2 设置调色板

CorelDRAW X6的颜色设置选项，为设计师在选择、设置颜色时提供了保障，设计师最常用到的是【调色板】，使用【调色板】可以对图形或其轮廓进行上色。

### 1. 认识调色板

运行CorelDRAW X6时，默认状态下【默认CMYK调色板】在页面的右侧，在菜单栏中选择【窗口】|【调色板】命令，在弹出的下拉菜单中可以勾选多个调色板，这些调色板都将分列在页面的右侧，如图4-4所示。

使用【选择工具】选中图形后，单击鼠标左键或鼠标右键，可以分别设置图形填充或者轮廓色；如果没有选中图形而单击颜色色块，将会弹出【更改文档默认值】对话框，用户可以在对话框中勾选所需的选项，以后新建对象将被相应地上色，如图4-5所示。

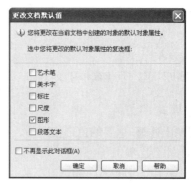

图4-4　选择【调色板】命令　　　　图4-5　【更改文档默认值】对话框

单击调色板设置按钮 ⊙，在弹出下拉列表中可以设置轮廓和填充的颜色；新建、打开、保存和关闭调色板；调用【调色板编辑器】和改变、查找颜色；设置和使用调色板；自定义调色板，如图4-6所示。

在菜单栏中选择【窗口】|【调色板】命令，在弹出的子菜单中选择【调色板编辑器】，弹出【调色板编辑器】对话框，在【默认CMYK调色板】下拉列表中可以选择需要编辑的调色板；对话框右上方的4个图标分别表示新建调色板型、打开调色板、保存调色板、另存调色板。在色盘中的任意色块上单击鼠标左键，对话框下方的【所选颜色】选项组中列出颜色名称和色值，如图4-7所示。

在【编辑颜色】或者【添加颜色】按钮上单击，在弹出的【选择颜色】对话框中出了3种选色方式：【模型】、【混和器】、【调色板】，如图4-8所示。

在【模型】选项卡下可以直接在拾色器中选择新的颜色，也可以在组件中输入数值，或者拨动色值滑标来设置新的颜色，如图4-9所示，然后在【名称】文本框中输入新颜色的名称，单击【确定】按钮，完成编辑，如图4-10所示。

**提示**　如果未在【名称】中输入颜色名称，颜色将以色值为名称。

在【混和器】选项卡上单击，可以使用混和器来编辑选择颜色，通过【模型】下拉菜单可以选择色彩模式；在【色度】下拉菜单可以设置几种方式的取色点，取色点将在色相环中出现；【变化】可以设置取色点向其他颜色过渡的方式，通过拨动【大小】滑块可以设置过渡的色块数量。转动色相环中的主控点可以选色，每个取色点的颜色在下方的色盘中列出，在色盘中选好颜色，单击【确定】按钮，如图4-11所示。

图4-6  弹出的下拉列表

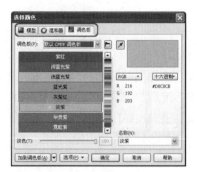
图4-7  【调色板编辑器】对话框

图4-8  【选择颜色】对话框

图4-9  拨动滑标设置颜色

图4-10  输入名称设置颜色

图4-11  【混和器】选项

**技巧**  色相环中黑色取色点表示主控点，白色取色点是被控制点，当旋转控制点时，被控点也随之转动；旋转被控点则可以改变取色框的形状，如图4-12所示。

选择【调色板】选项卡，可以通过选择其他调色板上的颜色替换当前选择的颜色，单击【调色板】右边的下三角按钮，从弹出的下拉菜单中选择其他的调色板，然后在色盘中选择颜色，单击【确定】按钮，如图4-13所示。

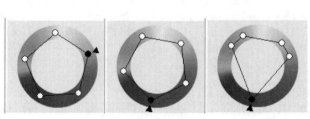
图4-12  色相环

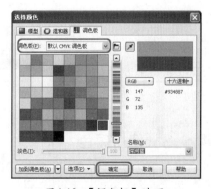
图4-13  【调色板】选项

### 2. 打造用户调色板

CorelDRAW X6默认的调色板也许并不符合设计师的工作习惯，或者没有设计师常用的特殊颜色，建造一个属于自己专用的调色板，可以让它更好地为设计师服务。

在菜单栏中选择【工具】|【调色板编辑器】命令，弹出【调色板编辑器】对话框，在【新建调色板】图标上单击，如图4-14所示。

弹出【新建调色板】对话框，在【文件名】文本框中输入名称，单击【保存】按钮，如图4-15所示。新建的调色板出现在【调色板编辑器】对话框中。单击【添加颜色】按钮，如图4-16所示。

在弹出的【选择颜色】对话框中设置好需要添加的颜色，单击【加到调色板】按钮，一个颜色就添加完成了，如图4-17所示。使用【模型】选项卡，设计师可将平面设计中常用的颜色添加进来，如白色，色值都为100的黄、品、青、黑色和注册色；也可以通过其他调色板添加专色，如图4-18所示。

添加的颜色都排列在色盘中。单击【确定】按钮，完成用户调色板的设置，如图4-19所示。

图4-14　调色板编辑器

图4-15　输入文件名

图4-16　选择【添加颜色】选项

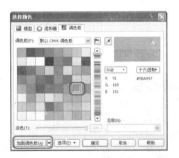
图4-17　添加颜色到调色板

图4-18　添加专色

图4-19　单击【确定】按钮

## 4.1.3　使用颜色

印刷中最常见的是彩色（四色）印刷，彩色印刷是通过CMYK这4种油墨的不同比例叠加混合，形成五颜六色的印刷品，因此，在设计制作印刷品时，一定确保每个对象的颜色设置都为

CMYK模式。除了最常见的四色印刷，设计师也许还会碰到单色、双色、多色印刷品的设计工作。会用、善用颜色是得到正确印刷品的重要技能。

### 1. 使用颜色泊坞窗设置四色

通过颜色泊坞窗，设计师可以自己设置出需要的颜色。

**STEP 01** 按Ctrl+N组合键新建一个空白文件，然后在菜单栏中选择【文件】|【导入】命令，在弹出的【导入】对话框中，选择随书附带光盘中的【素材\第4章\001.ai】文件，如图4-20所示。

**STEP 02** 单击【导入】按钮，将图形导入场景文件中，然后在工具箱中选择【选择工具】 ，选中场景中的一个图形对象，如图4-21所示。

图4-20 【导入】对话框

图4-21 选中图形

**STEP 03** 在菜单栏中选择【窗口】|【泊坞窗】|【彩色】命令，如图4-22所示。

**STEP 04** 弹出颜色泊坞窗，该面板左上方的色块图标表示设置的新颜色和参考色，右上方列出了3种颜色设置方式，分别为滑杆设置、拾色器设置、调用调色板，滑杆设置是最常用的方式，如图4-23所示。

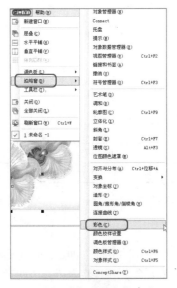

图4-22 选择【彩色】命令

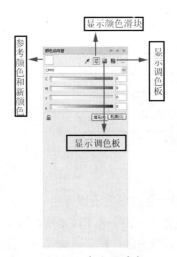

图4-23 颜色泊坞窗

在【色彩模式】下拉列表上单击鼠标左键，从弹出的下拉菜单中选择CMYK。面板中出现了CMYK的四色滑杆，通过拖动滑块或者输入数值可以设置颜色的色值，四色中的每一个颜色的色值取值范围都是0~100。在平面设计中，对四色取值应取整，也就是色值最好是10的倍数或者是5的倍数，这样的好处是设计师可以通过色谱书看到颜色的实际印刷效果，如图4-24所示。

图4-24　设置是10或5的倍数

设置好颜色之后，在颜色泊坞窗下方的【填充】、【轮廓】上单击，分别可以对填充上色或轮廓上色；单击【自动应用颜色】图标，可以直接修改对象的填充或轮廓颜色，如图4-25所示。

设置好颜色后，如果为了以后使用方便，可以把它储存到设计师专用的调色板中。在【新颜色和参考色】图标上按住鼠标左键并拖曳到调色板的色盘中，当光标变成▶时松开鼠标，颜色就被储存到调色板中了，如图4-26所示。

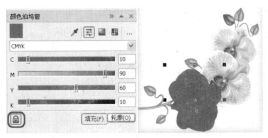

图4-25　单击【自动应用颜色】

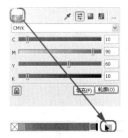

图4-26　储存到调色板中

在日常生活中，人们通常都会形成视觉记忆色，如天空是蓝色的、草是绿色的等。记住一些记忆色的数值，能够为设计师设置数值提供一些参考，如图4-27所示。

| | C | M | Y | K |
|---|---|---|---|---|
| 蓝天色 | 60 | 20~25 | 0 | 0 |
| 碧绿 | 60 | 0 | 25 | 0 |
| 草绿 | 100 | 0 | 100 | 0 |
| 柠檬黄 | 5 | 15~20 | 95 | 0 |
| 橘红色 | 10 | 90 | 100 | 0 |
| 橘色 | 5 | 50 | 100 | 0 |
| 粉红色 | 5 | 40 | 5 | 0 |
| 米色 | 5 | 5 | 15 | 0 |
| 假金色 | 5 | 15~20 | 65~75 | 0 |
| 假银色 | 20 | 15 | 15 | 0 |

图4-27　常用色的色值

### 2. 使用颜色泊坞窗设置专色

专色是指在印刷中基于成本或者特殊效果的考虑而使用的专门的油墨。由于印刷的后期工艺和专色的设置方法一样，因此本书也将后期工艺归为专色，并且将专色分为两种：一种称为印刷专色，如金色、银色、潘通色等；一种叫工艺专色，如烫金、烫银、模切等。专色的设计有6大要素：形状、大小、位置、颜色、虚实、叠套。

颜色是设计专色重要的要素之一，设计师只需为每一种专门的油墨或者工艺设置一种专色，每一种专色都只能得到一张菲林片。

打开颜色泊坞窗，选择CMYK颜色模式，任意设置CMYK的数值，在【更多颜色选项】图标□上单击，在弹出的下拉菜单中选择【添加到自定义专色】，则新颜色和参考色由四色变成了专色，单击【填充】或【轮廓】按钮就可以用专色对对象上色了，如图4-28所示。只有这样设置才能保证后期的输出和印刷不会将专色错误地印刷成四色。

设计师设置好的专色都被添加到【用户调色板】中，以后再使用这个专色，直接到调色板中调用就可以。单击颜色泊坞窗中的【显示调色板】图标，在调色板列表中打开下拉菜单，选择【用户的调色板】中的【PANTON®solid coated】，就可以看到刚才设置好的专色了，如图4-29所示。

图4-28 【添加到自定义专色】命令

图4-29 用户调色板中的专色

## 4.2 轮廓线的编辑

轮廓线是指路径或者图形的边线，CorelDRAW X6在轮廓线编辑功能上为用户提供了非常丰富的设置。轮廓线设置得合理，可以使作品更加绚丽，如图4-30所示。

【轮廓笔工具】可以用来对所选路径或图形的边缘进行编辑。在工具箱中选择【轮廓笔工具】 ，即可弹出【轮廓笔工具】下拉菜单，如图4-31所示。

图4-30 图片

图4-31 【轮廓笔工具】下拉菜单

从【轮廓笔工具】下拉菜单中可以设置轮廓笔、轮廓颜色、轮廓宽度。

## 4.2.1 轮廓笔

**01** 按Ctrl+N组合键新建一个空白文档，在菜单栏中选择【文件】|【导入】命令，在弹出的【导入】对话框中选择随书附带光盘中的【素材\第4章\002.jpg】文件，如图4-32所示。

**02** 单击【导入】按钮，在工具箱中选择【基本形状工具】，然后在属性栏中选择【完美形状】，并在弹出的下拉菜单中选择，如图4-33所示.

**03** 在导入的文件中绘制心形，如图4-34所示。

图4-32 【导入】对话框　　　　图4-33 选择【完美形状】　　　图4-34 绘制图形

**04** 在工具箱中选择【轮廓笔工具】，在弹出的下拉菜单中选择【轮廓笔】选项，弹出【轮廓笔】对话框，如图4-35所示。

- 【颜色】用于设置所选对象轮廓的颜色。单击【颜色】下三角按钮，在弹出的下拉列表中，用户可以为所选对象的轮廓设置不同的颜色，如图4-36所示。
- 【宽度】用于设置所选对象轮廓线的宽度和轮廓线的度量单位。单击【宽度】下三角按钮，在弹出的下拉列表中，用户可以为所选对象轮廓设置不同的宽度，也可以直接输入数值来设置宽度，如图4-37所示。

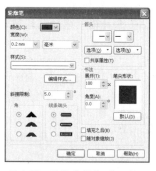

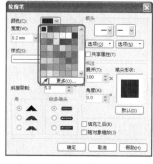

图4-35 【轮廓笔】对话框　　图4-36 【颜色】下拉菜单　　图4-37 【宽度】下拉菜单

- 【样式】用于设置所选对象轮廓线的样式。单击【样式】下三角按钮，在弹出的下拉列表中，用户可以为所选对象轮廓设置不同的样式，在这里使用默认设置，如图4-38所示。
- 【角】用于设置所选对象轮廓线的拐角的外形，共有3种不同的角样式可选择，分别是尖角、圆角、平角，如在【圆角】角样式单选按钮上单击，即选择圆角，如图4-39所示。

图4-38 【样式】下拉菜单

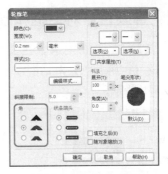

图4-39 【圆角】样式

- 【线条端头】用于设置所选对象轮廓线的线条端头的样式，共有3种不同的线条端头可供选择，分别是平削端头、圆端头、平展端头，如图4-40所示，单击【圆端头】单选按钮，即选择圆端头，如图4-41所示。

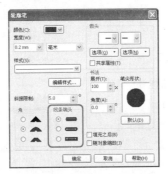

图4-40 【线条端头】样式

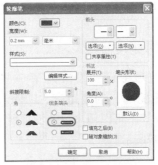

图4-41 【圆端头】样式

- 【箭头】用于设置开放曲线两端的箭头样式，在左边的箭头库中可以设置线段起始点的样式，在右边的箭头库中可以设置线段终点的样式，如图4-42所示。如果对当前选择的箭头样式不太满意，也可以对其重新编辑，单击【选项】|【编辑】按钮，弹出【箭头属性】对话框，当前选中的箭头会在编辑框中出现，在【大小】选项组中设置其【长度】和【宽度】，以观察箭头的局部细节，拖曳实心点可以改变箭头形状，拖曳空心点可以移动箭头的位置，如图4-43所示。
- 【书法】可以设置曲线粗细变化的特殊效果，可以在【展开】、【角度】选项中输入数值来设置笔尖效果，也可以在【笔尖形状】中拖曳来直接修改，如图4-44所示。

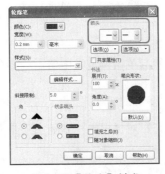

图4-42 【箭头】样式

图4-43 【箭头属性】对话框

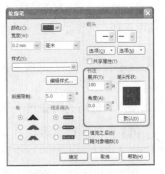

图4-44 【书法】选项组

### 4.2.2 【轮廓颜色】对话框和颜色泊坞窗

用【选择工具】选中图形对象，在工具箱中单击【轮廓笔工具】中的【轮廓色】或【彩色】按钮，弹出的【轮廓颜色】对话框或者颜色泊坞窗，如图4-45所示，可以对轮廓线的颜色进行编辑，如图4-46所示。

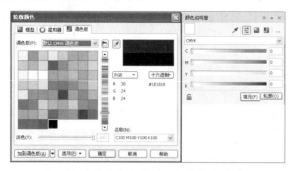

图4-45 【轮廓颜色】对话框和颜色泊坞窗　　　　　图4-46　填充的轮廓线

### 4.2.3 轮廓宽度

轮廓宽度选项中已经设置好了一些默认的线的宽度，分别是无轮廓、细线轮廓、0.1mm、0.2mm、0.25mm、0.5mm等，可以用来快速设置所选择对象的轮廓宽度，如图4-47所示。

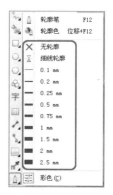

图4-47　轮廓宽度选项

## 4.3 标准填充

标准填充是CorelDRAW X6中最基本的填充方式，它默认的调色板模式为CMYK模式。选择菜单栏中的【窗口】|【调色板】命令，在其子菜单中集合了全部的CorelDRAW调色板。从中选择一项后，调色板就会立即出现在窗口的右侧，如图4-48所示。

在进行标准填充之前，需要先选中要进行标准填充的对象，然后单击调色板中所需的颜色即可完成填充。

使用调色板为对象填充颜色的操作步骤如下。

**STEP 01** 在菜单栏中选择【文件】|【打开】命令，在弹出的【打开】对话框中打开随书附带光盘中的【素材\第4章\003.cdr】文件，如图4-49所示。

**STEP 02** 为了方便对象的选择，选择菜单栏中的【窗口】|【泊坞窗】|【对象管理器】命令，打

开【对象管理器】泊坞窗，如图4-50所示。

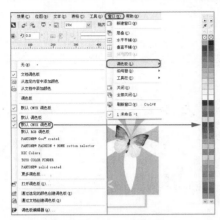

图4-48 【调色板】命令　　　图4-49 打开的文件　　　图4-50 【对象管理器】泊坞窗

**STEP 03** 单击【对象管理器】泊坞窗中【图层1】前的加号按钮，在打开的列表中选择【008】对象，如图4-51所示。

**STEP 04** 在默认的CMYK调色板中单击CMYK值为0、0、100、0的色块，即可为选择的对象填充该颜色，如图4-52所示。

**STEP 05** 确定【008】对象处于选择状态，在默认的CMYK调色板中右击╳色块，取消轮廓线的填充，如图4-53所示。

图4-51 选择对象　　　　图4-52 填充颜色　　　　图4-53 取消轮廓线的填充

**STEP 06** 在【对象管理器】泊坞窗中【图层1】下的列表中选择【018】对象，如图4-54所示。

**STEP 07** 在默认的CMYK调色板中单击CMYK值为0、0、0、100的色块，即可为选择的对象填充该颜色，如图4-55所示。

**STEP 08** 确定【018】对象处于选择状态，在默认的CMYK调色板中右击╳色块，取消轮廓线的填充，如图4-56所示。

图4-54　选择【018】对象　　　图4-55　填充颜色　　　图4-56　取消轮廓线

STEP **09** 使用同样的方法在【对象管理器】泊坞窗选择对象，并在默认的CMYK调色板中单击所需要填充的颜色，如图4-57所示。

STEP **10** 完成填充颜色后，确定所填充的对象都处于编辑状态，在默认的CMYK调色板中右击╳色块，取消轮廓线，如图4-58所示。

图4-57　填充颜色　　　　　　　图4-58　最终效果

STEP **11** 制作完成后，按Ctrl+S组合键将场景文件进行保存。

# 4.4 使用【均匀填充】对话框

如果在调色板中没有当前所需要的色彩，则可从【均匀填充】对话框中自由地选色。下面介绍如何使用【均匀填充】对话框为对象填充颜色。

## 4.4.1 【模型】选项卡

在【模型】选项卡中可以任意地选择所需的色彩为图形填充，具体操作如下。

STEP **01** 按Ctrl+O组合键，在弹出的【打开】对话框中打开随书附带光盘中的【素材\第4章\004.cdr】文件，如4-59所示。

**02** 在菜单栏中选择【窗口】|【泊坞窗】|【对象管理器】命令，打开【对象管理器】泊坞窗，如图4-60所示。

**03** 在【对象管理器】泊坞窗中【图层1】下的列表中选择【010】、【011】和【012】对象，如图4-61所示。

图4-59 打开的文件      图4-60 【对象管理器】泊坞窗      图4-61 选择对象

**04** 在工具箱中选择【填充工具】，在弹出的列表中选择【均匀填充】命令，或按Shift+F11组合键，弹出【均匀填充】对话框，在【模型】选项卡中将CMYK参数设置为20、18、16、0，设置完成后单击【确定】按钮，如图4-62所示。

**05** 填充完颜色后的效果如图4-63所示。

**06** 确定【010】、【011】和【012】对象处于选择状态，在默认的CMYK调色板中右击色块╳，取消轮廓线的填充，如图4-64所示。

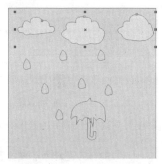

图4-62 设置填充参数      图4-63 填充颜色后的效果      图4-64 取消轮廓线的填充

**07** 在【对象管理器】泊坞窗【图层1】下的列表中选择【雨点】，按Shift+F11组合键，打开【均匀填充】对话框，在【模型】选项卡中将【模型】定义为RGB，将其设置为想要的颜色，单击【确定】按钮，设置后的效果如图4-65所示。

**08** 确定雨点处于选择状态，在默认的CMYK调色板中右击色块╳，取消轮廓线的填充，如图4-66所示。

**STEP 09** 使用同样的方法设置雨伞的颜色，并取消其轮廓线，最终效果如图4-67所示。

图4-65　填充颜色　　　　图4-66　取消轮廓线　　　　图4-67　最终效果

**STEP 10** 制作完成后，按Ctrl+S组合键将场景文件进行保存。

## 4.4.2　【混和器】选项卡

利用混和器可以在一组特定的颜色中进行颜色的调配，具体操作如下。

**STEP 01** 按Ctrl+O组合键，在弹出的【打开】对话框中打开随书附带光盘中的【素材\第4章\005.cdr】文件，如图4-68所示。

**STEP 02** 在菜单栏中选择【窗口】|【泊坞窗】|【对象管理器】命令，打开【对象管理器】泊坞窗，如图4-69所示。

**STEP 03** 在【对象管理器】泊坞窗【图层1】下的列表中选择【矩形】对象，如图4-70所示。

图4-68　打开的文件　　　　图4-69　【对象管理器】泊坞窗　　　　图4-70　选择对象

**STEP 04** 按Shift+F11组合键，在弹出的对话框中选择【混和器】选项卡，将【模型】定义为RGB，在【色度】下拉列表中选择所需的选项，在这里使用默认选项；拖动【大小】滑块可以改变上方调色板的大小，然后再拖动小圆点或在调色板中单击来选择所需的颜色，设置完成后单击【确定】按钮，如图4-71所示。

**STEP 05** 确定【矩形】对象处于选择状态，在默认的CMYK调色板中右击色块✕，取消轮廓线的填充，如图4-72所示。

STEP **06** 在【对象管理器】泊坞窗【图层1】下的列表中选择【001】、【002】和【003】对象，如图4-73所示。

图4-71　设置颜色　　　　图4-72　取消轮廓线　　　　图4-73　选择对象

STEP **07** 按Shift+F11组合键，在弹出的对话框中选择【混和器】选项卡，在【色度】下拉列表中选择所需的选项，在这里使用默认选项；拖动【大小】滑块可以改变上方调色板的大小，然后再拖动小圆点或在调色板中单击来选择所需的颜色，设置完成后单击【确定】按钮，如图4-74所示。

STEP **08** 填充完颜色后的效果如图4-75所示。

STEP **09** 使用同样的方法，选择小鸟和云，将其填充颜色，并去除轮廓线，最终效果如图4-76所示。

图4-74　设置颜色　　　　图4-75　填充颜色　　　　图4-76　填充并去除轮廓线

## 4.4.3 【调色板】选项卡

【调色板】选项卡和【混和器】选项卡基本相似。但它比【混和器】选项卡多了【淡色】

滑动条，【组件】选项组只显示目前所选色彩的数值但不能被自由编辑。在【名称】下拉列表中还为用户提供了不少的颜色样式。具体操作方法如下。

**STEP 01** 继续上一小节的操作，在【对象管理器】泊坞窗【图层1】下的列表中选择【005】对象，如图4-77所示。

**STEP 02** 按Shift+F11组合键，在弹出的对话框中选择【调色板】选项卡，在色谱上拖动滑块至适当位置，再在调色盒中选择一种颜色，如图4-78所示。

**STEP 03** 单击【确定】按钮，填充颜色后的效果如图4-79所示。

图4-77　选择对象　　　　　　图4-78　设置颜色　　　　　　图4-79　填充颜色

**STEP 04** 确定【005】对象处于选择状态，在默认的CMYK调色板中右击色块✕，取消轮廓线的填充，如图4-80所示。

**STEP 05** 选择泡泡，并其填充颜色，然后在工具箱中选择【透明度工具】，并在属性栏中选择【位图图样】，设置后的效果如图4-81所示。

**STEP 06** 选择其他部位，为其填充颜色，并去除其轮廓线，如图4-82所示。

图4-80　去除轮廓线　　　　　图4-81　设置不透明度　　　　图4-82　去除轮廓线

## 4.5 渐变填充

渐变填充是给对象增加两种或多种颜色的平滑渐变。渐变填充有4种类型：线性渐变、辐射渐变、圆锥渐变和正方形渐变，如图4-83所示。线性渐变填充沿着对象作直线流动；圆锥渐变填充产生光线落在圆锥上的效果；辐射渐变填充从对象中心向外辐射；正方形渐变填充则以同心方形的形式从对象中心向外扩散。

可以在对象中应用预设渐变填充、双色渐变填充和自定义渐变填充，如图4-84所示。定义渐变填充可以包含两种或两种以上颜色，用户可以在填充渐进的任何位置定位这些颜色。创建自定义渐变填充之后，可以将其保存为预设。

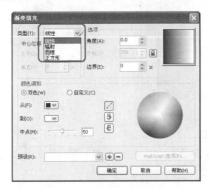

图4-83　渐变填充类型

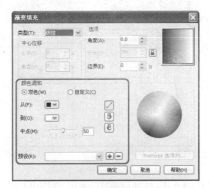

图4-84　3种渐变填充方法

应用渐变填充时，可以指定所选填充类型的属性，例如填充的颜色调和、方向、填充的角度、中心点、中点和边衬。还可以通过指定渐变步长值来调整渐变填充的打印和显示质量。默认情况下，渐变步长值设置处于锁定状态，因此渐变填充的打印质量由打印设置中的指定值决定，而显示质量由设定的默认值决定。但是，在应用渐变填充时，可以解除锁定渐变步长值设置，并指定一个适用于打印与显示质量的填充值。

### 4.5.1 应用双色渐变填充

应用双色渐变填充的操作方法如下。

**01** 按Ctrl+N组合键，新建一个空白文档。

**02** 使用【椭圆工具】和【钢笔工具】在空白文档中绘制一个杯子，如图4-85所示。

**03** 选中杯身，在工具箱中选择【填充工具】，在弹出的下拉菜单中选择【渐变填充】选项，然后在【渐变填充】对话框中将【类型】设置为【辐射】，并在【颜色调和】选项组中将【从】的颜色设置为粉红，其他参数使用默认值，最后单击【确定】按钮，如图4-86所示。即可将选择的对象进行双色渐变填充，填充后的效果如图4-87所示。

**04** 再在画面中选择杯口，如图4-88所示。

**05** 按键盘上的F11键，在弹出的对话框中将【类型】设为【辐射】，将【颜色调和】组中【从】的颜色设置为红色，设置完成后单击【确定】按钮，如图4-89所示。填充后的渐变效果如图4-90所示。

图4-85　绘制图形　　　　　图4-86　【渐变填充】对话框　　　　图4-87　填充后的效果

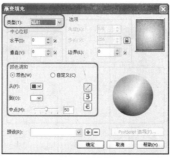

图4-88　选择杯口　　　　　　图4-89　设置颜色　　　　　　图4-90　填充颜色

【渐变填充】对话框中选项说明如下。

- 在【类型】下拉列表可以选择所需的渐变类型，例如【线性】、【辐射】、【圆锥】
  与【正方形】。
  - 在【类型】下拉列表选择【射线】、【圆锥】或【正方形】时，【中心位移】选项
    组呈活动可用状态，用户可在【中心位移】栏中设置渐变中心位置。
  - 在【类型】下拉列表选择【线性】、【圆锥】或【正方形】时，【角度】选项呈活
    动可用状态，用户可在其文本框中输入所需的角度值。
  - 在【类型】下拉列表选择【线性】、【辐射】或【正方形】时，【边界】选项呈活动
    可用状态，用户可在其文本框中输入所需的渐变偏移（既边界宽度）值。
- 如果用户要设置渐变填充的显示质量，在对话框中单击【步长】选项后的🔒按钮，使它
  呈 步长(S):  256 显示，这样用户就可以在文本框中输入所需的步长值了。步长值越大，质
  量越好，否则相反。
- 单击【双色】单选按钮，则用户可以在【从】与【到】的调色板中选择所需的颜色，
  从而给选择的对象进行双色渐变填充。也可以通过拖动【中点】滑杆上的滑块来调整
  渐变。
- 单击【自定义】单选按钮，则用户可以在其下显示的渐变条上方双击添加色标来编辑
  所需的渐变。
- 在【预设】下拉列表可以选择预设的渐变。

## 4.5.2　应用预设渐变填充

下面介绍使用系统中预设的渐变颜色对文字进行填充。

**01** 在工具箱中选择字工具，在画面中输入文字，这里输入的是【行者】，在属性栏中将【字体类型】设置为【方正小标宋简体】，将【字体大小】设置为350pt，如图4-91所示。

**02** 按F11键弹出【渐变填充】对话框，并在其中的【预设】下拉列表中选择所需的渐变，这里选择的是【柱面-紫色】，然后单击【确定】按钮，如图4-92所示。

**03** 添加完渐变后的效果如图4-93所示。

图4-91　输入汉字　　　　　图4-92　选择渐变色　　　　图4-93　完成后的效果

### 4.5.3　应用自定义渐变填充

下面对自定义渐变填充进行简单的介绍。

**01** 在工具箱中选择【标题形状工具】，在属性栏中单击按钮，在画面中绘制一个图形，如图4-94所示。

**02** 按F11键弹出【渐变填充】对话框，并在其中的【颜色调和】选项组中单击【自定义】单选按钮，并为其设置渐变颜色，然后将【类型】设置为【正方形】，设置完成后单击【确定】按钮，如图4-95所示。

**03** 填充完渐变色后，在默认CMYK调色板中的×上单击鼠标右键，取消轮廓线的填充，如图4-96所示。

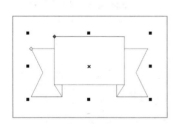

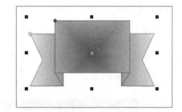

图4-94　绘制图形　　　　　图4-95　设置渐变色　　　　图4-96　填充完渐变后的效果

## 4.6　使用交互式填充工具填充

使用交互式填充工具可以给对象进行无填充、均匀填充、线性渐变填充、辐射渐变填充、圆锥渐变填充、正方形渐变填充、双色图样填充、全色图样填充、位图图样填充、底纹填充和Postscript填充等。

用户如果在属性栏的【填充类型】下拉列表中选择了【线性】、【辐射】、【圆锥】、【正方形】、【双色图样】、【全色图样】、【位图图样】、【底纹填充】或【Postscript填充】，如图4-97所示，则可以直接在画面中拖动方形（菱形或圆形）控制柄来调整所填充的内容。

下面以实例的形式对交互式填充工具进行讲解。

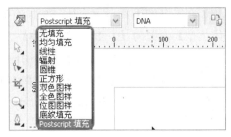

图4-97　属性栏中的【填充类型】

STEP **01** 按Ctrl+N组合键，新建一个空白文档。

STEP **02** 在工具箱中选择【基本形状工具】，然后在属性栏中单击按钮，在文档中绘制图形，如图4-98所示。

STEP **03** 在工具箱中选择【交互式填充工具】，在画面中进行交互式渐变填充，使用默认的填充方式，如图4-99所示。

STEP **04** 在属性栏的【渐变类型】下拉列表中选择【辐射】，然后在画面中调整渐变的范围，如图4-100所示。

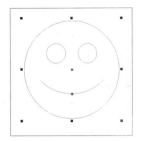  

图4-98　绘制的图形　　　图4-99　使用默认交互式填充　　　图4-100　进行【辐射】渐变填充

STEP **05** 属性栏中的颜色选项和分别表示渐变起点的颜色和渐变终点的颜色。通过单击颜色选项可以选择需要的颜色；也可以单击【更多】按钮，在弹出的【选择颜色】对话框中设置色板中没有的颜色，如图4-101所示。

STEP **06** 属性栏中的可以用来改变渐变的中心点，中心点不同，渐变的样式也有所不同，如图4-102所示。

STEP **07** 属性栏中的可以用来设置渐变颜色的角度和边界厚度，如图4-103所示。

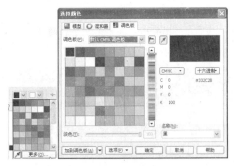 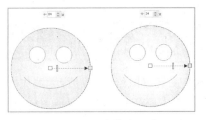 

图4-101　设置颜色　　　图4-102　变换中心点　　　图4-103　设置角度

## 4.7 为对象进行图样填充

在CorelDRAW X6中，用户可以使用【双色】、【全色】或【位图】进行对象的填充，如图4-104所示。

图4-104 【图样填充】对话框

### 4.7.1 应用双色图样填充对象

双色图样填充仅由所选的两种颜色组成。下面介绍应用双色图样填充对象的方法。

**01** 按Ctrl+O组合键，弹出【打开绘图】对话框，在该对话框中选择随书附带光盘中的【素材\第4章\河马.cdr】文件，单击对话框右下角的【打开】按钮，效果如图4-105所示。

**02** 使用【选择工具】在绘图页中选择如图4-106所示的对象。

**03** 选择工具箱中的【填充工具】，在弹出的浮动框中选择【图样填充】命令，弹出【图样填充】对话框，在其中单击【双色】单选按钮，再在图样选择器中选择图样，如图4-107所示。

图4-105 【河马】素材

图4-106 选择对象

图4-107 选择图样

**04** 将【前部】颜色设置为红色；【后部】颜色设置为白色。在【大小】选项组中将【宽度】设置为60mm，【高度】设置为30mm。然后在【变换】选项组中将【旋转】设置为90°，单击【确定】按钮，如图4-108所示。

**STEP 05** 即可为选择的对象填充双色图样，效果如图4-109所示。

**STEP 06** 使用同样的方法为如图4-110所示的对象填充双色图样。

图4-108　图样填充　　　　图4-109　填充双色图样效果　　　　图4-110　填充双色图样

## 4.7.2　应用全色图样填充对象

全色图样填充则是比较复杂的矢量图形，可以由线条和填充组成。使用【全色】图样填充的操作步骤如下。

**STEP 01** 继续上一小节的操作，使用【选择工具】，在绘图页中选择如图4-111所示的对象。

**STEP 02** 选择工具箱中的【填充工具】，在弹出的浮动框中选择【图样填充】命令，弹出【图样填充】对话框，并在其中单击【全色】单选按钮，再在图样选择器中选择图样，如图4-112所示。

**STEP 03** 选择好图样后，单击【确定】按钮，即可为选择的对象填充全色图样，效果如图4-113所示。

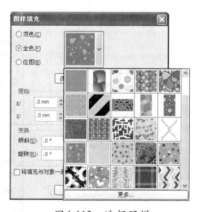

图4-111　选择对象　　　　图4-112　选择图样　　　　图4-113　填充全色图样效果图

## 4.7.3　应用位图图样填充对象

位图图样填充是一种位图图像，其复杂性取决于其大小、图像分辨率和位深度。使用【位色】图样填充的操作步骤如下。

**01** 继续上一小节的操作，使用【选择工具】，在绘图页中选择如图4-114所示的对象。

**02** 选择工具箱中的【填充工具】，在弹出的浮动框中选择【图样填充】命令，弹出【图样填充】对话框，并在其中单击【位图】单选按钮，再在图样选择器中选择图样，如图4-115所示。

**03** 选择好图样后，单击【确定】按钮，即可为选择的对象填充位图图样，效果如图4-116所示。

图4-114　选择对象

图4-115　选择图样

图4-116　填充位图图样效果图

## 4.7.4　从图像创建图样

继续使用前面绘制的图像进行填充，在填充图像之前首先将绘制的图像进行存储。

**01** 接着上节进行操作，先在空白处单击取消选择，再在菜单栏中执行【工具】|【创建】|【图案填充】命令，如图4-117所示。

**02** 在弹出的【创建图案】对话框中单击【全色】单选按钮，创建全色图样，单击【确定】按钮，如图4-118所示。

**03** 此时，在画面中会出现一个十字架，然后在画面中按住左键拖动鼠标框出所需的范围，如图4-119所示。

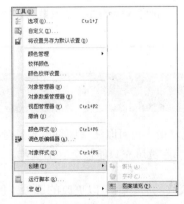

图4-117　选择【图案填充】命令

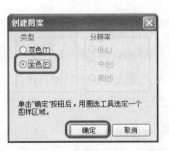

图4-118　选择全色图样

图4-119　框选所需范围

**STEP 04** 松开左键后系统自动弹出【CorelDRAW X6】对话框，如图4-120所示，单击【确定】按钮即可。

**STEP 05** 紧接着弹出一个【保存向量图样】对话框，直接在【文件名】文本框中输入所需的图样名称，如图4-121所示，单击【保存】按钮，即可将选择的图形创建为图样了。

**STEP 06** 选择工具箱中的□工具，在画面中空白处绘制一个矩形，如图4-122所示。

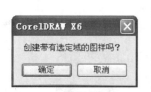

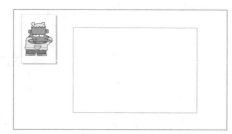

图4-120　单击【确定】按钮　　　图4-121　保存图样　　　　　　图4-122　绘制矩形

**STEP 07** 选择工具箱中的◇工具，在弹出的下拉列表中选择【图样】，弹出【图样填充】对话框，并在其中单击【全色】单选按钮，再在图样选择器中选择新保存的图样，其他为默认值，单击【确定】按钮，如图4-123所示。将选择的对象进行图样填充，填充完的效果如图4-124所示。

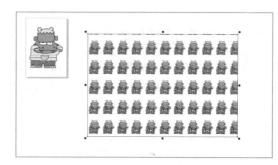

图4-123　选择图样　　　　　　　　　图4-124　填充图样后的效果

**提示**　保存图样时最好采用默认设置，以便直接在图样选择器中选择它。如果要创建大量的图样，可以自己创建一个文件夹，然后将图样保存到文件夹中，应用时在对话框中单击【载入】按钮，将需要的图样载入。

# 4.8　为对象进行底纹填充

底纹填充是随机生成的填充，可以来赋予对象自然的外观，用户也可以在【底纹填充】对话框中使用任一颜色模型或调色板中的颜色来自定义底纹填充。底纹填充只能包含RGB颜色。

在CorelDRAW中提供了许多预设的底纹填充，而且每种底纹均有一组可以更改的选项。例如，可以更改底纹填充的平铺大小；增加底纹填充的分辨率时，会增加填充的精确度；可以通过设置平铺原点来准确指定填充的起始位置；允许用户偏移填充中的平铺。相对于对象顶部调整第一个平铺的水平或垂直位置时，会影响其余的填充；可以旋转、倾斜、设置平铺大小，并且可以更改底纹中心来创建自定义填充；还可以使用镜像填充使底纹填充与对象所做的操作一起进行变化。

下面介绍如何使用【底纹填充】对话框为对象填充底纹。

**01** 按Ctrl+N组合键，新建一个空白文档。

**02** 在工具箱中分别选择【复杂星形工具】 和【椭圆形工具】 ，在空白文档中绘制一个图形，如图4-125所示。

**03** 在工具箱中选择【填充工具】 ，在弹出的浮动框中选择【底纹】命令，在弹出的对话框中，将【底纹库】设定为【样品】，在【底纹列表】中选择【太阳雀斑2】，单击【确定】按钮，如图4-126所示。

**04** 填充完底纹后，在默认CMYK调色板中的 上单击鼠标右键，取消轮廓线的填充，完成后的效果如图4-127所示。

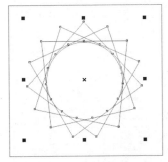
图4-125　绘制图形

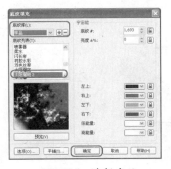
图4-126　选择底纹

图4-127　填充并去除轮廓线

**05** 在画面中选择内侧的图形，如图4-128所示。

**06** 在工具箱中选择【填充工具】 ，在弹出的浮动框中选择【底纹】命令，在弹出的对话框中，将【底纹库】设定为【样本9】，在【底纹列表】中选择【太阳表面】，单击【确定】按钮，如图4-129所示。

**07** 填充完底纹后，在默认CMYK调色板中的 上单击鼠标右键，取消轮廓线的填充，完成后的效果如图4-130所示。

图4-128　选择对象

图4-129　选择底纹

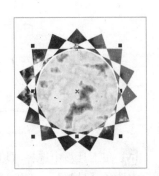
图4-130　填充后的底纹效果

# 4.9 为对象进行PostScript底纹填充

在对象中可以应用PostScript底纹填充。PostScript底纹填充是使用Postscript语言创建的。有些底纹非常复杂，因此，包含PostScript底纹填充的对象的打印或屏幕更新可能需要较长时间。填充可能不显示，而显示字母【Ps】，这取决于使用的视图模式。

在应用PostScript底纹填充时，可以更改其大小、线宽、底纹的前景和背景中出现的灰色量等参数。

下面讲解如何使用PostScript填充对话框为对象填充底纹。

**01** 按Ctrl+N组合键，新建一个空白文档。

**02** 在工具箱中分别选择【椭圆工具】、【矩形工具】和【钢笔工具】，在空白文档中绘制一个图形，如图4-131所示。

**03** 选择娃娃脸两旁的圆形，并在默认的CMYK调色板中选择【红色】，给其填充颜色，如图4-132所示。

图4-131 绘制图形

图4-132 填充颜色

**04** 选择矩形，然后在工具箱中选择【填充工具】，在弹出的浮动框中选择【PostScript】命令，在弹出的对话框中选择【彩泡】，勾选【预览填充】对话框，单击【确定】按钮，如图4-133所示。

**05** 填充完底纹后的效果如图4-134所示。

**06** 在画面中选择娃娃的形状，如图4-135所示。

图4-133 选择底纹

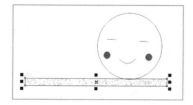

图4-134 填充底纹后的效果

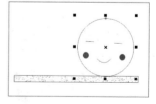

图4-135 选择形状

**07** 在工具箱中选择【填充工具】，在弹出的浮动框中选择【颜色】命令，在弹出的对话框中选择【景观】，勾选【预览填充】复选框，在【参数】选项组中将【深度】设置为-10，其余使用默认参数，设置完成后单击【刷新】按钮，然后单击【确定】按钮，如图4-136所示。

**STEP 08** 填充完底纹后的效果如图4-137所示。

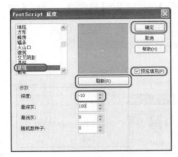

图4-136　选择底纹

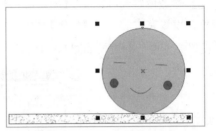

图4-137　填充完底纹后的效果

# 4.10　为对象进行网状填充

在CorelDRAW中可以为对象进行网状填充，从而产生立体三维效果，这是各种颜色混和后而得到独特的效果。例如，可以创建任何方向的平滑的颜色过渡，而无须创建调和或轮廓图。应用网状填充时，可以指定网格的列数和行数，而且可以指定网格的交叉点。创建网状对象之后，可以通过添加和移除节点或交点来编辑网状填充网格，也可以移除网状。

网状填充只能应用于闭合对象或单条路径。如果要在复杂的对象中应用网状填充，首先必须创建网状填充的对象，然后将它与复杂对象组合成一个图框精确剪裁的对象。

可以将颜色添加到网状填充的一块和单个交叉节点，也可以混和多种颜色以获得更为调和的外观。

下面以一个实例来介绍如何使用交互式网状填充工具来为对象进行渐变填充。

**STEP 01** 选择工具箱中的【椭圆工具】，在画面中绘制一个椭圆形，如图4-138所示。

**STEP 02** 按键盘上的F11键，在弹出的对话框中将【类型】设置为【辐射】，将【中心位移】选项组下的【水平】和【垂直】参数分别设置为28、-30，在【颜色调和】选项组下将【从】的颜色设置为【青色】，将【中点】值设置为35，设置完成后单击【确定】按钮，如图4-139所示。

**STEP 03** 填充渐变后的效果如图4-140所示。

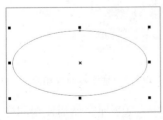

图4-138　绘制椭圆形

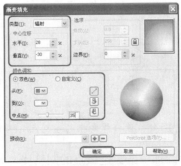

图4-139　设置渐变颜色

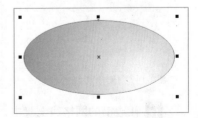

图4-140　填充渐变后的效果

**04** 确定椭圆形处于选择状态，按小键盘上的+键，将选择的对象进行复制，然后配合Shift键对其进行缩放，如图4-141所示。

**05** 按键盘上的F11键，在弹出的对话框中将【类型】设置为【线性】，将【选项】选项组下的【角度】参数设置为-45，在【颜色调和】选项组下单击【自定义】单选按钮，在颜色条上设置渐变色，设置完成后单击【确定】按钮，如图4-142所示。

**06** 设置完渐变后的效果如图4-143所示。

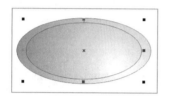

图4-141　复制并调整图形　　　　图4-142　设置渐变颜色　　　　图4-143　填充渐变后的效果

**07** 在工具箱中选择【网格填充工具】，此时选择对象上就会显示出网格，如图4-144所示。

**08** 下面对添加的网格进行编辑。在画面中要控制点的左上方按住左键向右下方拖动，拖出一个虚框，如图4-145所示。

**09** 松开左键，即可将所框住的控制点选择，如图4-146所示。然后按Delete键，将选择的控制点删除，如图4-147所示。

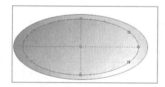
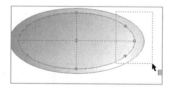
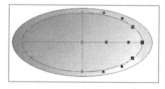

图4-144　添加网格　　　　图4-145　框选控制点　　　　图4-146　选择控制点

**10** 使用同样的方法将纵向上的控制点进行选择，如图4-148所示，然后按Delete键将选择的控制点删除，如图4-149所示。

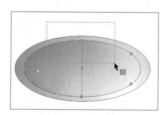

图4-147　删除选择的控制点　　　图4-148　选择纵向上的控制点　　　图4-149　删除选择的控制点

**11** 在边沿的网格线上双击，添加一条穿过该点的网格线，如图4-150所示。然后使用同样的方法在网格中其他的网格线上双击，添加多条网格线，如图4-151所示。

> **提示** 如果用户需要添加网格线，可以在网格线上双击添加一条穿过该网格线的网格线，也可以在网格中双击添加两条穿过所双击点的网格线。

**STEP 12** 先在网格中单击一个要填充颜色的节点，然后在默认CMYK调色板中单击白色色块，即可将该点填充为白色，如图4-152所示。

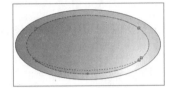

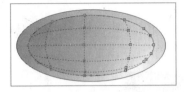

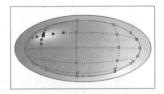

图4-150　添加网格线　　　　图4-151　添加多条网格线　　　　图4-152　为选择的节点填充白色

**STEP 13** 在画面中多次移动控制点的位置，调整渐变色，如图4-153所示。

**STEP 14** 在工具箱中选择【选择工具】确认网格填充，并取消轮廓线的填充，再在空白处单击取消选择，如图4-154所示。

**STEP 15** 在工具箱中选择【文本工具】字，在画面中输入字母【Enter】，在属性栏中将【字体类型】设置为【Parchment】，将【大小】设置为120pt，如图4-155所示。

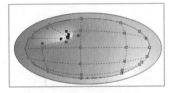

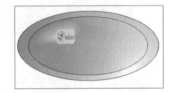

图4-153　调整渐变颜色　　　　图4-154　调整完渐变后的效果　　　　图4-155　输入并设置文本

**STEP 16** 选择画面中的所有对象，在菜单栏中选择【排列】|【对齐和分布】|【对齐和分布】命令，如图4-156所示。

**STEP 17** 在弹出的【对其和分布】面板中选择【垂直居中对齐】按钮田和【垂直分散排列中心】按钮田，按Enter键确认，如图4-157所示。

**STEP 18** 设置完成后单击【关闭】按钮，即可将选择的对象居中对齐。至此，图形制作完成了，如图4-158所示。

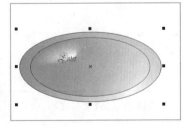

图4-156　选择【对齐和分布】命令　　　　图4-157　设置对齐　　　　图4-158　对齐后的效果

# 4.11 拓展练习——绘制卡通蜜蜂

本例将介绍使用CorelDRAW X6绘制卡通蜜蜂的方法，其中主要用到的工具有【选择工具】▶、【钢笔工具】▨、【椭圆形工具】◎、【填充工具】◈、【矩形工具】▭，完成的效果如图4-159所示。

**01** 运行CorelDRAW X6软件，新建一个文档。选择工具箱中的【钢笔工具】▨，在绘图页中绘制出蜜蜂头部的轮廓，如图4-160所示。

图4-159　卡通蜜蜂的效果

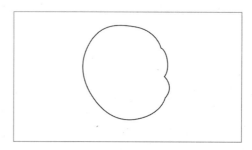

图4-160　绘制头部轮廓

**02** 选择工具箱中的【选择工具】▶选中蜜蜂头部，选择工具箱中的【填充工具】，在弹出的浮动框中选择【渐变填充】，将类型设置为【辐射】，将【中心位移】选项组中的【水平】选项设置为1%，【垂直】选项设置为-1%，在【选项】选项组里将【边界】设置为17%，在【颜色调和】选项组中选择【双色】选项，将【从】颜色的CMYK值设置为（0、41、100、0），将【到】颜色的CMYK值设置为（0、10、100、0），如图4-161所示。单击【确定】按钮，效果如图4-162所示。

**03** 选择工具箱中的【钢笔工具】▨，在绘图页中绘制出蜜蜂触角的轮廓，使用【椭圆形工具】◎绘制出触角顶端的椭圆形状，如图4-163所示。

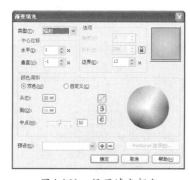

图4-161　设置填充颜色

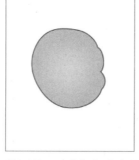

图4-162　填充颜色的效果

图4-163　绘制触角轮廓

**04** 选择【选择工具】选中蜜蜂触角，选择工具箱中的【轮廓笔】，在弹出的浮动框中选择【轮廓笔】，将【颜色】的CMYK值设置为（43、52、80、76），【宽度】选项设置为0.788mm，将【斜接限制】设置为29°，如图4-164所示。设置完成后单击【确定】按钮，选中触角顶端椭圆部分，选择工具箱中的【填充工具】，在弹出的浮动框中选择【均匀填充】，将颜色的CMYK值设置为（43、52、80、76），单击【确定】按钮，效果如图4-165所示。

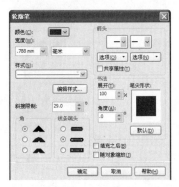

图4-164　设置轮廓线

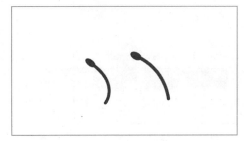

图4-165　填充颜色的效果

**STEP 05** 调整触角的位置，继续使用【钢笔工具】和【填充工具】绘制蜜蜂的眉毛、鼻子和嘴，如图4-166所示。

**STEP 06** 选择工具箱中的【钢笔工具】，绘制出蜜蜂眼眶的轮廓，使用【椭圆形工具】绘制出蜜蜂眼珠的轮廓，如图4-167所示。

**STEP 07** 选择【选择工具】，选中蜜蜂眼眶，单击默认的CMYK调色板中的□，效果如图4-168所示。

图4-166　绘制图形

图4-167　绘制眼部轮廓

图4-168　填充颜色的效果

**STEP 08** 选中蜜蜂外眼球部分，选择工具箱中的【填充工具】，在弹出的浮动框中选择【渐变填充】，将【类型】设置为【辐射】，将【中心位移】选项组中的【垂直】选项设置为7%，在【选项】选项组里将【边界】设置为17%，在【颜色调和】选项组中选择【自定义】选项，单击色标左上角的□，单击【其他】按钮，将CMYK值设置为（100、75、0、0），单击【确定】按钮。

**STEP 09** 单击色标右上角的□，单击【其他】按钮，将CMYK值设置为（100、0、0、0），单击【确定】按钮。然后在色标左端双击，将【位置】选项设置为12%。单击【其他】按钮，将CMYK值设置为（100、75、0、0），设置完成后单击【确定】按钮，然后在色标右端双击，将【位置】选项设置为87%。单击【其他】按钮，将CMYK值设置为（100、0、0、0），设置完成后单击【确定】按钮，如图4-169所示。

**STEP 10** 在【渐变填充】对话框中单击【确定】按钮，效果如图4-170所示。

**STEP 11** 选择【选择工具】 ，选中蜜蜂内眼球，单击默认的CMYK调色板中的□，效果如图4-171所示。

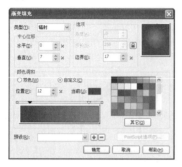

图4-169　设置渐变颜色　　　　图4-170　填充外眼球效果　　　图4-171　填充内眼球效果

**STEP 12** 选择工具箱中的【钢笔工具】，在绘图页中绘制出蜜蜂身体的轮廓，如图4-172所示。按Shift+PageDown键，将其移至图层的后面。

**STEP 13** 选择【选择工具】 ，选中蜜蜂身体。选择工具箱中的【填充工具】，在弹出的浮动框中选择【渐变填充】，将【类型】设置为【辐射】，将【中心位移】选项组中的【水平】选项设置为-1%，【垂直】选项设置为2%，在【选项】选项组里将【边界】设置为16%，在【颜色调和】选项组中选择【双色】选项，将【从】颜色的CMYK值设置为（0、41、100、0），将【到】颜色的CMYK值设置为（0、10、100、0），如图4-173所示。单击【确定】按钮，效果如图4-174所示。

图4-172　绘制身体轮廓　　　　图4-173　设置渐变颜色　　　　图4-174　填充颜色的效果

**STEP 14** 选择工具箱中的【钢笔工具】，在绘图页中绘制出蜜蜂身体花纹的轮廓，如图4-175所示。

**STEP 15** 选择【选择工具】 ，选中蜜蜂身体的花纹。选择工具箱中的【填充工具】，在弹出的浮动框中选择【均匀填充】，将CMYK值设置为（43、52、80、76），单击【确定】按钮，效果如图4-176所示。

**STEP 16** 选择工具箱中的【钢笔工具】，在绘图页中绘制蜜蜂四肢的轮廓，如图4-177所示。选中蜜蜂四肢其中的两个，按Shift+PageDown键将其移至图层的后面。

图4-175　绘制身体花纹

图4-176　填充颜色的效果

图4-177　绘制四肢

**STEP 17** 选择【选择工具】 ，选中蜜蜂四肢，选择工具箱中的【填充工具】，在弹出的浮动框中选择【均匀填充】，将CMYK值设置为（43、52、80、76），单击【确定】按钮，效果如图4-178所示。

**STEP 18** 选择工具箱中的【钢笔工具】，在绘图页中绘制出蜜蜂尾巴的轮廓，如图4-179所示。

**STEP 19** 选择【选择工具】 ，选中蜜蜂尾巴。选择工具箱中的【填充工具】，在弹出的浮动框中选择【均匀填充】，将CMYK值设置为（43、52、80、76），单击【确定】按钮，效果如图4-180所示。

图4-178　填充颜色的效果

图4-179　绘制尾巴

图4-180　填充颜色的效果

**STEP 20** 选择工具箱中的【钢笔工具】，在绘图页中绘制蜜蜂鞋子的轮廓，如图4-181所示。选中其中的一只鞋子，按Shift+PageDown组合键将其移至图层的后面。

**STEP 21** 选择【选择工具】 ，选中蜜蜂鞋子。选择工具箱中的【填充工具】，在弹出的浮动框中选择【均匀填充】，将CMYK值设置为（50、100、0、0），单击【确定】按钮，效果如图4-182所示。

**STEP 22** 选择工具箱中的【钢笔工具】，在绘图页中绘制出蜜蜂的手部轮廓，如图4-183所示。

**STEP 23** 选择【选择工具】 ，选中蜜蜂手部。选择工具箱中的【轮廓笔】，在弹出的浮动框中选择【轮廓笔】，将【颜色】的CMYK值设置为（100、25、0、0），【宽度】选项设置为0.154mm，如图4-184所示。单击【确定】按钮，效果如图4-185所示。

图4-181　绘制鞋子

图4-182　填充颜色的效果

图4-183　绘制手部

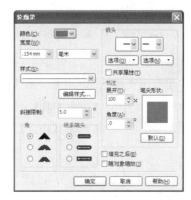

图4-184　设置轮廓线

图4-185　设置轮廓线的效果

**24** 选择工具箱中的【钢笔工具】，在绘图页中绘制出蜜蜂的翅膀轮廓，然后在绘图页中调整翅膀的排列位置，效果如图4-186所示。

**25** 使用【选择工具】🔖选中蜜蜂翅膀，选择工具箱中的【填充工具】，在弹出的浮动框中选择【渐变填充】，将【类型】设置为【线性】，将【选项】选项组中的【角度】选项设置为237.2，【边界】选项设置为19%。在【颜色调和】选项组中选择【自定义】选项，将位置0的CMYK值设置为（16、0、0、0）；将位置74%的CMYK值设置为（100、50、0、0）；将位置100%的CMYK值设置为（100、50、0、0），单击【确定】按钮，如图4-187所示。

图4-186　绘制翅膀轮廓

图4-187　设置填充颜色

**STEP 26** 即可为选择的翅膀填充渐变颜色，效果如图4-188所示。

**STEP 27** 选择工具箱中的【矩形工具】，在绘图页中绘制出一个矩形，在默认的CMYK调色板中单击绿色色块，为其填充绿色，并按Shift+PgDn组合键将其移至图层的后面，效果如图4-189所示。

图4-188 填充颜色的效果

图4-189 绘制矩形并调整位置

**STEP 28** 至此，卡通蜜蜂就绘制完成了。在菜单栏中选择【文件】|【保存】命令，如图4-190所示。

**STEP 29** 弹出【保存绘图】对话框，选择一个存储路径，然后输入【文件名】为【绘制卡通蜜蜂】，并将【保存类型】设置为【CDR-CorelDRAW】，单击【保存】按钮，如图4-191所示。

图4-190 选择【保存】命令

图4-191 【保存绘图】对话框

**STEP 30** 保存完成后，按Ctrl+E组合键，弹出【导出】对话框，选择一个导出路径，并将【保存类型】设置为【TIF-TIFF位图】，然后单击【导出】按钮，如图4-192所示。

**STEP 31** 弹出【转换为位图】对话框，使用默认设置，直接单击【确定】按钮即可，如图4-193所示。

图4-192 【导出】对话框

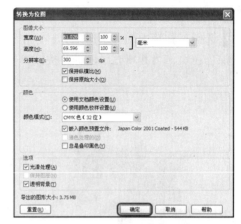

图4-193 【转换为位图】对话框

# 4.12 习题

## 一、填空题

（1）专色的设计有6大要素：（　　　　　）、（　　　　　）、（　　　　　）、（　　　　　）、（　　　　　）、（　　　　　）。

（2）在HSB模式中，H表示（　　　　），S表示（　　　　），B表示（　　　　）。

## 二、简答题

（1）专色的定义是什么？

（2）渐变填充的定义是什么？

第 **5** 章 Chapter

# 文本与表格的处理

## 05

**本章要点：**

　　本章介绍有关文本处理的应用知识。在CorelDRAW中，可以对文字进行不同的设置，使文字更加形象生动地展示出来。除此之外，本章还将简单介绍表格的基本处理方式。

**主要内容：**

- 创建文本
- 文本的选择
- 段落文本
- 链接文本
- 文本适配图文框
- 编辑文本
- 路径文字
- 创建表格
- 对表格进行修改

## 5.1 创建文本

在CorelDRAW X6中，可以根据需要创建所需的文本。本节将介绍创建文本的两种方法。

### 5.1.1 使用【文本工具】创建文本

在工具箱中选择【文本工具】字，在属性栏中就会显示出与其相关的选项。其中各选项的功能说明如下。

- 【字体列表】：在选中文本的情况下，可直接在该下拉列表中选择所需的字体，如图5-1所示。
- 【字体大小】：在选中文本的情况下，可直接在字体大小列表中选择所需的字体大小；也可直接在该文本框中输入1~3000之间的数字来设置字体的大小，数值越大，字体的大小就越大。
- 【粗体】按钮：单击该按钮呈凹下状态（即选择该按钮），可以将选择的文字加粗；取消该按钮的选择，可以将选择的加粗文字还原。
- 【斜体】按钮：单击该按钮，可以将选择的文字倾斜；取消该按钮的选择，可以将选择的倾斜文字还原。
- 【下划线】按钮：单击该按钮，可以为选择的文字添加下划线；取消该按钮的选择，可以为选择的下划线文字清除下划线。
- 【文本对齐】按钮：单击该按钮，弹出一个下拉菜单，在其中选择所需的对齐方式，如图5-2所示。

图5-1 文字下拉列表

图5-2 【文本对齐】下拉列表

- 【项目符号列表】按钮：单击该按钮呈凹下（即选择）状态时，将为所选的段落添加项目符号；再次单击该按钮取消它的选择，即可隐藏项目符号。可以按Ctrl+M组合键执行该操作。
- 【首字下沉】按钮：单击该按钮呈选择状态时，将所选段落的首字下沉；再单击该按钮取消它的选择时，则取消首字下沉。
- 【字符格式化】按钮：单击该按钮，即可弹出【字符格式化】泊坞窗，用户可以在其中为字符进行格式化。

- 【编辑文本】按钮：单击该按钮，弹出【编辑文本】对话框，如图5-3所示，用户可在其中对文本进行编辑。

- 【将文本更改为水平方向】按钮和【将文本更改为垂直方向】按钮：用来设置文本呈水平方向排列或呈垂直方向排列。

使用【文本工具】创建文本的具体操作步骤如下。

**STEP 01** 启动CorelDRAW X6，按Ctrl+N组合键，在弹出的对话框中将【宽度】和【高度】分别设置为280mm、249mm，如图5-4所示。

**STEP 02** 设置完成后，单击【确定】按钮，即可创建一个新的空白文档。在菜单栏中选择【文件】|【导入】命令，如图5-5所示。

**STEP 03** 在弹出的对话框中选择随书附带光盘中的【素材\第5章\素材01.jpg】文件，如图5-6所示。

图5-3 【编辑文本】对话框

图5-4 【创建新文档】对话框

图5-5 选择【导入】命令

图5-6 选择素材文件

**STEP 04** 选择完成后，单击【导入】按钮，按Enter键确认，即可将选中的素材文件导入到绘图页中，效果如图5-7所示。

**STEP 05** 在工具箱中选择【文本工具】，在绘图页中单击鼠标并输入文字，如图5-8所示。

**STEP 06** 选中输入的文字，在属性栏中将字体设置为【方正小标宋简体】，将字体大小设置为56pt，将其填色设置为白色，设置完成后，在绘图页中调整其位置，调整后的效果如图5-9所示。

图5-7 导入素材后的效果

图5-8 输入文字

图5-9 输入文字后的效果

## 5.1.2 导入文本

在CorelDRAW X6中，用可以根据需要导入所需的文本。CorelDRAW支持以下文本文件格式：

- ANSI Text（TXT）。
- Microsoft Word Document（DOC）文件。
- Microsoft Word Open XML 文档（DOCX）。
- WordPerfect 文件（WPD）。
- 多信息文本格式（RTF）文件。

> **提示**
> 在导入过程中，用户可以将文本导入到选定的文本框中，如果未选择文本框，则导入的文本会自动插入到文档窗口中的新文本框中。默认情况下，无论在文本框中添加了多少文本，文本框的大小都将保持不变。任何超出文本框的文本都将被隐藏，且文本框将显示为红色，直到用户扩大文本框或将其链接到另一个文本框。用户可以调整文本大小，使文本完美地适合文本框。

导入文本可以进行以下操作。

**STEP 01** 新建一个空白文档，将【素材\第5章\素材01.jpg】素材文件导入到绘图页中，如图5-10所示。

**STEP 02** 在菜单栏中选择【文件】|【导入】命令，如图5-11所示。

**STEP 03** 在弹出的对话框中选择随书附带光盘中的【素材\第5章\素材02.doc】文件，如图5-12所示。

图5-10　导入图片后的效果

图5-11　选择【导入】命令

图5-12　选择素材文件

**STEP 04** 单击【导入】按钮，在弹出的对话框中单击【保持字体和格式】单选按钮，如图5-13所示。

**STEP 05** 设置完成后，单击【确定】按钮，按Enter键确认文件的置入，在绘图页中调整其位置，调整后的效果如图5-14所示。

**STEP 06** 使用【选择工具】将该文字选中，在默认的CMYK调色板中单击白色色块，将选中的对象设置为白色，效果如图5-15所示。

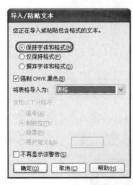

图5-13 【导入/粘贴文本】
对话框

图5-14 调整素材文件的位置

图5-15 设置文字的颜色

## 5.2 文本的选择

在CorelDRAW X6中，选择文本的方式有3种，即使用【选择工具】选择文本、使用【文本工具】选择文本、使用【形状工具】选择文本。本节将对其进行简单介绍。

### 5.2.1 使用【选择工具】选择文本

在CorelDRAW X6中，用户可以通过两种方法使用选择工具选择文本，即单击选择和框选选择。

#### 1. 单击选择

使用【选择工具】选择文本的具体操作步骤如下。

**STEP 01** 继续上面的操作，在工具箱中选择【选择工具】，如图5-16所示。

**STEP 02** 在绘图页中的文字上单击鼠标，即可选中该文字，选中文字后的效果如图5-17所示。

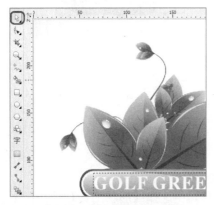

图5-16 选择【选择工具】

图5-17 选择文字后的效果

#### 2. 框选选择

使用【选择工具】框选文本的具体操作步骤如下。

**STEP 01** 继续上面的操作，在工具箱中选择【选择工具】，按住鼠标左键在绘图页中进行拖动，如图5-18所示。

**STEP 02** 释放鼠标后，即可将框选的文本选中，效果如图5-19所示。

图5-18　按住鼠标进行拖动　　　　　　　　　　图5-19　框选后的效果

## 5.2.2　使用【文本工具】选择文本

使用【文本工具】选择文本的具体操作步骤如下。

**STEP 01** 继续上面的操作，在空白位置上单击鼠标，在工具箱中选择【文本工具】，将光标移至绘图页中的文字上，如图5-20所示。

**STEP 02** 单击鼠标并按住鼠标进行拖动，即可选中所需的文字，效果如图5-21所示。

图5-20　将鼠标移至文字上　　　　　　　　　　图5-21　选中文字后的效果

## 5.2.3　使用【形状工具】选择文本

使用【形状工具】选择文本的具体操作步骤如下。

**STEP 01** 继续上面的操作，取消文字的选中，在工具箱中选择【形状工具】，在文字上单击，如图5-22所示。

**STEP 02** 单击需要选择的文字左下方的空心节点，例如选择O，在默认的CMYK调色板中单击黑色色块，将选中的对象设置为黑色，效果如图5-23所示。

图5-22　使用【形状工具】在文字上单击　　　　图5-23　设置后的效果

# 5.3　段落文本

使用文本框可以在文档中添加段落文本。段落文本（又称为"块文本"）通常用于格式要求更高的较大篇幅文本，如可以在制作手册、通讯录、目录或其他文本密集型的文档时，使用段落文本。本节将对段落文本进行简单介绍。

## 5.3.1　输入段落文本

输入段落文本之前，必须先画一个段落文本框。段落文本框可以是一个任意大小的矩形虚线框，输入的文本受文本框大小的限制。输入段落文本时，如果文字超过了文本框的宽度，文字将自动换行。如果输入的文字量超过了文本框所能容纳的大小，那么超出的部分将会隐藏起来。

创建段落文本的具体操作步骤如下。

**STEP 01** 启动CorelDRAW X6，按Ctrl+N组合键，在弹出的对话框中将【宽度】和【高度】分别设置为300mm、195mm，如图5-24所示。

**STEP 02** 设置完成后，单击【确定】按钮，即可创建一个新的空白文档。在菜单栏中选择【文件】|【导入】命令，如图5-25所示。

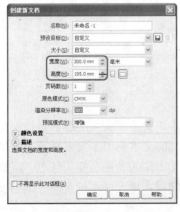 

图5-24　【创建新文档】对话框　　　　图5-25　选择【导入】命令

STEP **03** 在弹出的对话框中选择随书附带光盘中的【素材\第5章\素材03.jpg】文件，如图5-26所示。

STEP **04** 选择完成后，单击【导入】按钮，按Enter键确认，即可将选中的素材文件导入到绘图页中，效果如图5-27所示。

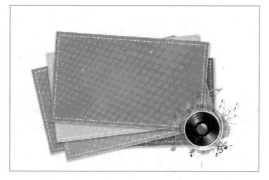

图5-26　选择素材文件　　　　　　　　　　图5-27　导入素材后的效果

STEP **05** 在工具箱中选择【文本工具】 字，在绘图页中按住鼠标左键进行拖动，在弹出的文本框中输入文字，如图5-28所示。

STEP **06** 选中输入的文字，将字体设置为【方正小标宋简体】，将字体大小设置为20pt，在默认的CMYK调色板中单击白色色块，将选中的对象设置为白色，如图5-29所示。

图5-28　输入文字　　　　　　　　　　　图5-29　设置文字后的效果

## 5.3.2　调整文本框架的大小

默认情况下，无论在文本框中添加了多少文本，文本框的大小都将保持不变。可以增减文本框的大小，以使文本恰好适合文本框。如果添加的文本超出了文本框所能容纳的量，文本会超出文本框的右下方边框，但仍保持隐藏。此时文本框的颜色会变为红色，以提醒用户存在溢出的文本。用户可以通过以下方式手动修正溢出问题：增大文本框大小，调整文本大小，调整栏宽，或者将文本框链接到其他文本框。

## 5.4　链接文本

　　链接文本框会将一个文本框中的溢出文本排列到另一个文本框中。如果调整链接文本框的大小，或改变文本的大小，则会自动调整下一个文本框中的文本量。可以在键入文本之前或之后链接文本框。

### 5.4.1　创建框架之间的链接

　　在CorelDRAW X6中，用户可以将一个框架中隐藏的段落文本放到另一个框架中。创建框架之间的连接的具体操作步骤如下。

　　**01** 继续上面的操作，使用【选择工具】选中该文本框，在属性栏中将【旋转角度】设置为5，按Enter键确认，旋转后的效果如图5-30所示。

　　**02** 使用【文本工具】🖹选择【Music Carnival】，在属性栏中将字体大小设置为50pt，如图5-31所示。

图5-30　旋转文字后的效果

　　**03** 使用【文本工具】🖹在绘图页中绘制一个文本框，并将其旋转5°，如图5-32所示。

图5-31　设置文字后的效果

图5-32　绘图文本框并旋转其角度

　　**04** 使用【选择工具】🖎选择上面的文本框，在文本框架正下方的控制点🔽上单击，当指针变成🖳形状后，将光标移至下面的文本框上，如图5-33所示。

　　**05** 单击鼠标，即可将溢出的文字添加到新绘制的文本框中，效果如图5-34所示。

图5-33　将鼠标移至其他文本框上

图5-34　创建链接后的效果

除了上面所述方法之外，用户还可以通过以下方式链接文本。

**STEP 01** 输入一段段落文本，并且文本框架没有将文字全部显示出来，如图5-35所示。

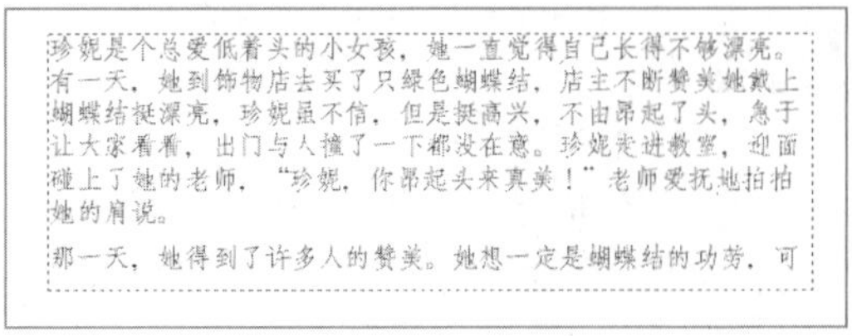

**STEP 02** 选择【选择工具】，在文本框架正下方的控制点上单击，当指针变成形状后，在页面的适当位置按住鼠标左键拖曳出一个矩形，如图5-36所示。

**STEP 03** 松开鼠标，这时会出现另一个文本框架，未显示完的文字会自动地流向新的文本框架，如图5-37所示。

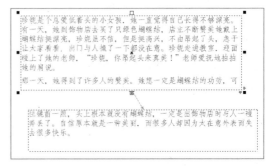

图5-35 输入段落文本

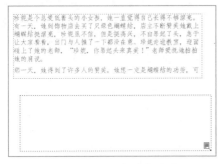

图5-36 按住鼠标进行拖动

图5-37 链接文本后的效果

## 5.4.2 创建文本框架和图形的链接

文本对象的链接不只限于段落文本框之间，段落文本框和图形对象之间也可以进行链接。当段落文本框的文本与未闭合路径的图形对象链接时，文本对象将会沿路径进行链接；当段落文本框中的文本内容与闭合路径的图形对象链接时，则会将图形对象作为文本框使用。

创建文本框架和图形的链接的具体操作步骤如下。

**STEP 01** 启动CorelDRAW X6，按Ctrl+O组合键，在弹出的对话框中选择随书附带光盘中的【素材\第5章\素材04.cdr】文件，如图5-38所示。

**STEP 02** 选择完成后，单击【打开】按钮，即可打开选中的素材文件，如图5-39所示。

图5-38 选择素材文件

图5-39 打开的素材文件

**STEP 03** 在工具箱中选择【文本工具】，在绘图页中输入文字。选中输入的文字，在属性栏中将字体大小设置为40pt，设置后的效果如图5-40所示。

**STEP 04** 在该文本框中选择该段落最后两个文字，将其字体大小设置为58，在工具箱中选择【椭圆形工具】，在绘图页中按住Ctrl键创建一个正圆，如图5-41所示。

图5-40　设置文字后的效果

图5-41　绘制正圆形

**STEP 05** 使用【文本工具】将文本框中的最后两个文字的大小设置为58，使用【选择工具】选择文本框，单击该文本框底部的按钮，将鼠标移至所绘制的正圆上，如图5-42所示。

**STEP 06** 单击鼠标，即可在文本与图形之间创建链接，创建链接后的效果如图5-43所示。

图5-42　将鼠标移至所绘制的正圆上

图5-43　创建链接后的效果

## 5.4.3　解除对象之间的链接

在CorelDRAW X6中，用户可以将段落文本框之间或者段落文本框和图形对象之间的链接解除。其具体操作步骤如下。

**STEP 01** 继续上面的操作，在绘图页中选择文本框对象，如图5-44所示。

**STEP 02** 在菜单栏中的【排列】|【拆分段落文本】命令，如图5-45所示。

图5-44　选择文本框

**03** 执行该操作后，即可解除链接，解除链接后的效果如图5-46所示。

图5-45　选择【拆分段落文本】命令

图5-46　解除链接后的效果

# 5.5　文本适配图文框

当用户在段落文本框或者图形对象中输入文字后，其中的文字大小不会随文本框或着图形对象的大小而变化。为此可以通过【使文本适合框架】命令或者调整图形对象来让文本适合框架。

## 5.5.1　使段落文本适合框架

要使段落文本适合框架，可以通过缩放字体大小使文字将框架填满，也可以选择菜单栏中的【文本】|【段落文本框】|【使文本适合框架】命令来实现。如果文字超出了文本框的范围，文字会自动缩小以适应框架；如果文字未填满文本框，文字会自动放大填满框架；如果在段落文本里使用了不同的字体大小，将保留差别并相应地调整大小以填满框架；如果有链接的文本框使用该命令，将调整所有的链接的文本框中的文字直到填满这些文本框。

使段落文本适合框架的具体操作步骤如下。

**01** 启动CorelDRAW X6，按Ctrl+N组合键，在弹出的对话框中将【宽度】和【高度】分别设置为462mm、276mm，如图5-47所示。

**02** 设置完成后，单击【确定】按钮，即可创建一个新的空白文档。在菜单栏中选择【文件】|【导入】命令，如图5-48所示。

**03** 在弹出的对话框中选择随书附带光盘中的【素材\第5章\素材05.jpg】文件，如图5-49所示。

**04** 选择完成后，单击【导入】按钮，按Enter键确认，即可将选中的素材文件导入到绘图页中，按住Shift键调整其大小，调整后的效果如图5-50所示。

**05** 在工具箱中选择【文本工具】字，在绘图页中按住鼠标左键进行拖动，在弹出的文本框中输入文字，如图5-51所示。

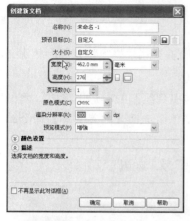

图5-47 【创建新文档】对话框　　图5-48 选择【导入】命令　　图5-49 选择素材文件

图5-50 导入素材后的效果　　　　　　　图5-51 输入文字

**06** 使用【选择工具】选中该文本框，在菜单栏中选择【文本】|【段落文本框】|【使文本适合框架】命令，如图5-52所示。

**07** 执行该操作后，系统会按一定的缩放比例自动地调整文本框中文字的大小，使文本对象适合文本框架，效果如图5-53所示。

图5-52 【使文本适合框架】命令　　　图5-53 内容适合框架后的效果

## 5.5.2 将段落文本置入对象中

将段落文本置入对象中，就是将段落文本嵌入到封闭的图形对象中，这样可以使文字的编排更加灵活多样。在图形对象中输入的文本对象，其属性设置和其他的文本对象一样。具体的操作步骤如下：

**STEP 01** 继续上面的操作，在工具箱中选择【基本形状工具】，在属性栏中将完美形状定义为，然后在绘图页中绘制心形图形，绘制后的效果如图5-54所示。

**STEP 02** 在绘图页中选择文本框，按住鼠标右键将文本对象拖曳到绘制的心形图形上，当鼠标变成如图5-55所示的十字环状后释放鼠标，在弹出的快捷菜单中选择【内置文本】命令，如图5-56所示。

**STEP 03** 执行该命令后，即可将段落文本便会置入到图形对象中，效果如图5-57所示。

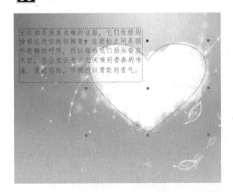

图5-54　绘图图形

图5-55　移动文本到心形图形上

图5-56　选择【内置文本】命令

图5-57　将文字置入图形后的效果

## 5.5.3　分隔对象与段落文本

当将段落文本置入图形对象中后，文字将会随着图形对象的变化而变化。如果不想让图形对象和文本对象一起移动，则可分隔它们。

分隔对象与段落文本的具体操作步骤如下。

**STEP 01** 继续上面的操作，使用【选择工具】在绘图页中选择段落文本，如图5-58所示。

**STEP 02** 执行菜单栏中的【排列】|【拆分路径内的段落文本】命令或按Ctrl+K组合键，如图5-59所示。

**STEP 03** 执行该操作后，即可单独地对文本对象或者图形对象进行操作，使用工具箱中的【选择工具】，在绘图页中选择文本，将其向下移动，移动到适当位置处松开鼠标，分隔后的效果如图5-60所示。

图5-58　选中段落文本　　　图5-59　选择【拆分路径内的　　　图5-60　分离后的效果
段落文本】命令

# 5.6　编辑文本

本节将介绍如何对创建的文本进行编辑，包括查找与替换文本、为文字添加阴影、设置段落文本的对齐方式、更改大小写等。

## 5.6.1　查找与替换文本

在CorelDRAW X6中，程序提供了查找与替换功能，以方便用户查找文本或将查找到的文本替换为所需的文本。对文档进行查找并替换的具体操作步骤如下。

**STEP 01** 继续上面的操作，将文本框与路径重新组合在一起，并选中该文本框，如图5-61所示。

**STEP 02** 在菜单中选择【编辑】|【查找和替换】|【替换文本】命令，如图5-62所示。

图5-61　选择文本框　　　　　　图5-62　选择【替换文本】命令

> **提示** 如果只查找文本，那么就只要在菜单中执行【编辑】|【查找和替换】|【查找文本】命令，弹出【查找文本】对话框。在【查找】文本框中输入所要查找的文字，然后单击【查找下一个】按钮，即可在绘图页中查找所需的文字。

**STEP 03** 执行该操作后，即可弹出【替换文本】对话框，在该对话框中的【查找】文本框中输入【掩盖】，如图5-63所示。

**STEP 04** 在【替换为】文本框中输入【掩饰】，如图5-64所示。

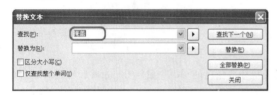

图5-63　在【查找】文本框中输入文字

图5-64　在【替换为】文本框中输入文字

**STEP 05** 在【替换文本】对话框中单击【全部替换】按钮，即可弹出如图5-65所示的对话框。

**STEP 06** 单击【确定】按钮，再将【替换文本】对话框关闭，即可完成替换，效果如图5-66所示。

图5-65　弹出的提示对话框

图5-66　替换完成后的效果

## 5.6.2 为文字添加阴影

在CorelDRAW X6中，用户可以根据需要为文字添加阴影，其具体操作步骤如下。

**STEP 01** 启动CorelDRAW X6，按Ctrl+N组合键，在弹出的对话框中将【宽度】和【高度】分别设置为236.5mm、179.5mm，如图5-67所示。

**STEP 02** 设置完成后，单击【确定】按钮，即可创建一个新的空白文档。按Ctrl+I组合键，在弹出的对话框中选择随书附带光盘中的【素材\第5章\素材06.jpg】文件，如图5-68所示。

**STEP 03** 选择完成后，单击【导入】按钮，按Enter键确认，即可将选中的素材文件导入到绘图页中，效果如图5-69所示。

**STEP 04** 在工具箱中选择【文本工具】字，在绘图页中按住鼠标左键进行拖动，在弹出的文本框中输入文字，选中输入的文字，在属性栏中将【旋转角度】设置为12.3，将字体设置为

【Book Antiqua】|【粗体】，将字体大小设置为50pt，将字体颜色设置为白色，设置后的效果如图5-70所示。

图5-67 【创建新文档】对话框

图5-68 选择素材文件

图5-69 导入素材后的效果

图5-70 导入素材后的效果

**STEP 05** 在菜单栏中选择【文本】|【转换为美术字】命令，如图5-71所示。

**STEP 06** 在工具箱中选择【阴影工具】，在属性栏的【预设列表】中选择【平面右下】命令，将【X】和【Y】设置为2.4、-1.3，将【阴影的不透明度】设置为22，将【阴影羽化】设置为2，效果如图5-72所示。

图5-71 选择【转换为美术字】命令

图5-72 设置阴影后的效果

## 5.6.3　设置段落文本的对齐方式

设置段落文本的对齐方式的具体操作步骤如下。

**01** 启动CorelDRAW X6，按Ctrl+N组合键，在弹出的对话框中将【宽度】和【高度】分别设置为166mm、155mm，如图5-73所示。

**02** 设置完成后，单击【确定】按钮，即可创建一个新的空白文档。按Ctrl+I组合键，在弹出的对话框中选择随书附带光盘中的【素材\第5章\素材07.png】文件，效果如图5-74所示。

图5-73　【创建新文档】对话框

图5-74　选择素材文件

**03** 选择完成后，单击【导入】按钮，按Enter键确认，即可将选中的素材文件导入到绘图页中，按住Shift键调整其大小，效果如图5-75所示。

**04** 在工具箱中选择【文本工具】字，在绘图页中按住左键鼠标进行拖动，在弹出的文本框中输入文字。选中输入的文字，将其颜色设置为白色，效果如图5-76所示。

图5-75　导入素材后的效果

图5-76　输入文字后的效果

**05** 继续选择该文本框中的文字，在菜单栏中选择【文本】|【文本属性】命令，如图5-77所示。

**06** 在弹出的泊坞窗中单击【段落】选项组中的【居中】按钮，执行该操作后，即可为选中的文字设置其对齐方式，效果如图5-78所示。

图5-77　选择【文本属性】命令　　　　　图5-78　将文字居中对齐后的效果

## 5.6.4　设置首行缩进

缩进可以改变文本框与框内文本之间的距离。用户可以添加和移除缩进格式。设置首行缩进的具体操作步骤如下。

**STEP 01**　继续上面的操作，选中文本框中的文字，将其对齐方式设置为【左对齐】，按Ctrl+T组合键打开【文本属性】泊坞窗，在【段落】选项组中的【首行缩进】文本框中输入【8mm】，如图5-79所示。

**STEP 02**　执行该操作后，即可为选中的文字设置首行缩进，效果如图5-80所示。

图5-79　输入参数　　　　　　　　图5-80　设置首行缩进后的效果

## 5.6.5　设置首字下沉

在段落中应用首字下沉，可以放大首字母，并将其插入文本的正文。可以通过更改不同的设置来自定义首字下沉格式。例如，可以更改首字下沉与文本正文的距离，或指定出现在首字下沉旁边的文本行数。可以随时移除首字下沉格式，而不删除字母。

设置首字下沉的具体操作步骤如下。

**STEP 01**　继续上面的操作，将光标置入到第一个段落的结尾处，如图5-81所示。

图5-81　将光标置入到第一个段落的结尾处

**02** 在菜单栏中选择【文本】|【首字下沉】命令，如图5-82所示。

**03** 在弹出的对话框中勾选【使用首字下沉】复选框，在【下沉行数】文本框中输入2，如图5-83所示。

**04** 设置完成后，单击【确定】按钮，即可设置首字下沉，效果如图5-84所示。

图5-82　选择【首字下沉】命令　　图5-83　【首字下沉】对话框　　图5-84　设置首字下沉后的效果

## 5.6.6　为段落文本添加项目符号

在CorelDRAW X6中，用户可以使用项目符号列表来编排信息格式。可以将文本环绕在项目符号周围，也可以使项目符号偏离文本，形成悬挂式缩进。用户还可以通过更改项目符号的大小、位置以及与文本的距离来自定义项目符号，也可以更改项目符号列表中的项目间的间距。

为段落文本添加项目符号的具体操作步骤如下。

**01** 继续上面的操作，在绘图页中的文本框中使用【文本工具】选择第二段文字，如图5-85所示。

**02** 在菜单栏中选择【文本】|【项目符号】命令，如图5-86所示。

图5-85　选择第二段文字　　　　图5-86　选择【项目符号】命令

**03** 在弹出的对话框中勾选【使用项目符号】复选框，在【符号】下拉列表中选择一种项目符号，将【大小】设置为13pt，取消勾选【项目符号的列表使用悬挂式缩进】复选框，如图5-87所示。

STEP 04 设置完成后，单击【确定】按钮，即可为选中的文字添加项目符号，效果如图5-88所示。

图5-87 【项目符号】对话框

图5-88 添加项目符号后的效果

## 5.6.7 更改大小写

在CorelDRAW X6中，用户可以根据需要更改美术字和段落文本的文本的大小写，下面介绍如何更改文本的大小写。

STEP 01 继续上面的操作，使用【文本工具】在文本框中选择【green】，如图5-89所示。

STEP 02 在菜单栏中选择【文本】|【更改大小写】命令，如图5-90所示。

STEP 03 在弹出的对话框中单击【大小写转换】单选按钮，如图5-91所示。

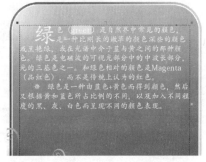

图5-89 选择文字

STEP 04 设置完成后，单击【确定】按钮，即可将选中的文字进行转换，效果如图5-92所示。

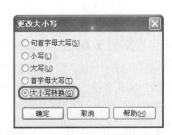

图5-90 选择【更改大小写】命令　图5-91 单击【大小写转换】单选按钮　图5-92 设置后的效果

## 5.6.8　为选中的文本分栏

在CorelDRAW X6中，用户可以根据需要将文本排列在栏中。栏可用于设计文本密集型对象，例如通讯录、杂志和报纸。可以创建宽度和栏间宽度相等或不等的栏。

下面介绍如何为选中的文本设置分栏。

**01** 继续上面的操作，使用【文本工具】选择文本框中的所有文本，如图5-93所示。

**02** 在菜单栏中选择【文本】|【栏】命令，如图5-94所示。

图5-93　选择文本

图5-94　选择【栏】命令

**03** 在弹出的对话框中将【栏数】设置为2，将【栏间宽度】设置为0，如图5-95所示。

**04** 设置完成后，单击【确定】按钮，即可为选中的文字分栏，效果如图5-96所示。

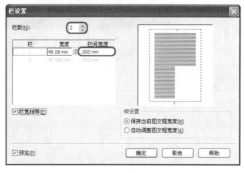

图5-95　【栏设置】对话框

图5-96　分栏后的效果

## 5.6.9　添加制表位

在CorelDRAW X6中，用户可以根据需要为文字添加制表位，从而使文字观看起来更有调理性，下面介绍如何为文字添加制表位。

**01** 启动CorelDRAW X6，按Ctrl+N组合键，在弹出的对话框中将【宽度】和【高度】分别设置为152mm、114mm，如图5-97所示。

**02** 设置完成后，单击【确定】按钮，即可创建一个新的空白文档。按Ctrl+I组合键，在弹出的对话框中选择随书附带光盘中的【素材\第5章\素材08.jpg】文件，如图5-98所示。

图5-97 【创建新文档】对话框

图5-98 选择素材文件

**STEP 03** 选择完成后，单击【导入】按钮，按Enter键确认，即可将选中的素材文件导入到绘图页中，在绘图页中按住Shift键调整其大小，调整后的效果如图5-99所示。

**STEP 04** 在工具箱中选择【文本工具】字，在绘图页中按住鼠标左键进行拖动，在弹出的文本框中输入文字，选中输入的文字，将字体大小设置为14pt，将其颜色设置为白色，效果如图5-100所示。

**STEP 05** 使用【选择工具】选中该文本框，在菜单栏中选择【文本】|【制表位】命令，如图5-101所示。

图5-99 导入素材后的效果

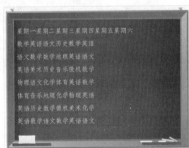

图5-100 输入文字后的效果

图5-101 选择【制表位】命令

**STEP 06** 在弹出的对话框中将【制表位位置】设置为5mm，如图5-102所示。

**STEP 07** 设置完成后，单击【添加】按钮，即可添加一个制表位；再在该对话框中将【制表位位置】设置为20mm，如图5-103所示。

**STEP 08** 设置完成后，单击6次【添加】按钮，即可添加6个制表位，如图5-104所示。

**STEP 09** 使用【文本工具】字将光标置入【星期一】的前面，按Tab键即可将其对第一个制表位对齐，如图5-105所示。

**STEP 10** 使用同样的方法将其他文字与制表位对齐，对齐后的效果如图5-106所示。

图5-102　设置【制表位位置】　　图5-103　添加制表位并设置制表位　　图5-104　添加其他制表位后的效果

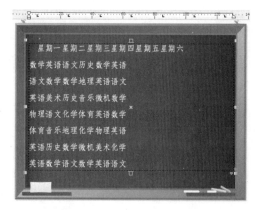

图5-105　与第一个制表位对齐　　　　　　　图5-106　对齐后的效果

## 5.7　路径文字

　　在CorelDRAW中提供了文本适合路径功能，可以将文本对象嵌入到不同类型的路径中，使文字具有更多变化的外观。此外，还可以设定文字排列的方式、文字的走向及位置等。本节将对其进行简单介绍。

### 5.7.1　创建路径文字

　　下面介绍如何直接在路径上输入文字。

**01** 启动CorelDRAW X6，按Ctrl+N组合键，在弹出的对话框中将【宽度】和【高度】分别设置为259mm、224mm，如图5-107所示。

**02** 设置完成后，单击【确定】按钮，即可创建一个新的空白文档。按Ctrl+I组合键，在弹出的对话框中选择随书附带光盘中的【素材\第5章\素材09.jpg】文件，如图5-108所示。

**03** 选择完成后，单击【导入】按钮，按Enter键确认，即可将选中的素材文件导入到绘图页中，效果如图5-109所示。

**04** 在工具箱中选择【椭圆形工具】◎，在绘图页中绘制一个椭圆形，效果如图5-110所示。

**STEP 05** 在工具箱中选择【文本工具】，将光标移至所绘制的椭圆上，如图5-111所示。

**STEP 06** 单击鼠标，输入所需的文字。将输入的文字选中，在属性栏中将字体设置为【Book Antiqua】|【粗体】，将字体大小设置为72pt，将字体颜色设置为白色，效果如图5-112所示。

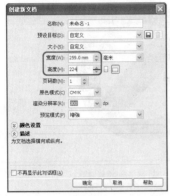

图5-107　【创建新文档】对话框　　　　图5-108　选择素材文件　　　　图5-109　导入素材后的效果

图5-110　绘制路径　　　　　　图5-111　将光标移至椭圆上　　　　　图5-112　输入文字

除了上述方法之外，用户还可以将输入完成后的文字填入路径，其具体操作步骤如下。

**STEP 01** 继续上面的步骤（3）进行操作，在工具箱中选择【钢笔工具】，在绘图页中绘制一个弧形，如图5-113所示。

**STEP 02** 在工具箱中选择【文本工具】，在绘图页中绘制一个文本框，输入文字，并选中输入的文字，在属性栏中将字体设置为【Book Antiqua】|【粗体】，将字体大小设置为72pt，如图5-114所示。

**STEP 03** 选择工具箱中的【选择工具】，移动指针到文字上，然后按住鼠标右键将其拖曳到曲线上，光标将变成如图5-115所示的形状。

图5-113　绘制弧形　　　　　　图5-114　输入文字　　　　　图5-115　拖动文字到弧形上

<sup>STEP</sup>
**04** 松开鼠标右键，在弹出的快捷菜单中选择【使文本适合路径】命令，如图5-116所示。

<sup>STEP</sup>
**05** 执行该操作后，即可将该文字填入路径，选中该文字，将其颜色设置为白色，效果如
图5-117所示。

图5-116　选择【使文本适合路径】命令

图5-117　创建7后的效果

### 5.7.2　设置路径文字

下面介绍如何设置文字与路径的距离。

<sup>STEP</sup>
**01** 继续上面的操作，使用【选择工具】选中该文本，在属性栏中将【与路径的距离】设
置为4mm，按Enter键确认，如图5-118所示。

<sup>STEP</sup>
**02** 继续选中该文字，在属性栏中将【偏移】设置为60，按Enter键确认，效果如图5-119
所示。

图5-118　设置【与路径的距离】

图5-119　偏移后的效果

## 5.8　创建表格

在CorelDRAW X6中，可以在绘图页添加表格，以创建文本和图像的结构布局。用户可
以在菜单栏中选择【表格】|【创建新表格】命令来创建表格，还可以在工具箱中选择【表格
工具】▦来创建表格。下面将介绍如何创建表格。

<sup>STEP</sup>
**01** 启动CorelDRAW X6，按Ctrl+O组合键，在弹出的对话框中选择随书附带光盘中的【素

材\第5章\素材10.cdr】文件，如图5-120所示。

**STEP 02** 选择完成后，单击【打开】按钮，即可将选中的素材文件打开，效果如图5-121所示。

图5-120　选择素材文件

图5-121　打开的素材文件

**STEP 03** 在菜单栏中选择【表格】|【创建新表格】命令，如图5-122所示。

**STEP 04** 执行该操作后，即可弹出【创建新表格】对话框，在该对话框中将【行数】和【列数】分别设置为7、4，将【高度】设置为96mm，将【宽度】设置为145mm，如图5-123所示。

图5-122　选择【创建新表格】命令

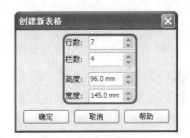

图5-123　【创建新表格】对话框

**STEP 05** 设置完成后，单击【确定】按钮，即可插入一个表格，如图5-124所示。

**STEP 06** 在任意一个单元格中双击鼠标，输入所需的文字，输入后的效果如图5-125所示。

图5-124　插入表格

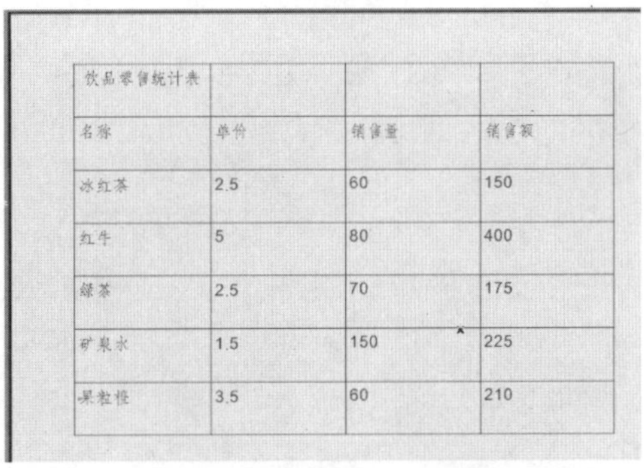

图5-125　输入文字后的效果

## 5.9 对表格进行修改

表格创建完成后，可以根据需要使用CorelDRAW X6中提供的多种方法来修改创建的表格，如合并与拆分单元格，插入行和列，删除行、列或表等。

### 5.9.1 选择不同的对象

在CorelDRAW X6中，如果要对表或单元格进行修改，必须要选择该对象，本节将介绍如何选择表和单元格。

**1. 选择单元格**

选择单元格的具体操作方法如下。

- 在要选择的单元格上双击，将光标置入该单元格中，如图5-126所示。
- 在菜单栏中选择【表格】|【选择】|【单元格】命令，如图5-127所示。

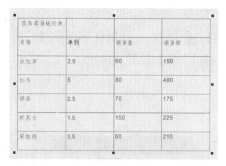

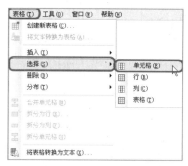

图5-126 将光标置入文字框中　　　　　　图5-127 选择【单元格】命令

**2. 选择整行或整列**

在CorelDRAW X6中，用户可以根据需要选择整行或整列单元格，下面对其进行简单介绍。

- 在要选择的单元格中双击单击，然后在菜单栏中选择【表格】|【选择】|【行】命令或【列】命令，即可选中单元格所在的整行或整列。
- 在工具箱中选择【表格工具】，将鼠标移到要选择的行的左边缘，当光标变为 ➡ 形状时，单击鼠标左键，即可选中整行，效果如图5-128所示。
- 在工具箱中选择【表格工具】，将鼠标移到要选择的列的上边缘，当鼠标变为 ⬇ 形状时，单击鼠标左键，即可选中整列，效果如图5-129所示。

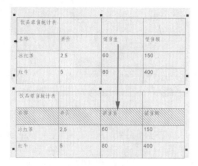

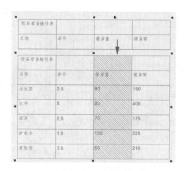

图5-128 选择整行　　　　　　　　　图5-129 选择整列

### 3. 选择表

下面介绍如何选择整个表。

**01** 继续上面的操作，在要选择的单元格上双击，将光标置入该单元格中，如图5-130所示。

**02** 在菜单栏中选择【表格】|【选择】|【表格】命令，如图5-131所示。

**03** 执行该命令后，即可选择整个表，效果如图5-132所示。

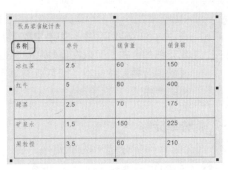

图5-130　将光标置入到单元格中

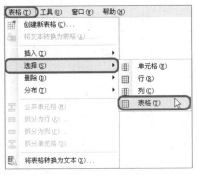

图5-131　选择【表格】命令

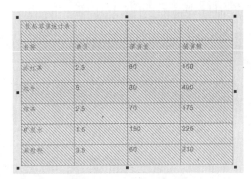

图5-132　全选后的效果

## 5.9.2　合并和拆分单元格

合并就是指把两个或多个单元格合并为一个单元格，拆分是把一个单元格拆分为两个单元格。

### 1. 合并单元格

在工具箱中选择【表格工具】▦，将鼠标移到要选择的行的左边缘，当光标变为 ➡ 形状时，单击鼠标左键，将需要合并的单元格选中，如图5-133所示。在菜单栏中选择【表格】|【合并单元格】命令，如图5-134所示，即可将选中的单元格合并，如图5-135所示。

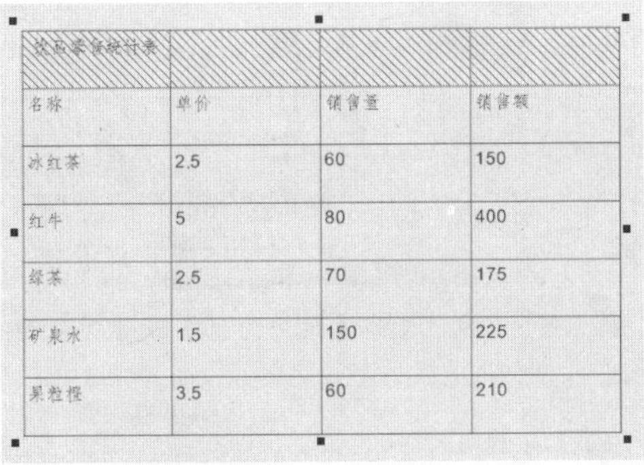

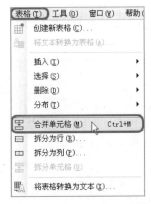

图5-133　选择单元格

图5-134　选择【合并单元格】命令

**提示** 在CorelDRAW X6中，如果需要取消单元格的合并，可以在属性栏中单击【撤销合并】按钮，即可取消单元格的合并。

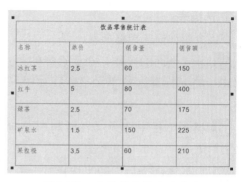

图5-135 合并单元格后的效果

2. 拆分单元格

下面介绍如何拆分选中的单元格。

STEP 01 在绘图页中选择需要拆分的单元格，如图5-136所示。在菜单栏中选择【表格】|【拆分为行】命令，如图5-137所示。

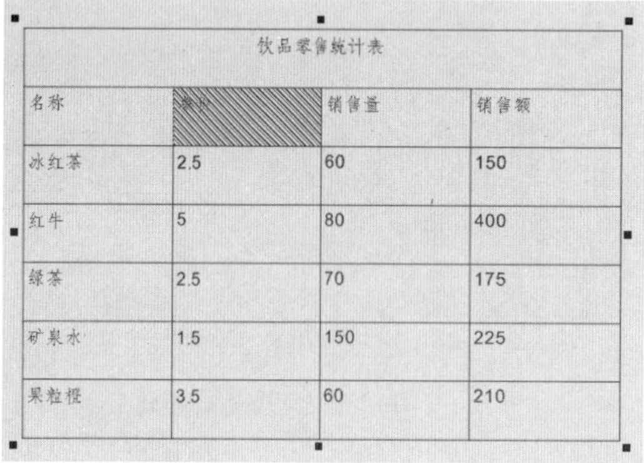

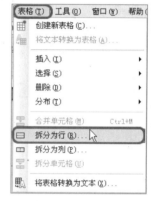

图5-136 选择要拆分的单元格

图5-137 选择【拆分为行】命令

STEP 02 执行该操作后，即可打开【拆分单元格】对话框，在该对话框中将【行数】设置为2，如图5-138所示。设置完成后，单击【确定】按钮，即可将选中的单元格进行拆分。

**提示** 在CorelDRAW X6中，当用户选择要拆分的单元格后，可右击鼠标，在弹出的快捷菜单中选择【拆分为行】或【拆分为列】命令，如图5-139所示。

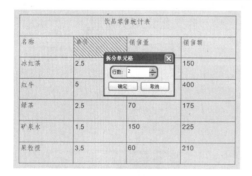

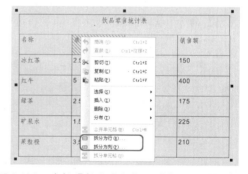

图5-138 设置行数

图5-139 选择【拆分为行】或【拆分为列】命令

## 5.9.3 插入行和列

在使用表的过程中，可以根据需要在表内插入行和列。在CorelDRAW X6中可以一次插入一行或一列，也可以同时插入多行或多列。

### 1. 插入行

选择一个单元格，在菜单栏中【表格】|【插入】|【行上方】命令，如图5-140所示。执行该操作后，即可在该单元格的上方插入一个行，如图5-141所示。

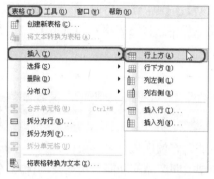

图5-140　选择【行上方】命令

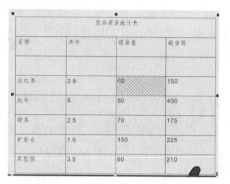

图5-141　在上方插入行

除此之外，用户还可以在选择单元格后，在菜单栏中选择【表格】|【插入】|【行下方】命令，如图5-142所示，执行该操作后，即可在选中的单元格的下方插入一行单元格，如图5-143所示。

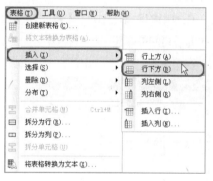

图5-142　选择【行下方】命令

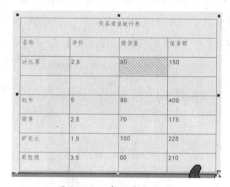

图5-143　在下方插入行

### 2. 插入列

选择一个单元格，在菜单栏中【表格】|【插入】|【列左侧】命令，如图5-144所示。执行该操作后，即可在该单元格的左侧插入一个列，如图5-145所示。

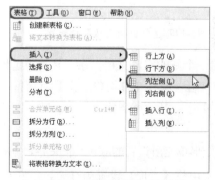

图5-144　选择【列左侧】命令

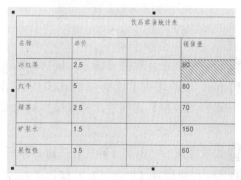

图5-145　在左侧插入列

此外，用户还可以在选中表格的右侧插入一个列。

## 5.9.4 删除行、列或表

选中要删除的表格，在菜单栏中选择【表格】|【删除】|【行】命令，即可将单元格所在的行删除；选中要删除的表格，在菜单栏中选择【表格】|【删除】|【列】命令，即可将单元格所在的列删除；将光标置入任意一个单元格中，在菜单栏中选择【表格】|【删除】|【表格】命令，即可将表删除。

# 5.10 拓展练习——制作服装宣传单

宣传单是目前宣传企业形象的推广之一。它能非常有效地把企业形象提升到一个新的层次，更好地把企业的产品和服务展示给大众，能详细说明产品的功能、用途及其优点（与其他产品不同之处），诠释企业的文化理念，所以宣传单已经成为企业必不可少的企业形象宣传工具之一。

本例介绍如何制作服装宣传单，效果如图5-146所示。

**STEP 01** 启动CorelDRAW X6软件，按Ctrl+N组合键，在弹出的对话框中将【名称】设置为【服装宣传单】，将【宽度】和【高度】分别设置为478mm、700mm，如图5-147所示。

图5-146　服装宣传单

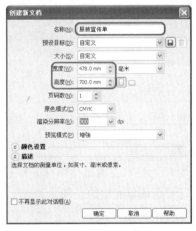

图5-147　【创建新文档】对话框

**STEP 02** 设置完成后，单击【确定】按钮，即可创建一个新的空白文档。在工具箱中选择【矩形工具】□，在绘图页中绘制一个矩形，按Shift+F11组合键打开【均匀填充】对话框，在该对话框中选择【模型】选项卡，将【模型】设置为CMYK，将CMYK值设置为（60、0、100、50），如图5-148所示。

**STEP 03** 设置完成后，单击【确定】按钮，即可为该矩形填充所设置的颜色，如图5-149所示。

**STEP 04** 按F12键打开【轮廓笔】对话框，在该对话框中将【宽度】设置为【无】，如图5-150所示。

图5-148 【均匀填充】对话框

图5-149 填充颜色后的效果

图5-150 【轮廓笔】对话框

**STEP 05** 设置完成后，单击【确定】按钮，即可为选中的对象取消轮廓。在工具箱中选择【矩形工具】▢，在绘图页中绘制一个矩形，如图5-151所示。

**STEP 06** 按Shift+F11组合键打开【均匀填充】对话框，在该对话框中选择【模型】选项卡，将CMYK值设置为（20、0、100、10），如图5-152所示。

图5-151 绘制矩形

图5-152 设置CMYK值

**STEP 07** 设置完成后，单击【确定】按钮，即可为该矩形填充所设置的颜色，效果如图5-153所示。

**STEP 08** 按F12键打开【轮廓笔】对话框，在该对话框中将【宽度】设置为【无】，如图5-154所示。

图5-153 填充颜色后的效果

图5-154 设置轮廓笔的宽度

**STEP 09** 设置完成后，单击【确定】按钮，即可为选中的对象取消轮廓。在工具箱中选择【文本工具】字，在绘图页中输入文字。选中输入的文字，在属性栏中将字体设置为【方正北魏楷书繁体】，将字体大小设置为1200，如图5-155所示。

**STEP 10** 按Shift+F11组合键打开【均匀填充】对话框，在该对话框中选择【模型】选项卡，将CMYK值设置为（60、0、100、50），如图5-156所示。

**STEP 11** 设置完成后，单击【确定】按钮，即可为该文字填充所设置的颜色，效果如图5-157所示。

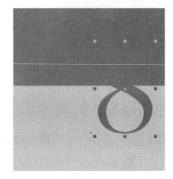

图5-155 输入文字　　　　图5-156 设置填充颜色　　　　图5-157 设置字体颜色后的效果

**STEP 12** 确认该文字处于选中状态，在菜单栏中选择【效果】|【图框精确裁剪】|【置入文本框内部】命令，如图5-158所示。

**STEP 13** 当光标变为 ➡ 时，将其移至如图5-159所示的图形上。

**STEP 14** 单击鼠标，即可将该文字置入到矩形中，效果如图5-160所示。

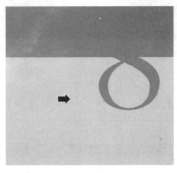

图5-158 选择【置入文本框　　图5-159 将光标移至矩形上　　图5-160 将文字置入矩形后的效果
　　　　内部】命令

**STEP 15** 使用同样的方法再创建一个相同的文字，并将其CMYK值设置为（20、0、100、10），如图5-161所示。

**STEP 16** 选中该文字，右击鼠标，在弹出的快捷菜单中选择【顺序】|【向后一层】命令，如图5-162所示。

**STEP 17** 执行该操作后，即可将选中的文字向后移动一层，效果如图5-163所示。

**STEP 18** 在工具箱中选择【文本工具】字，在绘图页中单击鼠标，并输入文字，选中输入的文字，在属性栏中将字体设

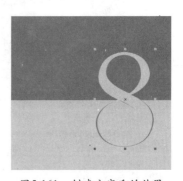

图5-161 创建文字后的效果

置为【黑体】，将字体大小设置为175pt，将字体颜色设置为白色，效果如图5-164所示。

图5-162　选择【向后一层】命令　　　图5-163　移动后的效果　　　图5-164　输入文字

**STEP 19** 在工具箱中选择【文本工具】，在绘图页中输入文字。将该文字选中，在属性栏中将字体设置为【DFGothic-EB】，将字体大小设置为58pt，将其颜色设置为白色，如图5-165所示。

**STEP 20** 使用同样的方法创建其他文字，并对其进行相应的设置，效果如图5-166所示。

**STEP 21** 在工具箱中选择【文本工具】，在绘图页中输入文字。选中输入的文字，在属性栏中将字体设置为【长城新艺体】，将字号设置为280pt，如图5-167所示。

图5-165　创建文字　　　图5-166　创建其他文字后的效果　　　图5-167　输入文字

**STEP 22** 在菜单栏中选择【排列】|【拆分美术字】命令，如图5-168所示。

**STEP 23** 再次选中改文字，在菜单栏中选择【排列】|【转换为曲线】命令，如图5-169所示。

**STEP 24** 在菜单栏中选择【排列】|【变换】|【倾斜】命令，如图5-170所示。

图5-168　选择【拆分美术字】命令　　图5-169　选择【转换为曲线】命令　　　图5-170　选择【倾斜】命令

**STEP 25** 在弹出的【变换】泊坞窗中将【Y】设置为13°，如图5-171所示。

**STEP 26** 设置完成后，单击【应用】按钮，即可将该文字进行倾斜，效果如图5-172所示。

**STEP 27** 在工具箱中选择【形状工具】，对绘图页中的两个文字进行调整，并将其颜色设置为白色，效果如图5-173所示。

图5-171　设置倾斜角度　　　图5-172　设置倾斜后的效果　　　图5-173　调整后的效果

**STEP 28** 使用同样的方法创建其他文字，并为其填充不同的颜色，创建后的效果如图5-174所示。

**STEP 29** 选中创建的艺术字，按Ctrl+C组合键对其进行复制，按Ctrl+V组合键进行粘贴，按Ctrl+L组合键将其合并，将其填充颜色设置为黑色。按F12键打开【轮廓笔】对话框，在该对话框中将【宽度】设置为9mm，如图5-175所示。

**STEP 30** 设置完成后，单击【确定】按钮，即可为选中对象添加轮廓，如图5-176所示。

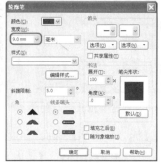

图5-174　创建其他文字后的效果　　　图5-175　设置轮廓笔　　　图5-176　设置轮廓后的效果

**STEP 31** 确认该图形处于选中状态，在绘图页中调整该图形的排列位置，调整后的效果如图5-177所示。

**STEP 32** 在工具箱中选择【矩形工具】，在绘图页中绘制一个矩形，在属性栏中将【圆角半径】设置为3mm，将填色设置为白色，将轮廓设置为无，如图5-178所示。

**STEP 33** 在菜单栏中选择【位图】|【转换为位图】命令，如图5-179所示。

**STEP 34** 执行该操作后，即可弹出【转换为位图】对话框，在该对话框中使用其默认设置，如图5-180所示。

**STEP 35** 单击【确定】按钮，在菜单栏中选择【位图】|【模糊】|【高斯式模糊】命令，如图5-181所示。

**36** 在弹出的对话框中将【半径】设置为【26像素】，如图5-182所示。

图5-177　调整后的效果　　　图5-178　绘制矩形后效果　　　图5-179　选择【转换为位图】命令

图5-180　【转换为位图】对话框　　图5-181　选择【高斯式模糊】命令　　图5-182　设置【半径】

**37** 设置完成后，单击【确定】按钮，设置高斯模糊的效果如图5-183所示。

**38** 在工具箱中选择【透明度工具】，在属性栏中将【透明度类型】设置为【标准】，将【开始透明度】设置为60，效果如图5-184所示。

图5-183　设置后的效果　　　　　图5-184　设置不透明度后的效果

**39** 在工具箱中选择【星形工具】，在绘图页中绘制一个星形，将其填色设置为白色，将轮廓设置为无，效果如图5-185所示。

**STEP 40** 使用同样的方法绘制其他的图形，并在绘图页中调整其排放顺序，效果如图5-186所示。

图5-185　绘制星形后的效果　　　　　　　　图5-186　绘制其他图形后的效果

**STEP 41** 按Ctrl+I组合键，在弹出的对话框中选择随书附带光盘中的【素材\第5章\素材11.png】文件，如图5-187所示。

**STEP 42** 选择完成后，单击【导入】按钮，在绘图页中调整其位置，效果如图5-188所示。

图5-187　选择素材文件　　　　　　　　　　图5-188　调整后的效果

# 5.11　习题

## 一、填空题

（1）在菜单栏中选择【文本】|【段落文本框】|（　　　　　　）命令可以使文本适合框架。

（2）按Ctrl+K组合键可以执行（　　　　　　）命令。

## 二、简答题

（1）在CorelDRAW X6中导入文本时，CorelDRAW支持哪几种文本文件格式？

（2）如何在CorelDRAW X6中创建表格？

第 **6** 章 Chapter

# 编辑对象

06

**本章要点:**

本章介绍在编辑对象时应用到的工具。设计师可通过基本的绘图工具绘制出基本的图形效果,还可以通过形状工具来使图形发生变形。

**主要内容:**

- 选择对象
- 形状工具
- 复制、再制与删除对象
- 自由变换工具
- 涂抹工具
- 粗糙笔刷
- 刻刀工具
- 橡皮擦工具
- 使用虚拟段删除对象
- 修剪对象
- 焊接和交叉对象
- 使用裁剪工具裁剪对象

## 6.1 选择对象

在改变对象之前，必须先选定对象。可以在群组或嵌套工具群组中选择可见对象、隐藏对象和单个对象，可以按创建对象的顺序选择对象，可以同时选择所有对象，也可以同时取消对多个对象的选择。

### 6.1.1 【选择工具】及无选定范围属性栏

【选择工具】可用于选择对象和取消对象的选择，还可以用于交互式移动、延展、缩放、旋转和倾斜对象等。其实在前面的章节中已经多次用到过【选择工具】，它在CorelDRAW程序中使用频率非常高。

在工具箱中选择【选择工具】，如果在场景中没有选择任何对象，其属性栏如图6-1所示，如果选择了对象，则会显示与选择相关的选择。

图6-1　选择工具属性栏

属性栏中各选项说明如下所示。

- 在【纸张类型／大小】下拉列表中可以选择所需的纸张类型/大小；在【纸张宽度和高度】文本框中可以设置所需的纸张宽度和高度。
- 单击【纵向】按钮可以将页面设为纵向，单击【横向】可以将页面设为横向。
- 单击【所有页面】按钮可以将多页文件设为相同页面方向，单击【当前页】按钮可以为多页文件设置不同页面方向。
- 在【单位】下拉列表中可以选择所需的单位。
- 在【微调偏移】文本框中可以输入所需的偏移值（即在键盘上按方向键移动的距离）。
- 在【再制距离】文本框中可以输入所需的再制距离。

### 6.1.2 使用【选择工具】

【选择工具】主要用来选取图形和图像。当选中当前一个图形或图像时，可对其进行旋转、缩放等操作，下面对【选择工具】进行简单的介绍。

**STEP 01** 选择工具箱中的【矩形工具】，然后在绘图区中绘制矩形，效果如图6-2所示。

**STEP 02** 再选择工具箱中的【选择工具】，然后在场景中选择上面绘制的矩形效果，如图6-3所示，其属性栏如图6-4所示。

图6-2　绘制矩形效果

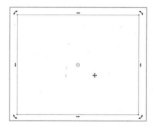

图6-3　选择矩形效果

| | X: 156.322 mm | 159.808 mm | 100.0 | % | | 0.0 | | | | 0.0 mm | | | 0.0 mm | | | | 0.2 mm | | |
|---|---|---|---|---|---|---|---|---|---|---|---|---|---|---|---|---|---|---|---|
| | y: 105.03 mm | 128.058 mm | 100.0 | % | | | | | | 0.0 mm | | | 0.0 mm | | | | | | |

图6-4　矩形的属性设置

**提示**　利用属性栏可以调整对象的位置、大小、缩放比例、调和步数、旋转角度、水平与垂直角度、轮廓宽度和轮廓样式等。

## 6.1.3　使用全选命令选择所有对象

下面介绍使用全选命令选择场景中的对象的方法。

**01** 按Ctrl+O组合键，打开随书附带光盘中的【素材\第6章\001.cdr】文件，如图6-5所示。

**02** 在菜单栏中选择【编辑】|【全选】|【对象】命令，如图6-6所示。

**03** 即可将场景中的所有对象全部选中，如图6-7所示。

图6-5　打开的文件效果　　　　图6-6　选择【全选对象】菜单命令　　　　图6-7　全选对象后的效果

**04** 在菜单栏中选择【编辑】|【全选】|【文本】命令，如图6-8所示。

**05** 即可将场景中所有的文本效果选中，如图6-9所示。

**06** 再在菜单栏中选择【编辑】|【全选】|【辅助线】命令，如图6-10所示。

图6-8　选择【全选文本】菜单命令　　　　图6-9　选择文本效果　　　　图6-10　选择【全选辅助线】命令

**07** 即可将场景中的所有辅助线全部选中，如图6-11所示。

**STEP 08** 选择工具箱中的【选择工具】 ，在场景中选择曲线，其效果如图6-12所示。

图6-11　选择辅助线效果　　　　　　　　　图6-12　选择曲线效果

**STEP 09** 选择后，在菜单栏在选中【编辑】|【全选】|【节点】命令，如图6-13所示，即可选中场景中的所有节点，如图6-14所示。

图6-13　选中【全选节点】菜单命令　　　　　　图6-14　全选节点效果

## 6.1.4　选择多个对象

在实际的操作中，往往需要选中多个对象进行同时编辑，所以需要同时选择场景中的多个文件。选择多个文件可以使用【选择工具】在场景中框选或按住Shift键单击来实现操作。

**STEP 01** 选择工具箱中的【选择工具】 ，移动指针到适当的位置按住鼠标左键拖出一个虚框，如图6-15所示。

**STEP 02** 松开鼠标后，即可选择完全框选后的对象，效果如图6-16所示。

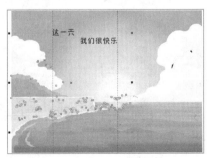

图6-15　框选对象效果　　　　　　　　　图6-16　框选对象后的效果

**STEP 03** 在场景中空白处单击鼠标,取消对对象的选择。选择工具箱中的【选择工具】，在场景中选择一个对象,如图6-17所示。

**STEP 04** 按住Shift键再选择其他的对象,即可同时选择多个对象,效果如图6-18所示。

**STEP 05** 用同样的方法选择其他文本,效果如图6-19所示。

图6-17　选择文本效果

图6-18　同时选择文本效果

图6-19　选择全部文本效果

### 6.1.5　取消对象的选择

如果想取消对全部对象的选择,在场景中空白处单击即可;如果想取消场景中对某个或某几个对象的选择,可以按住Shift键的同时单击要取消选择的对象。

## 6.2　形状工具

形状工具可以更改所有曲线对象的形状。曲线对象是指用手绘工具、贝赛尔工具、钢笔工具等创建的绘图对象,及矩形、多边形和文本对象转换而成的曲线对象。形状工具对对象形状的改变,是通过对所有曲线对象的节点和线段的编辑实现的。

### 6.2.1　形状工具的属性设置

选择工具箱中的【形状工具】，并且在对象上选择多个节点,属性栏如图6-20所示。

图6-20　形状工具属性栏

属性栏中各选项说明如下。

- 【选取范围模式】列表:在该列表中可以选择选取范围的模式。选择【矩形】选项,可以通过矩形框来选取所需的节点;选择【手绘】选项,则可以通过用手绘的模式来选取所需的节点。

- 【添加节点】按钮：在曲线对象上单击后出现一个小黑点，再单击该按钮，即可在该曲线对象上添加一个节点。

- 【删除节点】按钮：在对象上选择一个节点，再单击该按钮，即可将选择的节点删除。

- 【连接两个节点】按钮：如果在绘图窗口中绘制了一个未闭合的曲线对象，将起点与终点选择，再单击该按钮，即可使选择的两个节点连接在一起。

- 【断开曲线】按钮：该按钮的作用与【连接两个节点】按钮相反，先选择要分割的节点，然后再单击该按钮，即可将一个节点分割成两个节点。

- 【转换为线条】按钮：单击该按钮，可以将选择节点与逆时针方向相邻节点之间的曲线段转换为直线段。

- 【转换为曲线】按钮：单击该按钮，可以将选择节点与逆时针方向相邻节点之间的直线段转换为曲线段。

- 【尖突节点】按钮：单击该按钮，可以通过调节每个控制点来使平滑点或对称节点变得尖突。

- 【平滑节点】按钮：该按钮的作用与【尖突节点】按钮相反，单击该按钮可以将尖突节点转换为平滑节点。

- 【对称节点】按钮：单击该按钮，可以将选择的节点转换为两边对称的平滑节点。

- 【反转方向】按钮：单击该按钮，可以将节点与顺时针方向相邻节点之间的线段进行互换。

- 【延长曲线使之闭合】按钮：如果在绘图窗口中绘制了一个未封闭曲线对象，并且选择了起点与终点，单击该按钮，即可将这两个节点用直线段连接起来，从而得到一个封闭的曲线对象。

- 【提取子路径】按钮：如果一个曲线对象中包括了多个子路径，在一个子路径上选择一个节点或多个节点时，单击该按钮，即可将选择节点所在的子路径提取出来。

- 【闭合曲线】按钮：它的作用与【延长曲线使之闭合】按钮相同，单击它可以将未封闭曲线闭合。不过它不用选择起点与终点两个节点。

- 【延展与缩放节点】按钮：先在曲线对象上选择两个或多个节点，单击该按钮，即可在选择节点的周围出现一个缩放框，用户可以调整缩放框上的任一控制点来调整所选节点之间的连线。

- 【旋转与倾斜节点】按钮：先在曲线对象上选择两个或多个节点，单击该按钮，即可在选择节点的周围出现一个旋转框，用户可以拖动旋转框上的旋转箭头或双向箭头，调整旋转节点之间的连线。

- 【对齐节点】按钮：如果在曲线对象上选择了两个以上的节点，单击该按钮，即可弹出【节点对齐】对话框，如图6-21所示。用户可根据需要在其中选择所需的选项，选择好后单击【确定】按钮，将选择的节点进行指定方向对齐。

- 【水平反射节点】按钮：选择该按钮，可编辑水平镜像的对象中的对应节点。

- 【垂直反射节点】按钮：选择该按钮，可编辑垂直镜像的对象中的对应节点。

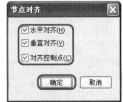

图6-21 【节点对齐】对话框

- 【弹性模式】按钮 ：选择曲线对象上所有的节点，单击该按钮，可以局部调整曲线对象的形状。
- 【选择所有节点】按钮 ：单击该按钮，可以将曲线对象上的所有节点选择。
- 【减少节点】按钮：单击该按钮，可以将选择曲线中所选节点中重叠或多余的节点删除。
- 【曲线平滑度】按钮：拖动滑杆上的滑块，可以将曲线进行平滑处理。

## 6.2.2 将直线转换为曲线并调整节点

下面介绍在形状工具中将直线转换为曲线，并对形状进行调整的方法。

**STEP 01** 选择工具箱中的【矩形工具】 ，在文档中绘制一个矩形，其创建的效果如图6-22所示。

**STEP 02** 按F11键打开【渐变填充】对话框，在弹出的对话框中将【类型】设置为【正方形】，在【颜色调和】选项组下将渐变颜色设置为【从】霓虹粉【到】白色，设置完成后单击【确定】按钮，如图6-23所示，填充渐变颜色后的效果如图6-24所示。

图6-22 创建矩形效果

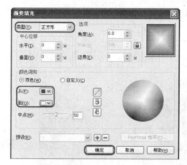

图6-23 【渐变填充】对话框

图6-24 填充渐变颜色效果

**STEP 03** 将鼠标放置在绘制的矩形上面，单击鼠标右键，在弹出的快捷菜单中选择【转换为曲线】命令，将矩形转换为曲线，如图6-25所示。

**STEP 04** 选择工具箱中的【形状工具】 ，然后选择右上方的点，效果如图6-26所示。

图6-25 选择【转换为曲线】命令

图6-26 选择左上方的点

**STEP 05** 在属性栏中单击【转换为曲线】按钮 ，将该节点右边的直线段转换为曲线段，如图6-27所示。

**STEP 06** 移动指针到控制柄上，然后向下拖曳，如图6-28所示，即可将其形状进行改变。

**STEP 07** 用同样的方法调整另一个控制柄，效果如图6-29所示。

图6-27　将直线段转换为曲线段

图6-28　调整控制柄

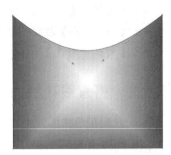

图6-29　再次改变其形状

### 6.2.3　添加与删除节点

下面对添加节点和删除节点进行简单的介绍。

**STEP 01** 继续上节操作，在图形的上方拖曳出一个虚框，如图6-30所示，框住要选择的节点。松开左键即可将要选择的节点选择，如图6-31所示。

**STEP 02** 在属性栏中单击【删除节点】按钮，将选择的节点删除，效果如图6-32所示。

图6-30　拖曳出虚框效果

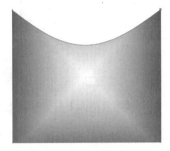

图6-31　选择节点

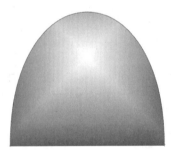

图6-32　删除节点效果

**STEP 03** 在想要添加节点的位置单击鼠标，即在相应的位置出现一个黑点，如图6-33所示。

**STEP 04** 在属性栏中单击【添加节点】按钮，即可为对象添加一个节点，其效果如图6-34所示。

**STEP 05** 选择上面添加的节点，然后按住鼠标左键并向下拖曳，到适当的位置后松开鼠标，即可调整对象形状，如图6-35所示。

图6-33　定义节点位置

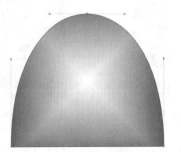

图6-34　添加节点效果

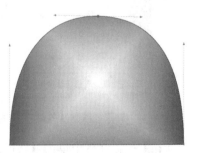

图6-35　调整节点效果

### 6.2.4　分割曲线与连接节点

下面介绍节点的分割与连接。

**01** 继续上节操作，在属性栏中单击【断开曲线】按钮，将原来封闭的图形进行分割，如图6-36所示，这时会发现原来填充的颜色不见了。

**02** 在该节点上按住鼠标左键向下拖曳，如图6-37所示，到适当的位置松开鼠标，即可改变节点位置，如图6-38所示。

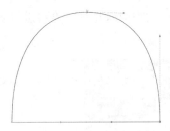
图6-36　分割封闭图形效果

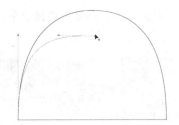
图6-37　拖曳节点效果

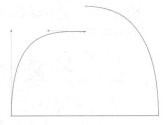
图6-38　改变节点位置

**03** 下面连接节点。首先在场景中选择要进行连接的点，如图6-39所示，然后在属性栏中单击【延长曲线使之闭合】按钮，即可将选择的两个节点连接在一起，这时图形会自动恢复颜色的填充，如图6-40所示。

**04** 还可以在属性栏中单击【连接两个节点】按钮，将选择的两个节点连接为一个节点，并使曲线自动封闭，如图6-41所示。

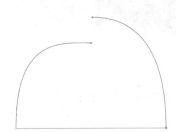
图6-39　选择节点效果

图6-40　闭合图形效果

图6-41　连接节点效果

# 6.3　复制、再制与删除对象

本节将对复制、再制与删除对象进行简单的讲解，并介绍复制对象的两种不同的方法。

### 6.3.1　使用复制、剪切与粘贴命令处理对象

CorelDRAW提供了两种复制对象的方法：可以将对象复制或剪切到剪贴板上，然后粘贴到绘图区中；也可以再制对象。它们的区别在于将对象剪切到剪贴板时，对象将从绘图区中移除；将对象复制到剪贴板时，原对象保留在绘图区中；再制对象时，对象副本会直接放到绘图窗口中，而非剪贴板上，并且再制的速度比复制和粘贴快。

**01** 打开随书附带光盘中的【素材\第6章\002.cdr】文件，如图6-42所示。

图6-42　打开素材文件

**02** 选择工具箱中的【选择工具】，在场景中选择一朵白云，然后按Ctrl+C组合键进行复制，如图6-43所示。

图6-43　在场景中选择对象效果

**03** 按Ctrl+V组合键，对对象进行粘贴，效果如图6-44所示（复制过程中副本与原对象是重合的，为了方便观看，在复制完成后将副本对象移动到了一旁）。

图6-44　粘贴对象效果

**04** 按Ctrl+Z组合键退回一步，选择工具箱中的【选择工具】，再次在场景中选择一朵白云，并按Ctrl+X组合键，将选择的对象进行剪切，效果如图6-45所示。

图6-45　剪切对象效果

**05** 按Ctrl+V组合键粘贴对象，效果如图6-46所示。

图6-46　粘贴对象效果

## 6.3.2　再制对象

下面介绍复制对象的另一种方法——再制对象。

**01** 打开随书附带光盘中的【素材\第6章\003.cdr】文件，如图6-47所示。

**02** 选择工具箱中的【选择工具】 ，在场景中选择一直蝴蝶，效果如图6-48所示。

图6-47　打开素材文件　　　　　　　　　图6-48　选择蝴蝶效果

**03** 按Ctrl+D组合键，再制蝴蝶效果，如图6-49所示。

**04** 再制完成后，选择工具箱中的【选择工具】 ，调整其位置，效果如图6-50所示。

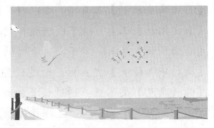

图6-49　再制蝴蝶效果　　　　　　　　　图6-50　调整再制后的位置

**05** 多次按Ctrl+D组合键，复制出多个副本效果，然后调整位置与大小，其效果如图6-51所示。

**06** 选择工具箱中的【选择工具】 ，在场景中选择一直蝴蝶，按住Shift键再在场景中选择的几个对象，然后按Ctrl+D组合键进行再制，效果如图6-52所示。

**07** 移动选择的对象到适当的位置，然后右击鼠标并松开左键，复制出副本效果，如图6-53所示。

图6-51　复制副本后的效果　　　图6-52　选择多个对象进行再制　　　图6-53　再制后的效果

## 6.3.3　删除对象

要删除不需要的对象，首先在场景中选择它，然后在菜单栏中选择【编辑】|【删除】命

令，或直接按Delete键将其删除。

# 6.4 自由变换工具

使用自由变换工具可以很方便地旋转、扭曲、镜像和缩放对象。自由变换工具包括自由旋转工具、自由角度镜像工具和自由调节工具。

## 6.4.1 自由变换工具的属性设置

选择工具箱中的【自由变换工具】 📐，属性栏中就会显示相关的选项，如图6-54所示。

图6-54 【自由变换工具】属性栏

属性栏中各选项说明如下。

- 【自由旋转】工具 ⟲：可以将选择的对象进行自由角度旋转。
- 【自由角度反射】工具 📱：可以将选择的对象进行自由角度镜像。
- 【自由缩放】工具 📐：可以将选择的对象进行缩放。
- 【自由倾斜】工具 📝：可以将选择的对象进行自由扭曲。
- 【旋转中心位置】文本框：通过设置X和Y坐标确定旋转中心的位置。
- 【倾斜角度】文本框：通过设置倾斜角度来水平或垂直倾斜对象。
- 【应用到再制】按钮 📷：选择该按钮，可在旋转、镜像、调节、扭曲的同时再制对象。
- 【相对于对象】按钮 ⊞：根据对象的位置，而不是根据X和Y坐标来应用变换。

## 6.4.2 使用自由旋转工具

使用自由旋转工具，可以将选择对象进行任一角度旋转，可以指定旋转中心点来旋转对象，也可以在旋转的同时再制对象。

**STEP 01** 按Ctrl+O组合键，打开随书附带光盘中的【素材\第6章\004.cdr】文件，如图6-55所示。

**STEP 02** 选择工具箱中的【自由变换工具】 📐，并单击属性栏中的【自由旋转】按钮 ⟲ 和【应用到再制】按钮 📷，然后在对象的上方按住左键进行拖动，如图6-56所示。

**STEP 03** 到适当的位置后松开鼠标左键，即可在旋转的同时再制一个对象，效果如图6-57所示。

图6-55 打开素材文件

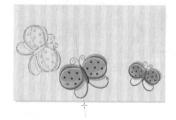
图6-56 定义复制对象位置

图6-57 旋转并复制对象效果

### 6.4.3 使用自由角度镜像工具

下面介绍自由角度镜像工具的使用。

**STEP 01** 接上节，单击属性栏中的【自由角度反射】按钮，并将【应用到再制】按钮取消选择，在对象的上方按住左键拖动，移动轴的倾斜度来决定对象的镜像方向，如图6-58所示。

**STEP 02** 到适当的方向后松开左键，效果如图6-59所示。

图6-58 定义对象的镜像方向

图6-59 镜像对象后的效果

### 6.4.4 使用自由调节工具

下面介绍自由调节工具的使用。

**STEP 01** 接上节，单击属性栏中的【自由缩放】按钮，然后在对象上按住左键拖动，对象就会跟着移动的位置进行缩放处理，如图6-60所示。

**STEP 02** 到达所需的大小后松开左键，即可得到如图6-61所示的效果。

图6-60 定义对象大小

图6-61 调整大小后的效果

## 6.5 涂抹工具

利用涂抹笔刷可以将简单的曲线复杂化，也可以任意修改曲线的形状，是绘制一些特殊复杂的图形的一种很好的工具。

### 6.5.1 涂抹笔刷的属性设置

在工具箱中选择【涂抹笔刷工具】，属性栏就会显示它的选项，如图6-62所示。

属性栏各选项说明如下。

图6-62 【涂抹笔刷工具】属性栏

- 在【笔尖大小】文本框中输入所需的数值，可以设置涂抹笔刷大小。
- 【使用笔压设置】按钮：如果用户使用绘图笔，则该选项成活动可用状态，使用它可以改变笔刷笔尖的大小并对笔应用压力。
- 在【在效果中添加水分浓度】文本框中可以输入水分浓度值。
- 在【为斜移设置输入固定值】文本框中可以输入倾斜所需的固定值。
- 在【为关系设置输入固定值】文本框中可以设置笔刷关系的角度。

## 6.5.2 使用涂抹笔刷编辑对象

下面通过简单的实例介绍涂抹笔刷的应用。

**STEP 01** 选择工具箱中的【复杂星形工具】 ，在绘图区中绘制一个如图6-63所示的复杂星形效果，然后在将其转换为曲线。

**STEP 02** 在默认的CMYK调色板中单击红色块，效果如图6-64所示。

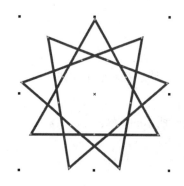

图6-63 绘制星形效果

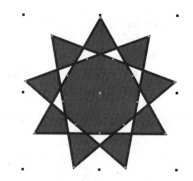

图6-64 为五角星填充颜色

**STEP 03** 选择工具箱中的【涂抹笔刷工具】 ，并在其属性栏中将【笔尖大小】参数为1.0mm，其他为默认值，然后在五角星的上方按住左键向上拖动，如图6-65所示。到达所需的位置后松开左键，效果如图6-66所示。

**STEP 04** 使用同样的方法按照自己的想法随意绘制出喜欢的图形，如图6-67所示。

图6-65 拖动笔刷效果

图6-66 涂抹后的效果

图6-67 绘制完成后的效果

# 6.6　粗糙笔刷

使用粗糙笔刷可以使曲线对象变得粗糙，下面对粗糙笔刷进行简单的介绍。

## 6.6.1　粗糙笔刷的属性设置

选择工具箱中的【粗糙笔刷工具】按钮 ，属性栏中就会显示它的相关选项，如图6-68所示。

图6-68　粗糙笔刷属性栏

## 6.6.2　使用粗糙笔刷编辑对象

下面将使用粗糙笔刷对对象进行编辑。

**01** 选择工具箱中的【椭圆形工具】 ，在绘图区中按住Ctrl键绘制正圆，然后将其【填充颜色】和【轮廓颜色】都设置为【洋红】，并将其转换为曲线，如图6-69所示。

**02** 选择工具箱中的【粗糙笔刷工具】 ，在属性栏中将【笔尖大小】参数设置为20mm，将【尖突频率】值设置为3，然后在圆形上按住左键进行拖动，如图6-70所示。

**03** 重合后松开左键，效果如图6-71所示。

图6-69　绘制正圆

图6-70　涂抹对象

图6-71　完成后的效果

# 6.7　刻刀工具

使用刻刀工具可把一个对象分成几个对象或几个部分。

## 6.7.1　刻刀工具的属性设置

选择工具箱中的【刻刀工具】 ，其相应的属性栏如图6-72所示。

属性栏中的各选项说明如下。

图6-72　【刻刀工具】属性栏

- 【保留为一个对象】按钮█：可使分割后的对象成为一个对象。
- 【剪切时自动闭合】按钮█：可将一个对象分成两个独立的对象。

如果同选择按钮█和█，那么会使对象连成一个对象，而不会把对象分割成几个对象。

## 6.7.2  使用刻刀工具

下面通过简单的小实例介绍刻刀工具的使用。

**01** 打开随书附带光盘中的【素材\第6章\005.cdr】文件，如图6-73所示。

**02** 选择工具箱中的【刻刀工具】█，并在其属性栏中取消【保留为一个对象】按钮█的选择，然后在适当的位置单击，如图6-74所示。

**03** 移动指针到适当的位置时再次单击，如图6-75所示。

图6-73　打开素材文件　　　图6-74　定义刻刀起点　　　图6-75　定义刻刀终点

**04** 其分割效果如图6-76所示。

**05** 按键盘中的Delete键直接删除分割后的对象，其效果如图6-77所示。

图6-76　分割对象后的效果　　　　　图6-77　完成后的效果

# 6.8  橡皮擦工具

使用橡皮擦工具可以擦除对象的一部分，CorelDRAW允许擦除不需要的位图部分和矢量图对象。擦除时将自动闭合所有受影响的路径，并将对象转换为曲线。如果擦除连线，CorelDRAW会创建子路径，而不是单个对象。

## 6.8.1  橡皮擦工具的属性设置

选择工具箱中的【橡皮擦工具】█，属性栏中就会显示它相应的选项，如图6-78所示。

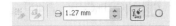

属性栏各选项说明如下。

- 【橡皮擦厚度】：文本框中可以设置橡皮擦笔头的大小，数值越大，笔头越大。

图6-78　橡皮擦工具属性栏

- 【减少节点】按钮：该按钮可以减少擦除区域的节点数。

- 【橡皮擦形状】按钮：单击该按钮，可以将橡皮擦笔头的形状改为方形，再单击【橡皮擦形状】按钮，则橡皮擦笔头的形状又改为圆形。

### 6.8.2　使用橡皮擦工具

下面介绍橡皮擦的基本应用。

**01** 选择工具箱中的【椭圆形工具】，在绘图区中按住Ctrl键绘制正圆，然后将其【填充颜色】设置为【洋红】，将【轮廓颜色】设置为【黑色】，效果如图6-79所示。

**02** 选择工具箱中的【橡皮擦工具】按钮，在其属性栏中将【橡皮擦厚度】设置为1.27mm，并单击【减少节点】按钮，然后按住鼠标左键向对角拖曳，如图6-80所示。

**03** 到所需的位置后再次单击鼠标，效果如图6-81所示。

**04** 用同样的方法，在场景中再次擦除几部分，其效果如图6-82所示。

图6-79　创建正圆效果

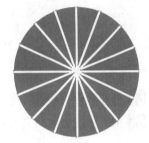

图6-80　定义橡皮起始位置　　图6-81　使用橡皮工具效果　　图6-82　擦除后的效果

## 6.9　使用虚拟段删除工具

使用虚拟段删除工具可以将交点之间的连线（虚拟段）删除。在工具箱中选择【虚拟段删除工具】，可直接在要删除的虚拟段上单击，也可以拖出一个虚框来框选要删除的多条虚拟段或对象。

**注意** 虚拟段删除工具对链接的群组（例如阴影、文本或图像）无效。

**01** 选择工具箱中的【椭圆形工具】，然后在绘图区中绘制一个如图6-83所示的椭圆。

**02** 在椭圆的中心位置单击，使其处于旋转状态，如图6-84所示。

**STEP 03** 按Ctrl+C组合键将其复制，接着按Ctrl+V组合键将其粘贴，并在文件中将其旋转，如图6-85所示。

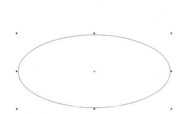

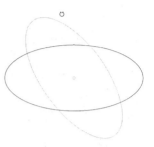

图6-83　绘制椭圆形状　　　　图6-84　使椭圆形状处于旋转状态　　　图6-85　旋转对象

**STEP 04** 到所需的位置后松开鼠标，则复制出一个副本效果，如图6-86所示。

**STEP 05** 使用同样的方法在场景中复制并旋转另一个椭圆形，其效果如图6-87所示。

**STEP 06** 选择工具箱中的【虚拟段删除工具】 ，在场景中框选要删除的虚拟段，如图6-88所示。

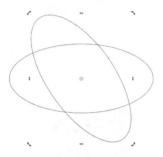

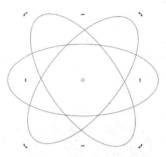

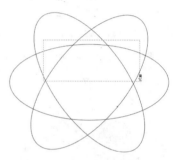

图6-86　旋转并复制对象效果　　　图6-87　复制完成后的效果　　　图6-88　框选对象效果

**STEP 07** 松开鼠标后即可将选择的对象删除，效果如图6-89所示。

**STEP 08** 用同样的方法将其他要删除的虚拟段删除，效果如图6-90所示。

图6-89　删除对象效果　　　　图6-90　完成后的效果

# 6.10　修剪对象

　　修剪对象时，可以移除和其他选定对象重叠的部分，这些部分被剪切后将创建出一个新的形状。修剪是快速创建不规则形状的好办法。

**STEP 01** 选择工具箱中的【矩形工具】□，在场景中绘制一个矩形，然后为其填充青色，效果如图6-91所示。

**STEP 02** 选择工具箱中的【椭圆工具】○，在场景中绘制一个椭圆，在默认的CMYK调色板中单击黄色色块，为其填充黄色，效果如图6-92所示。

**STEP 03** 选择工具箱中的【选择工具】，在场景中选择两个对象，如图6-93所示。

图6-91　创建矩形效果

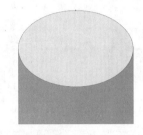
图6-92　创建椭圆形状效果

图6-93　选择对象效果

**STEP 04** 单击属性栏中的【修剪】按钮□，即可用椭圆修剪矩形，效果如图6-94所示。

**STEP 05** 为了方便观看，可以将椭圆向上移动，效果如图6-95所示。

**STEP 06** 按Ctrl+Z组合键撤销一步，然后在属性栏中单击【简化】按钮□，即可将重叠的部分修剪掉，如图6-96所示。

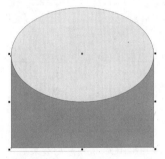
图6-94　修剪对象效果

图6-95　移动对象效果

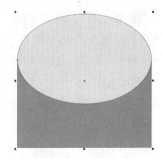
图6-96　简化对象效果

**STEP 07** 为了方便观看，可以将椭圆向上移动，效果如图6-97所示。

**STEP 08** 按Ctrl+Z组合键撤销一步，如图6-98所示。

**STEP 09** 在属性栏中单击【移除后面对象】按钮□，即可用上层的对象减去下层对象，如图6-99所示。

图6-97　移动对象效果

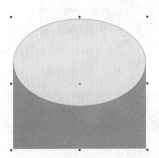
图6-98　撤销后的效果

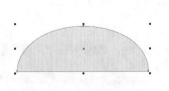
图6-99　移除后面效果

STEP 10 按Ctrl+Z组合键撤销一步，如图6-100所示。

STEP 11 然后在属性栏中单击【移除前面对象】按钮，即可用下层的对象减去上层对象，效果如图6-101所示。

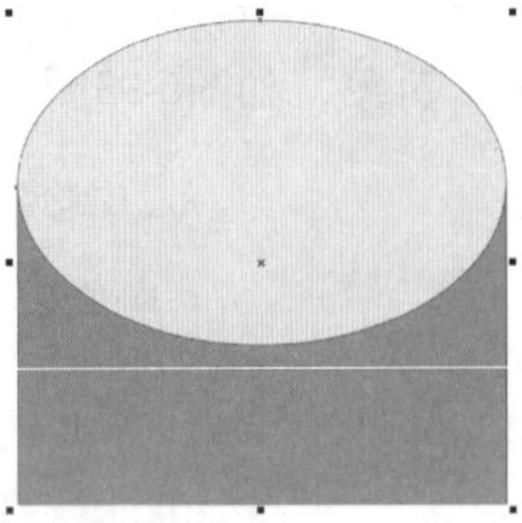

图6-100 撤销后的效果

图6-101 移除前面效果

## 6.11 焊接和交叉对象

焊接几个重叠对象是通过把它们捆绑在一起，来创建一个新的对象，该对象使用被焊接对象的边界作为它的轮廓，所有相交的线条都会消失；相交命令是通过两个或多个对象的重叠部分来创建新对象的。

STEP 01 接上节，按Ctrl+Z组合键撤销一步，如图6-102所示。然后在属性栏中单击【合并】按钮，即可将选择的对象焊接为一个对象，效果如图6-103所示。

STEP 02 返回一步，然后在属性栏中单击【相交】按钮，即可创建出一个新的对象，如图6-104所示。

STEP 03 为了方便观看，将新创建出的对象向外移动，效果如图6-105所示。

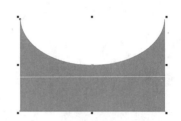

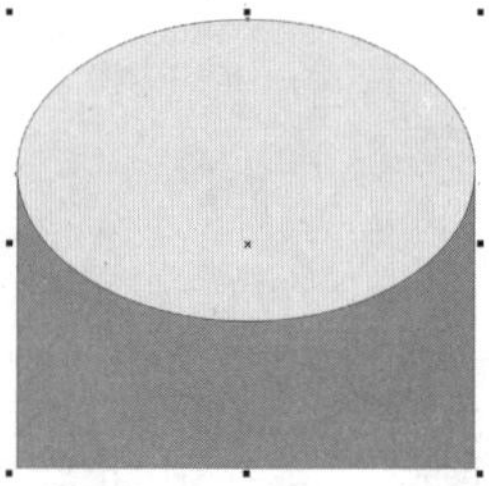

图6-102 撤销后的效果

图6-103 合并对象效果

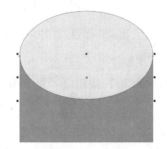

图6-104 应用【相交】命令

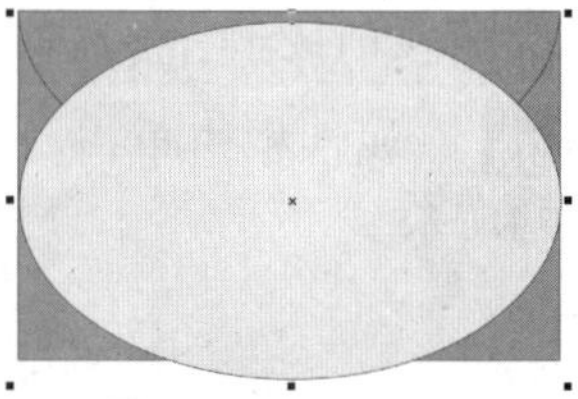

图6-105 移动对象效果

## 6.12 使用裁剪工具裁剪对象

使用裁剪工具可以对场景中的任意对象进行裁剪。

在裁剪过程中，如果不选择对象，则裁剪后只保留裁剪框内的内容，裁剪框外的对象全部被裁剪掉；反之，则会只对选择的对象进行裁剪，并且保留裁剪框内的内容。

**STEP 01** 按Ctrl+O组合键，打开随书附带光盘中的【素材\第6章\006.cdr】文件，如图6-106所示。

**STEP 02** 在工具箱中选择【裁剪工具】，然后在场景中拖曳出一个裁剪框，如图6-107所示，可以在其中调整裁剪框。

**STEP 03** 调整好裁剪框后，在裁剪框中双击确定裁剪，即可将裁剪框以外的内容裁剪掉，效果如图6-108所示。

图6-106　打开素材文件

图6-107　拖曳出裁剪框效果

图6-108　裁剪完成后的效果

# 6.13 拓展练习——制作礼品盒

本例介绍礼品盒的制作。首先使用【钢笔工具】绘制出礼品盒的外轮廓并为其填充颜色，然后为其添加搭配效果，效果如图6-109所示。

**STEP 01** 在菜单栏中选择【文件】|【新建】命令，新建一个文件，如图6-110所示。

**STEP 02** 弹出【创建新文档】对话框，设置【名称】为【制作礼品盒】，【宽度】为297mm，【高度】为300mm，单击【确定】按钮，如图6-111所示。

图6-109　礼品盒效果

图6-110　选择【新建】命令

图6-111　设置【创建新文档】参数

**03** 创建后的文件如图6-112所示。

**04** 选择工具箱中的【钢笔工具】 🖊 ，绘制礼品盒的侧面图形，如图6-113所示。

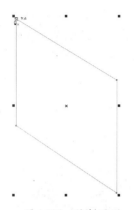

图6-112　新建文件后效果　　　　　　　　　图6-113　绘制图形

**05** 双击【填充颜色】右侧的【无】按钮 ⊠ ，打开【均匀填充】对话框，设置颜色为青色（C：100，M：0，Y：0，K：0），单击【确定】按钮，如图6-114所示。

**06** 颜色填充完成后的效果如图6-115所示。

**07** 使用同样的方法绘制另一面图形，效果如图6-116所示。

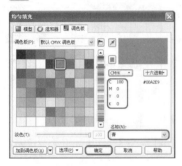

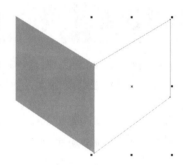

图6-114　设置填充颜色　　　图6-115　填充颜色效果　　　图6-116　绘制图形

**08** 使用同样的方法为其填充颜色，效果如图6-117所示。

**09** 选择工具箱中的【钢笔工具】 🖊 ，绘制礼盒盒口，如图6-118所示。

**10** 选择绘制完成后的图形，按+键将其复制一个，然后调整其缩放比例和位置，如图6-119所示。

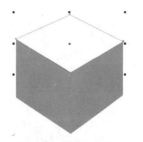
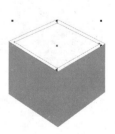

图6-117　填充颜色效果　　　图6-118　绘制礼盒盒口　　　图6-119　复制图形

**11** 选择两个图形，单击属性栏中的【移除前面对象】，如图6-120所示。

图6-120 【移除后面对象】按钮

**12** 完成后的效果如图6-121所示。

**13** 选择调整后的图形，双击【填充颜色】右侧的【无】按钮，打开【均匀填充】对话框，设置颜色为青色（C：100，M：0，Y：0，K：0），单击【确定】按钮，如图6-122所示。

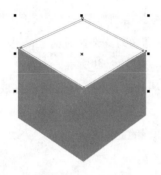

图6-121 移除效果 　　图6-122 设置填充颜色

**14** 颜色填充完成后的效果如图6-123所示。右键单击调色板上的【透明色】按钮，取消轮廓颜色。

**15** 选择工具箱中的【钢笔工具】，绘制如图6-124所示的图形。

**16** 选择工具箱中的【渐变填充工具】，打开【渐变填充】对话框，设置【从】的颜色为青色（C：100，M：0，Y：0，K：0），如图6-125所示。

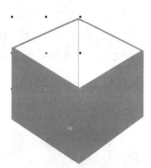

图6-123 完成填充效果 　　图6-124 绘制图形 　　图6-125 设置渐变颜色

**17** 设置【到】的颜色为冰蓝色（C：40，M：0，Y：0，K：0），如图6-126所示。单击【确定】按钮。

**18** 返回到【渐变填充】对话框，设置【中点】为50，设置【选项】下【角度】为90，如图6-127所示。单击【确定】按钮。

**19** 完成渐变填充后，右键单击调色板上的【透明色】按钮，取消轮廓颜色，效果如图6-128所示。

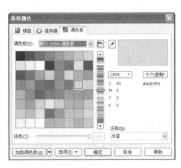
图6-126　设置渐变颜色

图6-127　【渐变填充】对话框

图6-128　渐变填充效果

**STEP 20** 选择工具箱中的【钢笔工具】 ，使用同样的方法绘制如图6-129所示的图形。

**STEP 21** 双击【填充颜色】右侧的【无】按钮，打开【均匀填充】对话框，设置颜色为青色（C：100，M：0，Y：0，K：0），单击【确定】按钮，如图6-130所示。

**STEP 22** 右键单击调色板上的【透明色】按钮，取消轮廓颜色。颜色填充完成后的效果如图6-131所示。

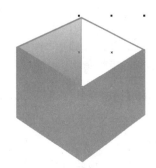
图6-129　绘制图形

图6-130　设置颜色

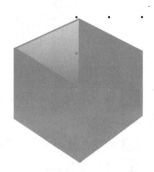
图6-131　填充颜色

**STEP 23** 继续选择工具箱中的【钢笔工具】 ，在场景中绘制如图6-132所示的图形。

**STEP 24** 双击【填充颜色】右侧的【无】按钮，打开【均匀填充】对话框，设置颜色为青色（C：100，M：0，Y：0，K：0），单击【确定】按钮，如图6-133所示。

**STEP 25** 右键单击调色板上的【透明色】按钮，取消轮廓颜色，其效果如图6-134所示。

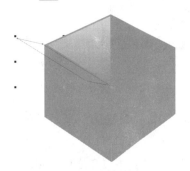
图6-132　绘制图形

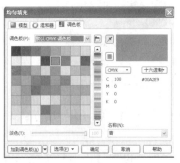
图6-133　设置填充颜色

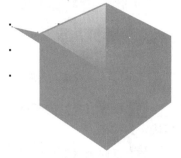
图6-134　填充颜色效果

**STEP 26** 在图形右侧绘制图形，效果如图6-135所示。

**STEP 27** 选择工具箱中的【渐变填充工具】 ，打开【渐变填充】对话框，设置【从】的颜色为青色（C：100，M：0，Y：0，K：0），效果如图6-136所示。

**28** 设置【到】的颜色为冰蓝色（C：40，M：0，Y：0，K：0），如图6-137所示。单击【确定】按钮。

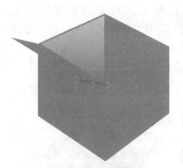

图6-135　绘制图形　　　　　图6-136　设置渐变颜色1　　　　　图6-137　设置渐变颜色2

**29** 返回到【渐变填充】对话框，设置【中点】为50，设置【选项】下【角度】为92.6，设置【边界】为23，如图6-138所示。单击【确定】按钮。

**30** 右键单击调色板上的【透明色】按钮⊠，取消轮廓颜色。颜色填充完成后的效果如图6-139所示。

**31** 使用相同的方法绘制上方横条图形，如图6-140所示。

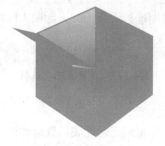
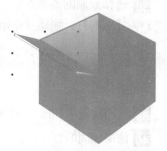

图6-138　设置渐变颜色3　　　　图6-139　填充颜色效果　　　　图6-140　绘制图形

**32** 绘制完成后，为其填充青色（C：100，M：0，Y：0，K：0），其效果为6-141所示。

**33** 继续绘制其他的面，并为其填充颜色，效果如图6-142所示。

**34** 接下来绘制高光图形。选择工具箱中的【钢笔工具】，在场景中绘制图形。绘制完成后使用【形状工具】对绘制的图形进行调整，效果如图6-143所示。

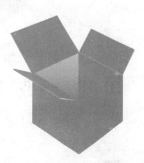

图6-141　填充颜色　　　　图6-142　绘制其他的面并填充颜色　　　　图6-143　绘制高光图形效果

**STEP 35** 选择工具箱填充工具组中的【渐变填充工具】█，打开【渐变填充】对话框，在【颜色调和】选项组中单击【自定义】单选按钮，在位置0 设置颜色冰蓝色（C：40，M：0，Y：0，K：0），如图6-144所示。

**STEP 36** 在位置98%添加色块，设置颜色白色（C：0，M：0，Y：0，K：0），在位置100%设置颜色为白色，设置【选项】下【角度】为112.8，设置【边界】为19，如图6-145所示。单击【确定】按钮。

**STEP 37** 填充完渐变颜色后右键单击调色板上的【透明色】按钮⊠，取消轮廓颜色，如图6-146所示。

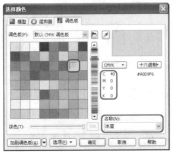 
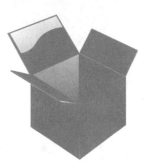

图6-144 设置颜色          图6-145 设置参数          图6-146 填充颜色

**STEP 38** 选择绘制的高光图形，选择工具箱中的【透明度工具】ᯤ，设置属性栏上的【透明度类型】为【标准】，拖动【开始透明度】滑块为62，如图6-147所示。

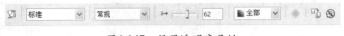

图6-147 设置透明度属性

**STEP 39** 透明度效果如图6-148所示。

**STEP 40** 使用相同的方法制作包装盒侧面高光区域，效果如图6-149所示。

图6-148 透明度效果          图6-149 制作侧面高光

**STEP 41** 选择工具箱中的【星形工具】，在属性栏中将【锐度】设为53，如图6-150所示。

图6-150 设置属性栏参数

**STEP 42** 按住Ctrl键绘制星形，完成后调整旋转角度，效果如图6-151所示。

**STEP 43** 为绘制的星形填充白色，并取消轮廓线填充，效果如图6-152所示。

**STEP 44** 使用相同的方法继续绘制其他星形，并对绘制的星形进行调整，效果如图6-153所示。

图6-151　绘制星形效果

图6-152　填充颜色

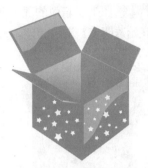

图6-153　绘制其他星形

**STEP 45** 在菜单栏中选择【文件】|【导入】命令，如图6-154所示。

**STEP 46** 在弹出的【导入】对话框中，打开随书附带光盘中的【素材\第6章\礼品盒素材.cdr】文件，单击【导入】按钮即可，如图6-155所示。

**STEP 47** 导入后的效果如图6-156所示。

图6-154　选择【导入】命令

图6-155　导入文件

图6-156　导入文件效果

**STEP 48** 按Ctrl+U组合键将导入后的对象取消群组，并在场景中将其位置调整好，效果如图6-157所示。

**STEP 49** 在场景中将导入进的对象复制，并将其位置调整好，其效果如图6-158所示。

**STEP 50** 选择工具箱中的【钢笔工具】，绘制图形。绘制完成后调整图形顺序，如图6-159所示。

**STEP 51** 选择工具箱中的【渐变填充工具】，打开【渐变填充】对话框，设置【从】的颜色为黑色（C：0，M：0，Y：0，K：100），设置【到】的颜色为白色（C：0，M：0，Y：0，K：0），设置【选项】下【角度】为117.7，设置【边界】为24，如图6-160所示，单击【确定】按钮。

**STEP 52** 右键单击调色板上的【透明色】按钮⊠，取消轮廓颜色。然后继续绘制图形，填充渐变色后的效果如图6-161所示。

**STEP 53** 选择工具箱中的【透明度工具】，设置属性栏上的【透明度类型】为【标准】，拖动【开始透明度】滑块为68，其效果如图6-162所示。

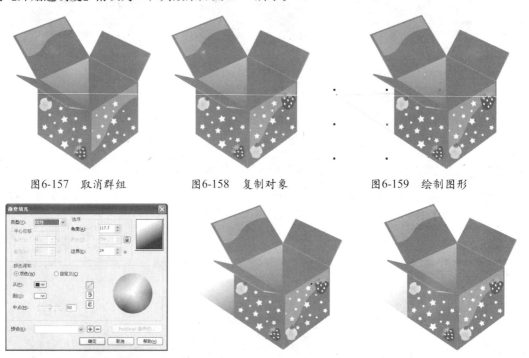

图6-157 取消群组　　　　图6-158 复制对象　　　　图6-159 绘制图形

图6-160 设置渐变颜色　　　图6-161 填充颜色　　　图6-162 设置透明度

**STEP 54** 在菜单栏中选择【文件】|【导入】命令，如图6-163所示。

**STEP 55** 在弹出的【导入】对话框中，打开随书附带光盘中的【素材\第6章\礼品盒素材2.cdr】文件，单击【导入】按钮即可，如图6-164所示。

**STEP 56** 导入后调整其缩放比例和顺序，礼品盒绘制完成，图像的最终效果如图6-165所示。

图6-163 选择【导入】命令　　　　图6-164 导入文件　　　　图6-165 调整导入文件

**STEP 57** 在菜单栏中选择【文件】|【导出】命令，如图6-166所示。

**STEP 58** 弹出【导出】对话框，在该对话框中指定导出路径，为其命名并将【保存类型】设置为JPEG格式，单击【导出】按钮即可，如图6-167所示。

**STEP 59** 弹出【导出到JPEG】对话框，单击【确定】按钮即可，如图6-168所示。

图6-166 选择【导出】命令

图6-167 【导出】对话框

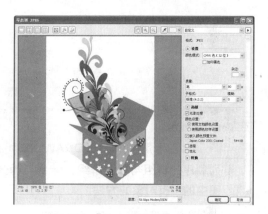

图6-168 【导出到JPEG】对话框

# 6.14 习题

### 一、填空题

（1）在改变对象之前，必须先（　　　）对象。可以在（　　　）或（　　　）中选择可见对象、隐藏对象和单个对象，可以按创建对象的顺序选择对象，可以同时选择所有对象，也可以同时取消对多个对象的选择。

（2）形状工具可以更改所有曲线对象的形状，曲线对象是指用（　　　）、（　　　）、（　　　）等创建的绘图对象，及矩形、多边形和文本对象转换而成的曲线对象。形状工具对对象形状的改变，是通过对所有曲线对象的节点和线段的编辑实现的。

### 二、简答题

（1）CorelDRAW提供了哪两种复制对象的方法？

（2）简述怎样使用裁剪工具。

# Chapter
# 07

# 第 **7** 章
# 排列与管理对象

**本章要点:**

本章将介绍在CorelDRAW X6中如何将多个对象进行对齐与分布、排列顺序、群组与取消群组、结合与拆分等,以及使用对象管理器来管理绘图中的所有对象的方法。

**主要内容:**

- 排列对象
- 对齐与分布对象
- 调整对象大小
- 旋转和镜像对象
- 群组对象
- 合并与拆分对象
- 使用图层

# 7.1 排列对象

在CorelDRAW X6中，用户可以根据需要更改图层或页面上对象的堆叠顺序，还可以将对象按堆叠顺序精确定位，并且可以反转多个对象的堆叠顺序。本节将对其进行简单介绍。

## 7.1.1 改变对象顺序

在CorelDRAW X6中，用户可以根据需要随意对对象进行调整，从而使绘制的对象有次序。一般最后创建的那个对象排在最前面，最早建立的对象则排在最后面。在改变对象的排序之前，首先选中该对象，在菜单栏中选择【排列】|【顺序】命令，在弹出的子菜单中选择相应的命令即可，如图7-1所示。用户还可以在选中要调整的对象后右击鼠标，在弹出的快捷菜单中选择相应的命令。

### 1. 到页面前面

当在【顺序】子菜单中选择【到页面前面】命令，可以将选定的对象移到页面上所有的其他对象的前面。

将对象移动到页面前面的具体操作步骤如下。

**01** 启动CorelDRAW X6软件，按Ctrl+O组合键，在弹出的对话框中选择随书附带光盘中的【素材\第7章\素材01.cdr】文件，如图7-2所示。

图7-1 【顺序】子菜单

图7-2 选择素材文件

**02** 选择完成后，单击【打开】按钮，即可打开选中的素材文件，如图7-3所示。

**03** 使用【选择工具】在绘图页中选择最上面的对象，按Tab键选择其下方的对象，选择后的效果如图7-4所示。

**04** 右击鼠标，在弹出的快捷菜单中选择【顺序】|【到页面前面】命令，如图7-5所示。

**05** 执行该操作后，即可将选中的对象移到所有对象的最前面，移动后的效果如图7-6所示。

图7-3　打开的素材文件

图7-4　选择对象

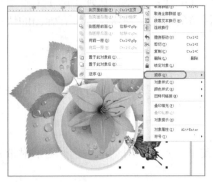

图7-5　选择【到页面前面】命令

图7-6　调整后的效果

 提示　除了上述方法外，用户还可以按Ctrl+Home组合键将选中的对象移至页面的前面。

### 2. 到页面后面

【到页面后面】命令是指将选定对象移到页面上所有其他对象的后面，下面介绍如何将选中的对象移动至页面的后面。

**01** 继续上面的操作，按Ctrl+Z组合键返回到上一步的操作，然后使用【选择工具】 将最上面的图片选中，如图7-7所示。

**02** 在菜单栏中选择【排列】|【顺序】|【到页面后面】命令，如图7-8所示。

图7-7　选择上方的对象

图7-8　选择【到页面后面】命令

**STEP 03** 执行该操作后，即可将选中的对象移动至页面的后面，如图7-9所示。

### 3. 到图层前面和到图层后面

选择【到图层前面】命令可以将选定的对象移到活动图层上所有的对象的前面，【到图层后面】命令功能相反。在选择要移动的对象后右击鼠标，在弹出的快捷菜单中选择【顺序】|【到图层前面】或【到图层后面】命令，如图7-10所示，即可将选中对象移动到图层的前面或后面。

图7-9　移动后的效果

图7-10　选择【到图层前面】或【到图层后面】命令

### 4. 向前一层

【向前一层】命令是指将选定的对象向前移动一个位置。如果选定对象位于活动图层上所有其他对象的前面，则该对象将移到图层的上方。

将对象向前一层的具体操作步骤如下。

**STEP 01** 启动CorelDRAW X6软件，按Ctrl+O组合键，在弹出的对话框中选择随书附带光盘中的【素材\第7章\素材02.cdr】文件，如图7-11所示。

**STEP 02** 选择完成后，单击【打开】按钮，即可打开选中的素材文件，如图7-12所示。

图7-11　选择素材文件

图7-12　打开的素材文件

**STEP 03** 使用【选择工具】在绘图页中选择中间的草莓，如图7-13所示。

**STEP 04** 右击鼠标，在弹出的快捷菜单中选择【顺序】|【向前一层】命令，如图7-14所示。

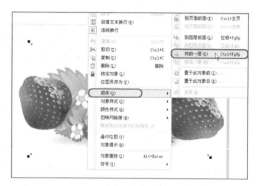

图7-13　选择对象 　　　　　　　　　　　图7-14　选择【向前一层】命令

**STEP 05** 执行该操作后，即可将选中的对象向前移动一层，移动后的效果如图7-15所示。

### 5. 向后一层

【向后一层】命令是将选定的对象向后移动一个位置。如果选定对象位于所选图层上所有其他对象的后面，则将移到图层的下方。

将选中的对象向后移动一层的具体操作步骤如下。

**STEP 01** 继续上面的操作，使用【选择工具】在绘图页中选择右侧的草莓，如图7-16所示。

图7-15　向前移动一层后的效果 　　　　　　　图7-16　选择对象

**STEP 02** 在菜单栏中选择【排列】|【顺序】|【向后一层】命令，如图7-17所示。

**STEP 03** 执行该命令后，即可将选中的对象向后移动一层，移动后的效果如图7-18所示。

图7-17　选择【向后一层】命令 　　　　　　图7-18　移动后的效果

### 6. 置于此对象前和置于此对象后

选择【置于此对象前】命令后，可以将所选对象放在指定对象的前面。其具体的操作步骤如下。

**STEP 01** 使用【选择工具】⬚在绘图页中选择左侧的草莓对象，如图7-19所示。

**STEP 02** 右击鼠标，在弹出的快捷菜单栏中选择【顺序】|【置于此对象前】命令，如图7-20所示。

图7-19　选择对象

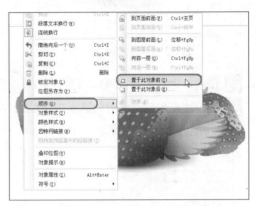

图7-20　选择【置于此对象前】命令

**STEP 03** 此时鼠标指针会变成➡形状，然后移动鼠标指针到中间的草莓上，如图7-21所示。

**STEP 04** 在该对象上单击鼠标，即可将左侧的草莓移动到中间草莓的上方，如图7-22所示。

图7-21　将鼠标指针移动到中间的草莓上

图7-22　调整后的效果

选择【至于此对象后】命令可以将所选的对象放到指定对象的后面，功能与【置于此对象前】命令的作用相反，其操作步骤和【置于此对象前】的操作相似，在此不再赘述。

## 7.1.2　逆序多个对象

逆序多个对象是指将选定对象的顺序进行颠倒，下面介绍逆序多个对象的具体操作步骤。

**STEP 01** 按Ctrl+O组合键，在弹出的对话框中选择随书附带光盘中的【素材\第7章\素材02.cdr】文件，如图7-23所示。

**STEP 02** 使用【选择工具】⬚在绘图页中选择所有对象，如图7-24所示。

图7-23　打开的素材文件

图7-24　选择所有对象

**STEP 03** 在菜单中选择【排列】|【顺序】|【逆序】命令，如图7-25所示。

**STEP 04** 执行该操作后，即可将选定对象的顺序进行颠倒，逆序后的效果如图7-26所示。

图7-25　选择【逆序】命令

图7-26　调整后的效果

# 7.2　对齐与分布对象

在CorelDRAW X6中，用户可以根据需要在绘图页中准确地对齐和分布对象。可以使对象互相对齐，也可以使对象与绘图页对齐；互相对齐对象时，可以按对象的中心或边缘对齐排列。

## 7.2.1　对齐对象

在CorelDRAW中，用户可以根据需要在绘图页中准确地对齐对象，可以使对象互相对齐，也可以将多个对象水平或垂直对齐绘图页面的中心。

### 1. 左对齐对象

将对象进行左对齐的具体操作步骤如下。

**STEP 01** 按Ctrl+O组合键，在弹出的对话框中选择随书附带光盘中的【素材\第7章\素材03.cdr】文件，如图7-27所示。

**STEP 02** 选择完成后，单击【打开】按钮，即可打开选中的素材文件，如图7-28所示。

图7-27　选择素材文件

图7-28　选择全部对象

**STEP 03** 使用【选择工具】在绘图页中选择全部对象，如图7-29所示。

**STEP 04** 在菜单栏中选择【排列】|【对齐和分布】|【左对齐】命令，如图7-30所示。

图7-29　选择全部对象

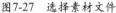

图7-30　选择【左对齐】命令

**STEP 05** 执行该操作后，即可将选择的对象以最底层的对象为准进行左对齐，效果如图7-31所示。

### 2. 顶端对齐对象

在CorelDRAW X6中，用户不仅可以将对象进行左对齐，还可以将对象进行顶端对齐，其具体操作步骤如下。

**STEP 01** 继续上面的操作，按Ctrl+Z组合键返回到上一步，然后在菜单栏中选择【排列】|【对齐和分布】|【顶端对齐】命令，如图7-32所示。

图7-31　左对齐后的效果

**STEP 02** 即可将选择的对象以最底层的对象为准进行顶端对齐，效果如图7-33所示。

图7-32　选择【顶端对齐】命令

图7-33　顶端对齐后的效果

### 3. 垂直居中对齐对象

垂直居中对齐选中的对象的具体操作步骤如下。

**01** 继续上面的操作，按Ctrl+Z组合键返回到上一步，在菜单栏中选择【排列】|【对齐和分布】|【垂直居中对齐】命令，如图7-34所示。

**02** 即可将选择的对象以最底层的对象为准进行垂直居中对齐，效果如图7-35所示。

图7-34　选择【垂直居中对齐】命令

图7-35　垂直剧中对齐对象

### 4. 居中对齐对象

在页面中居中对齐对象的具体操作步骤如下。

**01** 按Ctrl+Z组合键返回到上一步的操作，在菜单栏中选择【排列】|【对齐和分布】|【在页面居中】命令，如图7-36所示。

**02** 执行该操作后，即可将选择的对象在页面中心对齐，对齐后的效果如图7-37所示。

图7-36　选择【在页面居中】命令

图7-37　对齐后的效果

### 5. 水平居中对齐对象

在页面中水平居中对齐对象的具体操作步骤如下。

**STEP 01** 按Ctrl+Z组合键返回到上一步的操作，再在菜单栏中选择【排列】|【对齐和分布】|【在页面水平居中】命令，如图7-38所示。

**STEP 02** 即可将选择的对象以页面为准进行水平居中对齐，效果如图7-39所示。

图7-38　选择【在页面水平居中】命令　　　图7-39　在页面水平居中后的效果

### 6. 垂直居中对齐对象

在页面中垂直居中对齐对象的具体操作步骤如下。

**STEP 01** 按Ctrl+Z组合键返回到上一步的操作，再在菜单栏中选择【排列】|【对齐和分布】|【在页面垂直居中】命令，如图7-40所示。

**STEP 02** 即可将选择的对象以页面为准进行垂直居中对齐，效果如图7-41所示。

图7-40　选择【在页面垂直居中】命令　　　图7-41　在页面垂直居中对齐后的效果

## 7.2.2　使用【对齐与分布】泊坞窗对齐对象

下面将对【对齐与分布】泊坞窗中的对齐与分布功能进行简单介绍。

**STEP 01** 继续上一小节的操作，按Ctrl+Z组合键返回到上一步的操作，然后在菜单栏中选择【排列】|【对齐和分布】|【对齐与分布】命令，如图7-42所示。

**STEP 02** 执行该操作后，即可打开【对齐与分布】泊坞窗。使用【选择工具】在绘图页中选择全部对象，如图7-43所示。

图7-42　选择【对齐与分布】命令　　　　　图7-43　选择所有对象

**STEP 03** 在【对齐】选项组中单击【垂直居中对齐】按钮，再在【对齐对象到】选项组中单击【活动对象】按钮，效果如图7-44所示。

**STEP 04** 按Ctrl+Z组合键返回到上一步的操作，在【分布】选项组中单击【底部分散排列】按钮，即可对选中的对象分散排列，效果如图7-45所示。

图7-44　垂直居中对齐后的效果　　　　　图7-45　分散排列后的效果

# 7.3　调整对象大小

在CorelDRAW X6中，可以根据需要调整对象大小。可以通过保持对象的纵横比来按比例改变对象的尺寸，可以通过指定值或交互式更改对象来更改对象的尺寸，也可以通过指定相应的值来改变对象的尺寸。缩放可按照指定的百分比改变对象的尺寸。本节将对其进行简单介绍。

## 7.3.1　使用【选择工具】调整对象的大小

在CorelDRAW X6中，可以使用【选择工具】根据需要调整对象的大小，调整对象的具体操作步骤如下。

**STEP 01** 按Ctrl+O组合键，在弹出的对话框中选择随书附带光盘中的【素材\第7章\素材04.cdr】文件，如图7-46所示。

**STEP 02** 选择完成后，单击【打开】按钮，即可打开选中的素材文件，如图7-47所示。

图7-46  选择素材文件　　　　　　图7-47  打开的素材文件

**03** 使用【选择工具】🔓在绘图页中选择玫瑰花，如图7-48所示。

**04** 移动指针到右上角的控制柄上，此时指针呈双向箭头状，如图7-49所示。

图7-48  选择对象　　　　　　图7-49  将指针移至右上角的控制柄上

**05** 按住Shift键向右上角拖动，如图7-50所示，拖动到所需的大小后松开鼠标左键，即可调整该对象的大小，效果如图7-51所示。

图7-50  按住鼠标左键拖动　　　　　　图7-51  调整后的效果

## 7.3.2 使用【变换】泊坞窗调整对象大小

下面介绍调整对象大小的第二种方法——使用【变换】泊坞窗来调整对象大小，其具体操作步骤如下。

**STEP 01** 继续前面的操作，按Ctrl+Z组合键返回上一步，使用【选择工具】在绘图页中选择玫瑰花，如图7-52所示。

**STEP 02** 在菜单栏中选择【排列】|【变换】|【缩放和镜像】命令，如图7-53所示。

图7-52　选择素材文件

图7-53　选择【缩放和镜像】命令

**STEP 03** 执行该操作后，即可打开【变换】泊坞窗，在【X】和【Y】文本框中输入140，如图7-54所示。

**STEP 04** 设置完成后，单击【应用】按钮，即可对该对象进行调整，调整后的效果如图7-55所示。

图7-54　设置【X】、【Y】值

图7-55　调整大小后的效果

**提示**　除了上述方法外，也可以按Alt+F9组合键执行【缩放和镜像】命令。

还可以通过【变换】泊坞窗中的【大小】按钮来调整正对象的大小，其具体操作步骤如下。

**STEP 01** 继续前面的操作，按Ctrl+Z组合键返回上一步，在【变换】泊坞窗中单击【大小】按钮，在【X】、【Y】文本框中输入225，如图7-56所示。

STEP 02 设置完成后，单击【应用】按钮，即可对该对象进行调整，调整后的效果如图7-57所示。

图7-56　设置【X】、【Y】值

图7-57　调整后的效果

### 7.3.3　通过属性栏来调整对象大小

通过属性栏来调整对象的大小的具体操作步骤如下。

STEP 01 打开素材文件【素材04.cdr】，并在绘图页中选择玫瑰花，如图7-58所示。

STEP 02 在属性栏中的缩放因子文本框中输入150，按Enter键确认，即可更改选中对象的大小，如图7-59所示。

图7-58　选择对象

图7-59　调整对象的大小

## 7.4　旋转和镜像对象

在CorelDRAW X6中，可以根据需要旋转和镜像选中的对象。通过指定旋转角度，可以旋转对象。还可以通过镜像按钮来对选中的对象进行镜像，本节将对其进行简单的介绍。

### 7.4.1　旋转对象

旋转对象的具体操作步骤如下。

**01** 按Ctrl+O组合键，在弹出的对话框中选择随书附带光盘中的【素材\第7章\素材05.cdr】文件，如图7-60所示。

**02** 选择完成后，单击【打开】按钮，即可打开选中的素材文件，如图7-61所示。

**03** 使用【选择工具】在绘图页中选择心，如图7-62所示。

图7-60　选择素材文件

图7-61　打开的素材文件

图7-62　选择对象

**04** 在菜单栏中选择【排列】|【变换】|【旋转】命令，如图7-63所示。

**05** 执行该操作后，即可弹出【变换】泊坞窗，在【旋转角度】文本框中输入15，如图7-64所示。

**06** 设置完成后，单击【应用】按钮，即可旋转选中的对象，效果如图7-65所示。

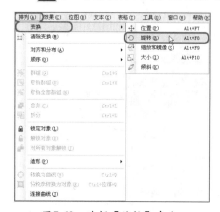

图7-63　选择【旋转】命令

图7-64　输入旋转角度

图7-65　旋转后的效果

### 7.4.2　镜像对象

镜像选中对象的具体操作步骤如下。

**01** 继续上面的操作，按Ctrl+Z组合键返回到上一步，在【变换】泊坞窗中单击【缩放和镜像】按钮，再单击【水平镜像】按钮，然后将【副本】设置为1，如图7-66所示。

STEP 02 设置完成后，单击【应用】按钮，即可将选择的对象进行复制并水平镜像，调整后的效果如图7-67所示。

图7-66　设置镜像参数　　　　　　　图7-67　水平镜像后的效果

# 7.5 群组对象

当将两个或多个对象群组后，群组后的对象将会被视为一个单位，但它们会保持其各自的属性。利用群组，可以对组内的所有对象同时应用相同的格式、属性以及进行其他更改。此外，群组还有助于防止对象相对于其他对象位置的意外更改。

## 7.5.1 将对象群组

在CorelDRAW X6中，可以根据需要将对象进行群组，将选中的对象进行群组的具体操作步骤如下。

STEP 01 按Ctrl+O组合键，在弹出的对话框中选择随书附带光盘中的【素材\第7章\素材06.cdr】文件，如图7-68所示。

STEP 02 选择完成后，单击【打开】按钮，即可打开选中的素材文件，如图7-69所示。

STEP 03 在菜单栏中选择【窗口】|【泊坞窗】|【对象管理器】命令，如图7-70所示。

图7-68　选择素材文件　　　　图7-69　打开的素材文件　　　图7-70　选择【对象管理器】命令

**STEP 04** 执行该操作后，即可打开【对象管理器】泊坞窗，按住Shift键在【图层1】中选择如图7-71所示的对象。

**STEP 05** 在菜单栏中选择【排列】|【群组】命令或者按Ctrl+G组合键，如图7-72所示。

**STEP 06** 执行该操作后，即可将选择的对象成组，在【对象管理器】泊坞窗中将刚群组的对象命名为【绿色铅笔】，完成后的效果如图7-73所示。

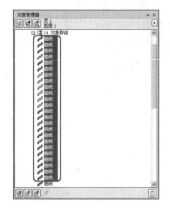
图7-71 选择对象

图7-72 选择【群组】命令

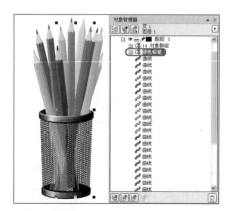
图7-73 群组后的效果

### 7.5.2 编辑群组中的对象

将对象进行群组后，还可以根据需要对群组后的对象进行编辑，其具体操作步骤如下。

**STEP 01** 继续上面的操作，按住Ctrl+Shift组合键选择绿色铅笔的笔头，如图7-74所示。

>
> **提示** 按住Ctrl键可以选择群组中要编辑的对象，在按住Ctrl键的同时按住Shift键可以选择群组中的多个对象。

**STEP 02** 在默认的CMYK调色板中单击蓝色色块，即可将选中的对象设置蓝色，效果如图7-75所示。

图7-74 选择需要编辑的对象

图7-75 填充颜色后的效果

### 7.5.3 取消群组对象

取消群组对象的具体操作步骤如下。

**STEP 01** 继续上面的操作，在【对象管理器】泊坞窗中选择【图层1】中的绿色铅笔，如图7-76所示。

**STEP 02** 在菜单栏中选择【排列】|【取消群组】命令或按Ctrl+U组合键，都可以将成组的对象解组，如图7-77所示。执行该操作后，即可将选中的对象取消群组。

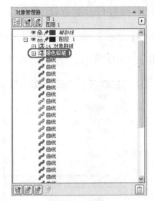

图7-76　选择要取消群组的对象

图7-77　选择【取消群组】命令

**提示**　如果要取消多个群组对象，可以在【排列】菜单中选择【取消全部群组】命令，将选中的对象全部取消群组。

# 7.6　合并与拆分对象

　　合并是指将两个或多个对象创建为带有共同填充和轮廓属性的单个对象，可以合并矩形、椭圆形、多边形、星形、螺纹、图形或文本，以便将这些对象转换为单个曲线对象。如果需要修改从独立对象合并而成的对象的属性，可以拆分合并的对象。也可以从合并的对象中提取子路径以创建两个独立的对象。

## 7.6.1　合并对象

　　合并对象的具体操作步骤如下。

**STEP 01** 按Ctrl+O组合键，在弹出的对话框中选择随书附带光盘中的【素材\第7章\素材07.cdr】文件，如图7-78所示。

**STEP 02** 选择完成后，单击【打开】按钮，即可打开选中的素材文件，如图7-79所示。

**STEP 03** 在工具箱中选择【钢笔工具】，在绘图页中绘制一个如图7-80所示的图形。

图7-78　选择素材文件

图7-79　打开的素材文件

图7-80　绘制图形

STEP **04** 在【对象管理器】泊坞窗中按住Ctrl键选择【001】，如图7-81所示。

STEP **05** 在菜单栏中选择【排列】|【合并】命令（或按Ctrl+L组合键），如图7-82所示。

STEP **06** 执行该操作后，即可合并选中的图形，效果如图7-83所示。

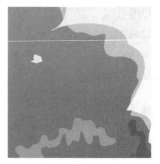

图7-81　选择对象　　　　　图7-82　选择【合并】命令　　　　图7-83　合并后的效果

## 7.6.2　拆分合并的对象

继续上面的操作，确定合并的对象处于选择状态，在菜单栏中选择【排列】|【拆分001】命令（或按Ctrl+K组合键），如图7-84所示。即可将合并的对象拆分，拆分后的效果如图7-85所示。

图7-84　选择【拆分001】命令　　　　　图7-85　拆分后的效果

# 7.7　使用图层

所有 CorelDRAW 绘图都由堆栈的对象组成。这些对象的垂直顺序（即叠放顺序）决定了绘图的外观。组织这些对象的一个有效方式便是使用不可见的平面（称为图层）。

每一个图层都是由许多像素组成的，而图层又通过上下叠加的方式来组成整个图像。打个比喻，每一个图层就好似是一个透明的"玻璃"，而图层内容就画在这些"玻璃"上，　如果

"玻璃"什么都没有，这就是个完全透明的空图层，当各"玻璃"都有图像时，自上而下俯视所有图层，即形成图像显示效果。

每个新文件都有一个主页面，用于包含和控制3个默认图层：辅助线图层、桌面图层和网格图层，它们包含了辅助线、绘图页边框外的对象和网格。桌面图层使用户可以创建以后使用的绘图。可以在主页面上指定网格和辅助线的设置，还可以指定主页面上每个图层的设置（例如颜色等），并显示选定的对象。

## 7.7.1 创建图层

在CorelDRAW中创建图层的具体操作步骤如下。

**01** 按Ctrl+O组合键，打开随书附带光盘中的【素材\第7章\素材07.cdr】文件，如图7-86所示。

**02** 在菜单栏中选择【窗口】|【泊坞窗】|【对象管理器】命令，在【对象管理器】泊坞窗的左下角单击【新建图层】按钮，新建一个图层，如图7-87所示。

**03** 在【对象管理器】泊坞窗中的【图层1】中选择【008】，如图7-88所示。

图7-86  打开的素材文件

**04** 按住鼠标将其拖曳至【图层2】中，执行该操作后，即可将选中对象添加至【图层2】中，效果如图7-89所示。

图7-87  新建图层

图7-88  选择【008】

图7-89  调整后的效果

## 7.7.2 在指定的图层中创建对象

在【对象管理器】泊坞窗中，如果选择的图层为【图层2】，则在绘图区中创建的对象就会添加到【图层2】中，反之，则创建的对象就会添加到选择的图层中。在指定的图层中创建对象的方法很简单，在这里就不再详细介绍了。

### 7.7.3 更改图层叠放顺序

下面介绍更改图层叠放顺序的方法。

**01** 打开【素材07.cdr】文件，在【对象管理器】泊坞窗中选择【小草】对象，如图7-90所示。

**02** 将选择的【小草】对象拖曳到【33对象群组】的上方，调整后的效果如图7-91所示。

图7-90　选择【小草】对象

图7-91　调整后的效果

### 7.7.4 在图层中复制对象

在图层中复制对象的具体操作步骤如下。

**01** 继续上面的操作，在【对象管理器】窗口中选择【小草】对象，如图7-92所示。

**02** 单击鼠标右键，在弹出的快捷菜单中选择【复制】命令，如图7-93所示。

**03** 单击【对象管理器】泊坞窗中【图层1】上右击鼠标，在弹出的快捷菜单中选择【粘贴】命令，如图7-94所示。

图7-92　选择【小草】对象

图7-93　选择【复制】命令

图7-94　选择【粘贴】命令

**04** 执行该操作后，即可将选中的对象复制，效果如图7-95所示。

**05** 此时场景中并没有发生太大的变化，在工具箱中选择【选择工具】，在场景中移动上面复制的对象的位置，效果如图7-96所示。

图7-95　复制后的效果

图7-96　调整后的效果

## 7.7.5　在图层中删除对象

在图层中删除对象的具体操作步骤如下。

**STEP 01** 继续上面的操作，在【对象管理器】泊坞窗中选择【小草】，右击鼠标，在弹出的快捷菜单中选择【删除】命令，如图7-97所示。

**STEP 02** 执行该操作后，即可将选中的对象删除，效果如图7-98所示。

**提示**　除了上述方法之外，还可以在选择对象后，在【对象管理器】泊坞窗中单击【删除】按钮 🗑，如图7-99所示，也可将选中的对象删除。

图7-97　选择【删除】命令

图7-98　删除后的效果

图7-99　单击【删除】按钮

## 7.8　拓展练习——制作卷轴画

本例将介绍如何制作卷轴画，其制作完成后的效果如图7-100所示。制作卷轴画的具体操作步骤如下。

图7-100　卷轴画

STEP
01　按Ctrl+N组合键，在弹出的对话框中将【名称】设置为【卷轴画】，将【宽度】和【高度】分别设置为360mm、215mm，如图7-101所示。

STEP
02　设置完成后，单击【确定】按钮，即可新建一个空白文档。按Ctrl+I组合键，在弹出的对话框中选择随书附带光盘中的【素材\第7章\素材08.jpg】文件，如图7-102所示。

图7-101　【创建新文档】对话框

图7-102　选择素材文件

STEP
03　选择完成后，单击【导入】按钮，按Enter键将其置入到绘图页中，并在绘图页中调整其大小及位置，调整后的效果如图7-103所示。

STEP
04　在工具箱中选择【矩形工具】，在绘图页中绘制一个矩形，并随意为其填充一种颜色，在属性栏中将【轮廓宽度】设置为【无】，如图7-104所示。

图7-103　导入素材

图7-104　绘制矩形

**STEP 05** 在绘图页中选择矩形下方的素材文件，在菜单栏中选择【效果】|【图框精确裁剪】|【置于文本框内部】命令，如图7-105所示。

**STEP 06** 执行该命令后，将鼠标移至所绘制的矩形的上方，如图7-106所示。

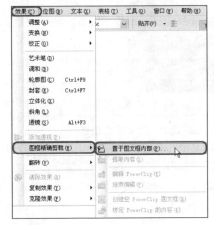

图7-105　选择【置于文本框内部】命令　　　　图7-106　将鼠标移至矩形上

**STEP 07** 单击鼠标，即可将底部的素材文件置于矩形中，效果如图7-107所示。

**STEP 08** 在工具箱中选择【阴影工具】，在属性栏的【预设列表】中选择【平面右上】，将阴影偏移的【X】、【Y】分别设置为-0.006mm、-0.53mm，将【阴影的不透明度】设置为39，将【阴影羽化】设置为4，将【阴影颜色】设置为黑色，如图7-108所示。

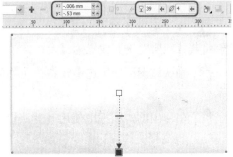

图7-107　图框精确裁剪后的效果　　　　图7-108　添加阴影效果

**STEP 09** 在工具箱中选择【矩形工具】，在绘图页中按住左键鼠标绘制一个矩形，如图7-109所示。

**STEP 10** 按Shift+F11组合键，在弹出的对话框中选择【模型】选项卡，将CMYK值设置为（41、40、35、0），如图7-110所示。

**STEP 11** 设置完成后，单击【确定】按钮，即可为选中的对象填充颜色，在属性栏中将【轮廓宽度】设置为【无】，效果如图7-111所示。

**STEP 12** 在工具箱中选择【阴影工具】，在属性栏的【预设列表】中选择【小型辉光】，将【阴影的不透明度】设置为17，将【阴影羽化】设置为100，将【阴影颜色】设置为黑色，如图7-112所示。

图7-109　绘制矩形

图7-110　设置填充颜色

图7-111　填充颜色后的效果

图7-112　添加阴影效果

**13** 在工具箱中选择【矩形工具】，在绘图页中绘制一个矩形，将其填充颜色设置为白色，将其【轮廓宽度】设置为【无】，效果如图7-113所示。

**14** 确认该图形处于选中状态，在菜单栏中选择【位图】|【转换为位图】命令，如图7-114所示。

**15** 在弹出的对话框中使用其默认设置，单击【确定】按钮。再在菜单栏中选择【位图】|【模糊】|【高斯式模糊】命令，如图7-115所示。

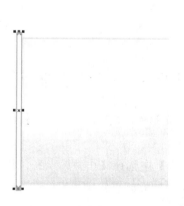

图7-113　填充颜色后的效果　　图7-114　选择【转换为位图】命令　　图7-115　选择【高斯式模糊】命令

STEP
16 在弹出的对话框中将【半径】设置为 12，如图7-116所示。

STEP
17 设置完成后，单击【确定】按钮，即可为选中的对象设置高斯式模糊，效果如图7-117所示。

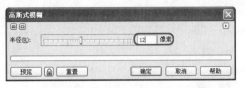

图7-116 设置模糊半径

STEP
18 在工具箱中选择【透明度工具】，在属性栏中将【透明度类型】设置为【标准】，将【开始透明度】设置为22，如图7-118所示。

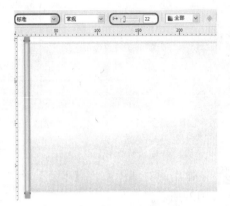

图7-117 添加高斯模糊后的效果        图7-118 添加透明度后的效果

STEP
19 在工具箱中选择【钢笔工具】，在绘图页中绘制一个如图7-119所示的图形。

STEP
20 确认该图形处于选中状态，在默认的CMYK调色板中单击黑色色块，将选中的对象设置为黑色，在默认的CMYK调色板中右击☒，填充颜色后的效果如图7-120所示。

图7-119 绘制图形        图7-120 填充颜色后的效果

STEP
21 在工具箱中选择【矩形工具】，在绘图页中绘制一个矩形，如图7-121所示。

STEP
22 确认该图形处于选中状态，在菜单栏中选择【位图】|【转换为位图】命令，如图7-122所示。

STEP
23 在弹出的对话框中使用其默认设置，单击【确定】按钮。再在菜单栏中选择【位图】|【模糊】|【高斯式模糊】命令，如图7-123所示。

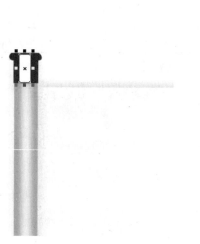

图7-121　绘制图形　　　　图7-122　选择【转换为　　　图7-123　选择【高斯式模糊】命令
　　　　　　　　　　　　　　　　位图】命令

**STEP 24** 在弹出的对话框中将【半径】设置为
15，如图7-124所示。

**STEP 25** 设置完成后，单击【确定】按钮，即可
为选中的对象设置高斯式模糊，效果如图7-125
所示。

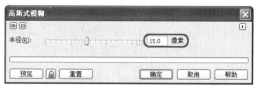

图7-124　设置模糊半径

**STEP 26** 在工具箱中选择【透明度工具】，在属性栏中将【透明度类型】设置为【标准】，将
【开始透明度】设置为50，如图7-126所示。

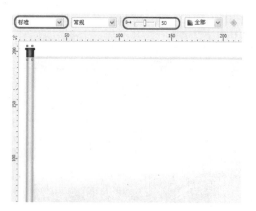

图7-125　设置高斯式模糊后的效果　　　　　图7-126　添加透明度效果

**STEP 27** 选中底部的黑色图形及其上面的高光，按Ctrl+C组合键进行复制，按Ctrl+V组合键进行
粘贴。在属性栏中单击【垂直镜像】按钮，在绘图页中调整其位置，调整后的效果如图7-127
所示。

**STEP 28** 使用同样的方法复制其他对象，并在绘图页中调整其位置，调整后的效果如图7-128
所示。

图7-127　复制后的效果　　　　　　　图7-128　复制其他图形后的效果

**STEP 29** 按Ctrl+I组合键，在弹出的对话框中选择随书附带光盘中的【素材\第7章\素材09.jpg】文件，如图7-129所示。

**STEP 30** 选择完成后，单击【导入】按钮，在绘图页中调整其大小及位置，调整后的效果如图7-130所示。对完成后的场景进行保存即可。

图7-129　选择素材文件

图7-130　调整完成后的效果

## 7.9　习题

### 一、填空题

（1）按（　　　　）组合键可将选中的对象移动至页面的前面。

（2）在菜单栏中选择【排列】|【顺序】|（　　　　）命令，即可将选定对象的顺序进行颠倒。

### 二、简答题

（1）如何在CorelDRAW X6中将选中的对象进行左对齐？

（2）如何对对象进行群组？

# Chapter
# 08

## 第 8 章

# 图形特效

---

**本章要点：**

　　本章主要介绍有关 CorelDRAW X6 中图形特效的制作应用，其中包括特效命令的讲解。

---

**主要内容：**

- 设置交互式透明效果
- 调和对象
- 使用交互式轮廓工具
- 变形对象
- 使用封套改变对象形状
- 使用交互式立体化工具
- 使用交互式阴影工具
- 在对象中应用透视效果
- 使用透镜

## 8.1 设置交互式透明效果

　　使用交互式透明工具可以为对象添加交互式透明效果。它是通过改变图像的透明度，使其成为透明或半透明图像的效果。此工具与交互式渐变工具相似，提供了多种透明类型。还可以通过属性栏选择色彩混合模式、调整透明角度和边缘大小，以及控制透明效果的扩展距离等。

### 8.1.1 交互式透明工具的属性设置

　　选择工具箱中的【透明度工具】，如果画面中没有选择任何对象，则其属性栏中没有一项可用；如果在画面中选择了对象，则其属性栏中的【透明度类型】选项可用，用户可以在其列表中选择所需的透明度类型。为对象添加透明后，其属性栏中原来一些不可用的选项呈活动可用状态，如图8-1所示。

图8-1　交互式透明工具标准透明效果属性栏

属性栏选项说明如下。

- 【编辑透明度】按钮：单击该按钮，弹出【渐变透明度】对话框，用户可以根据需要在其中编辑所需的渐变，来改变透明度。
- 【透明度类型】选项：包括【标准】、【线性】、【射线】、【圆锥】、【正方形】、【双色图样】、【全色图样】、【位图图样】与【底纹】等，当选择不同的透明度类型时，其属性栏也相应改变。
- 【透明度操作】选项：展开下拉列表，可以选择透明对象的重叠效果，包括【常规】、【add】、【减少】、【差异】、【乘】、【除】、【如果更亮】、【如果更暗】、【底纹化】、【颜色】、【色度】、【饱和度】、【亮度】、【反显】、【和】、【或】、【异或】、【后面】、【屏幕】、【叠加】、【柔光】、【强光】、【颜色减淡】、【颜色加深】、【排除】、【红】、【绿】和【蓝】等。
- 【开始透明度】选项：指定对象的透明程度，取值范围是0~100，数值越大，透明效果越明显。当值为0时，对象无任何变化；当值为100时，对象完全透明消失。【标准】类型的默认【开始透明度】为50。
- 【渐变透明角度 / 边界】选项：在其中可以设置所需的参数来改渐变透明的边界和角度。
- 【透明度目标】选项：拥有指定透明的目标对象，分别为【填充】、【轮廓】、【全部】。默认状态下为【全部】，即对选择对象的全部内容添加透明效果。
- 【冻结透明度】按钮：单击该按钮，能够启用冻结特性，可以固定透明对象的内部，也可以将透明度移动至其他位置。

### 8.1.2 应用透明度

　　本例通过简单的实例，介绍透明度的添加方法。

**STEP 01** 按Ctrl+O组合键，打开随书附带光盘中的【素材\第8章\001.cdr】文件，如图8-2所示。

**02** 选择工具箱中的【矩形工具】▭，在场景中绘制矩形，然后将其【填充颜色】和【轮廓颜色】都设置为【蓝色】，效果如图8-3所示。

**03** 在工具箱中选择【透明度工具】▣，并在其属性栏的【透明度类型】下拉列表中选择【正方形】，即可为选择的对象添加透明度效果，如图8-4所示。

图8-2　打开的素材文件　　　图8-3　创建矩形效果　　　图8-4　添加透明度效果

## 8.1.3　编辑透明度

为图像添加透明度效果后，可以对透明度进行编辑。下面将介绍透明度的编辑方法。

**01** 接上节，单击属性栏中的【编辑透明度】按钮▣，弹出【渐变透明度】对话框，在其中单击【颜色调和】选项组下的【自定义】单选按钮，然后设置渐变透明度颜色，设置完成后单击【确定】按钮，如图8-5所示，得到的效果如图8-6所示。

**02** 在场景中拖动白色控制柄到适当的位置，加大透明度范围，然后再调整中间两个控制柄的位置，效果如图8-7所示。

图8-5　【渐变透明度】对话框

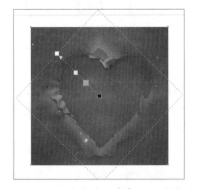 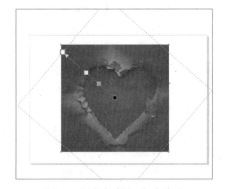

图8-6　设置渐变透明度颜色后的效果　　　图8-7　调整控制柄后的效果

## 8.1.4　更改透明度类型

也可以对透明度类型进行更改，下面介绍在属性栏中更改透明度类型的方法。

**STEP 01** 接上节，在属性栏的【透明度类型】下拉列表中选择【辐射】，即可得到如图8-8所示的效果。

**STEP 02** 在属性栏的【透明度类型】下拉列表中选择【双色图样】，效果如图8-9所示。

**STEP 03** 前面的透明度类型都不太适合，所以再在【透明度类型】下拉列表中选择所需的类型【标准】，即可得到如图8-10所示的效果。

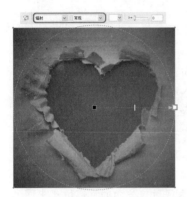

图8-8　更加透明度类型效果　　　图8-9　再次改变透明度类型效果　　　图8-10　选择合适的透明度类型

## 8.1.5　应用合并模式

下面介绍合并模式的应用。

**STEP 01** 接上节，在属性栏的【透明度操作】下拉列表中选择【减少】，得到如图8-11所示的效果。

**STEP 02** 再在属性栏的【透明度操作】下拉列表中选择【除】，效果如图8-12所示。

图8-11　设置透明度模式效果　　　　　图8-12　再次设置透明度模式效果

# 8.2　调和对象

使用【调和工具】可以在对象上直接产生形状和颜色的调和效果。

### 8.2.1 交互式调和工具属性设置

选择工具箱中的【调和工具】 ，其属性设置如图8-13所示。

图8-13 交互式调和工具属性栏

属性栏各选项说明如下：

- 【步长或调和形状之间的偏移量】选项：在【调和步长】文本框中可以输入所需的调和步数。
- 【调和方向】选项：在该文本框中可以输入所需的调和角度。
- 【环绕调和】按钮 ：只有在【调和方向】文本框中输入所需的角度时，该按钮才成活动状态。单击该按钮，可以在两个调和对象之间围绕调和中心旋转中间的对象。
- 【直接调和】按钮 ：单击该按钮，可以用直接渐变的方式填充中间的对象。
- 【顺时针调和】按钮 ：单击该按钮，可以用代表色彩轮盘顺时针方向的色彩填充中间的对象。
- 【逆时针调和】按钮 ：单击该按钮，可以用代表色彩轮盘逆时针方向的色彩填充中间的对象。
- 【对象和颜色加速】按钮 ：单击该按钮，弹出【加速】面板，在面板中拖动【对象】与【颜色】上的滑块可以调整渐变路径上对象与色彩分布情况。单击【锁定】按钮取消锁定后，可以单独调整对象或颜色在调和路径上的分布情况。
- 【调整加速大小】按钮 ：单击该按钮，可以加大加速时影响中间对象的程度。
- 【更多调和选项】按钮 ：单击该按钮，弹出命令面板，可以在其中单击所需的按钮来映射节点和拆分调和对象。如果选择的调和对象是沿新路径进行调和的，则【沿全路径调和】选项和【旋转全部对象】选项成活动状态。
- 【起始和结束属性】按钮 ：单击该按钮，弹出命令面板，可以在其中重新选择或显示调和的起点或终点。
- 【路径属性】按钮 ：单击该按钮，弹出命令面板，可以在其中选择【新路径】命令，使原调和对象依附在新路径上。
- 【复制调和属性】按钮 ：单击该按钮，可以将一个调和对象的属性复制到所选的对象上。
- 【清除调和】按钮 ：单击该按钮，可以将所选的调和对象所运用的调和效果清除。

### 8.2.2 使用交互式调和工具调和对象

CorelDRAW允许用户创建调和，如直线调和、沿路径调和以及复合调和等，下面介绍交互式调和工具的使用。

**STEP 01** 在场景中创建图形，并为其填充红色，效果如图8-14所示。

图8-14 创建图形效果

**STEP 02** 选择工具箱中的【调和工具】 ，移动指针到左边的图形上，如图8-15所示。

图8-15 单击心形效果

**STEP 03** 按住鼠标左键，向右拖曳，如图8-16所示。

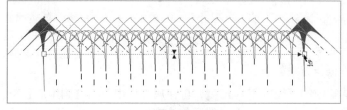

图8-16 拖曳效果

**STEP 04** 到适当的位置松开左键，即可在两个图形之间创建调和效果，如图8-17所示。

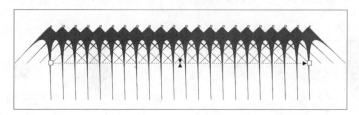

图8-17 调和后的效果

**STEP 05** 在属性栏中单击按钮 ，改变调和颜色，效果如图8-18所示。

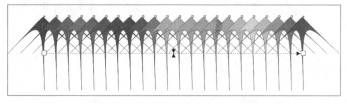

图8-18 改变调和颜色效果

**STEP 06** 在属性栏中单击【对象和颜色加速】按钮 ，弹出【加速】面板，单击【锁定】按钮取消锁定，然后在面板中调整滑块，以设定不同对象或颜色的加速效果，如图8-19所示。

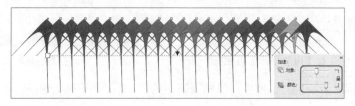

图8-19 调整对象及颜色加速效果

## 8.3 使用交互式轮廓图工具

使用【轮廓工具】 📰可以为对象添加各种轮廓图效果。轮廓图效果可使轮廓线向内或向外复制并填充所需的颜色成渐变状态扩展。

### 8.3.1 交互式轮廓图工具的属性设置

如果在画面中选择了一个对象，再选择工具箱中的【轮廓工具】 📰，其属性栏如图8-20所示。可以在其中根据需要设置所需的参数，来创建所需的轮廓图效果。

图8-20　交互式轮廓属性栏

创建轮廓图的操作方法如下。

**01** 选择工具箱中的【轮廓工具】 📰，再在属性栏中单击【到中心】 📰、【内部轮廓】 📰或【外部轮廓】 📰来向中心、向内或向外添加轮廓线。图8-21为原图，在该图的基础上添加轮廓线。

**02** 图8-22为单击属性栏中的【对象和颜色加速】按钮 📰时得到的效果。

图8-21　原图效果

图8-22　设置【对象和颜色加速】效果

**03** 单击属性栏中的【内部轮廓】按钮 📰时得到的效果，如图8-23所示。

**04** 单击属性栏中的【外部轮廓】按钮 📰时得到的效果，如图8-24所示。

图8-23　设置【内部轮廓】效果

图8-24　设置【外部轮廓】效果

**05** 在【轮廓图步长】文本框中可以输入所需的步长值，如图8-25和图8-26所示为步长分别为1和2的效果图。

图8-25　步长为1的效果　　　　　　　　图8-26　步长为2的效果

**STEP 06** 在【轮廓图偏移】文本框中可以输入所需的偏移值，如图8-27和图8-28所示为设置不同偏移值的效果图。

图8-27　轮廓图偏移为0.025mm　　　　　　图8-28　轮廓图偏移为1.0mm

**STEP 07** 单击属性栏中的【线性轮廓色】按钮 ▣、【顺时针轮廓色】按钮 ▣ 或【逆时针轮廓色】按钮 ▣ 可以改变轮廓图颜色。单击【线性轮廓色】按钮 ▣，并调整轮廓线渐变速度，其效果如图8-29所示。

**STEP 08** 单击属性栏中的【顺时针轮廓色】按钮 ▣，其效果如图8-30所示。

图8-29　设置【线性轮廓色】效果　　　　　图8-30　设置【顺时针轮廓色】按钮

**STEP 09** 单击属性栏中的【逆时针轮廓色】按钮 ▣，其效果如图8-31所示。

**STEP 10** 在 ▣ ▪ ▼ ▪ ▪ ▼ ▪ □ 中可以设置所需的轮廓图颜色，如轮廓色（有轮廓线时才能用）、填充色与渐变填充结束色。如图8-32和图8-33所示是分别设置不同颜色的效果对比图。

**STEP 11** 单击属性栏中的【对象和颜色加速】按钮 ▣，弹出如图8-34所示的【对象与颜色加速】面板，用户可以在其中设置所需的轮廓线渐变速度。

图8-31 设置【逆时针轮廓色】效果

图8-32 设置轮廓图颜色效果1

图8-33 设置轮廓图颜色效果2

图8-34 【对象与颜色加速】面板

**STEP 12** 如图8-35和图8-36所示为设置不同加速度的效果对比图。

图8-35 设置加速效果

图8-36 设置加速效果

**STEP 13** 如果在画面中创建了交互式效果，并且选择了交互式工具（如交互式调和工具、交互式轮廓图工具、交互式变形工具、交互式透明工具、交互式阴影工具、交互式立体化工具与交互式封套工具），则属性栏中的【复制轮廓图属性】按钮 呈活动可用显示。使用交互式工具在画面中选择一个没有添加交互式效果的对象，单击【复制轮廓图属性】按钮 后，将粗箭头指向要复制的交互式效果并单击，即可将该效果复制到选择的对象上。

**STEP 14** 如果想要清除交互式效果，单击【清除轮廓】按钮 ，即可将交互式效果清除。

## 8.3.2 输入美术字

本节介绍文本的输入，为后面的文本添加轮廓线奠定基础。

**STEP 01** 打开随书附带光盘中的【素材\第8章\002.cdr】文件，如图8-37所示。

**STEP 02** 在工具箱中选择【文本工具】字，再单击属性栏中的【将文本更改为水平方向】按钮三，然后在场景中输入文本【Study Time】，如图8-38所示。

图8-37 打开素材文件

图8-38 输入文本

**STEP 03** 在属性栏中将【字体类型】设置为【Bauhaus 93】，将【字体大小】设置为16pt，并在场景中调整其位置，其效果如图8-39所示。

**STEP 04** 按F11键，弹出【渐变填充】对话框，在该对话框中将【类型】定义为【线性】，将【选项】选项组下的【角度】和【边界】分别设置为180、16%，将【颜色调和】选项组下的【从】颜色设置为马丁绿，【到】的颜色为香蕉黄，设置完成后单击【确定】按钮，如图8-40所示。

**STEP 05** 给文字进行渐变填充，填充渐变后的画面效果如图8-41所示。

图8-39 设置文本属性

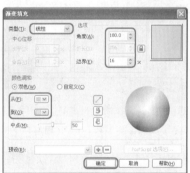

图8-40 设置渐变颜色

图8-41 填充渐变后的效果

## 8.3.3 创建轮廓图效果

接着上面的内容进行讲解，创建轮廓图的操作方法如下。

**STEP 01** 选择工具箱中的【轮廓工具】，在属性栏中单击【外部轮廓】按钮和【线性轮廓色】按钮，设定【轮廓图步长】为4，【轮廓图偏移】为0.139mm，【轮廓色】为黄色，【填充色】为黑色，如图8-42所示，即可创建出轮廓图效果。

**STEP 02** 选择工具箱中的【选择工具】，先在绘图窗口的空白处单击取消选择，再在画面中选择渐变填充文字，按小键盘上的+键复制一个副本，接着在默认的CMYK调色板中右击白色色块，将其轮廓色填充为白色，如图8-43所示。

图8-42　添加轮廓线

图8-43　复制文字并填充轮廓线

**STEP 03** 再次选择工具箱中的【轮廓工具】 ，并在属性栏中单击【内部轮廓】按钮 ，再设定【轮廓图步长】为1，其他参数不变，即可向内勾画出轮廓图，如图8-44所示。

**STEP 04** 确定复制后的文本处于选择状态，在默认CMYK调色板中单击 ，清除填充色，如图8-45所示。

图8-44　修改轮廓线

图8-45　清除填充颜色后的效果

## 8.3.4　拆分轮廓图

为了编辑用交互式轮廓图工具创建出的轮廓线，需要将其进行拆分，然后再一一对创建出的轮廓线进行所需的编辑。具体操作方法如下。

**STEP 01** 继续以上面的例子进行讲解。在菜单栏中选择【排列】|【拆分美术字】命令，或者按Ctrl+K组合键，如图8-46所示。

**STEP 02** 将刚创建的向内勾画的轮廓线进行拆分，效果如图8-47所示。

**STEP 03** 使用工具箱中的【选择工具】，按住Shift键在画面中单击两个文字中最里面的轮廓线，按F12键弹出【轮廓笔】对话框，并在其中设定【颜色】为【绿色】，【宽度】为0.5mm，【样式】为【· · · · · · · · · · 】，其他参数不变，单击【确定】按钮，如图8-48所示。

图8-46　执行【拆分美术字】命令

图8-47　拆分后的命令

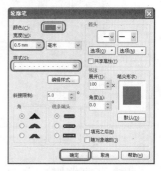

图8-48　设置轮廓笔

**STEP 04** 修改完轮廓后的效果如图8-49所示。

**STEP 05** 先在绘图窗口的空白处单击取消选择，再按住Shift键在画面中两个文字中单击绿色轮廓线外的白色轮廓线，再在默认CMYK调色板中单击【白色】色块，使它们填充为【白色】，得到如图8-50所示的效果。

图8-49　修改轮廓后的效果

图8-50　填充颜色

## 8.3.5　复制或克隆轮廓图

为了提高工作效率，CorelDRAW还提供了复制与克隆轮廓图命令，以便于在制作好一个轮廓图效果后，再将该轮廓图效果复制或克隆到其他对象上。

**STEP 01** 接着上面的内容进行讲解。选择工具箱中的【文本工具】 **字** ，在画面中输入【Strive】，在属性栏中将【字体类型】设置为【Brush Script Std】，将【字体大小】设置为20pt，并在场景中调整其位置，效果如图8-51所示。

**STEP 02** 按F11键弹出【渐变填充】对话框，将【类型】设定为【线性】，将【选项】选项组下的【角度】和【边界】参数分别设置为90°、16%，将【颜色调和】选项组下的【从】颜色设置为20%黑，【到】颜色设置为黄色，完成后单击【确定】按钮，如图8-52所示。

**STEP 03** 给文字进行渐变填充，填充渐变后的画面效果如图8-53所示。

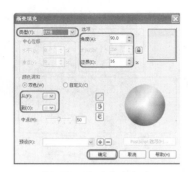

图8-51 输入文本　　　　　　　图8-52 设置渐变颜色　　　　　图8-53 填充渐变颜色

**04** 右击刚刚输入的文本【Strive】，在弹出的快捷菜单中选择【转换为美术字】命令，如图8-54所示。

**05** 确定渐变文本处于选择状态，在默认CMYK调色板中右击【10%黑】色块，将轮廓线填充为10%黑，效果如图8-55所示。

**06** 选择工具箱中的【轮廓工具】，在场景中选择一组文本，为其添加轮廓，其效果如图8-56所示。

图8-54 选择【转换为美术字】命令　　图8-55 填充轮廓线　　　　　图8-56 添加轮廓

**07** 选择菜单栏中的【效果】|【复制效果】|【轮廓图自】命令，如图8-57所示。

**08** 指针呈➡粗箭头状，移动指针到要复制轮廓图效果上（如图8-58所示）单击，即可将所单击的轮廓图效果复制到选择的对象上，如图8-59所示。

图8-57 选择【轮廓图自】命令　　图8-58 单击复制轮廓　　　　图8-59 复制完轮廓后的效果

**STEP 09** 使用【选择工具】先在绘图窗口的空白处单击取消选择，接着在【Strive】文字上单击选择它，再在键盘上按【+】键，复制一个副本，如图8-60所示。

**STEP 10** 选择菜单栏中的【效果】|【克隆效果】|【轮廓图自】命令，如图8-61所示。

图8-60　复制文本

图8-61　执行【轮廓图自】命令

**STEP 11** 指针呈➡粗箭头状，再移动指针到要复制轮廓图效果上（如图8-62所示）单击，即可将所单击的轮廓图效果复制到选择的对象上，如图8-63所示。

**STEP 12** 使用工具箱中的【选择工具】在画面中单击克隆效果的原轮廓图效果，接着在属性栏中单击【顺时针轮廓色】按钮，再设定【轮廓图步长】为1，【渐变填充结果色】为【红色】，更改原轮廓图效果，同时克隆的效果也随之发生了变化，如图8-64所示。

图8-62　复制轮廓

图8-63　复制完轮廓后的效果

图8-64　更改原轮廓图效果

# 8.4 变形对象

在CorelDRAW中，可以应用3种类型（推拉、拉链与扭曲）的变形效果来为对象造形。

使对象变形后，可通过改变变形中心来改变效果。此点由菱形控制柄确定，变形在此控制柄周围产生。可以将变形中心放在绘图窗口中的任意位置，或者将其定位在对象的中心位置，而且对象的形状也会随其中心的改变而改变。

在工具箱中选择【变形工具】，其属性栏会显示相应的选项，如图8-65所示。

图8-65　变形工具属性栏

## 8.4.1　使用交互式变形工具变形对象

下面介绍使用交互式变形工具变形对象的方法。

**STEP 01** 打开随书附带光盘中的【素材\第8章\003.cdr】文件，如图8-66所示。

**STEP 02** 在工具箱中选择【变形工具】，在场景中箭头的边缘按住左键向上拖动，如图8-67所示。

图8-66　打开素材文件

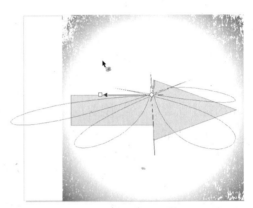

图8-67　拖动箭头形状

**STEP 03** 将对象进行变形处理，到所需的形状后松开左键，效果如图8-68所示。

**STEP 04** 在其属性栏中单击【拉链变形】按钮，再在变形对象的适当位置按住左键向下拖动，如图8-69所示。

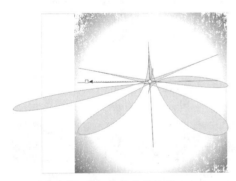

图8-68　变形后的效果

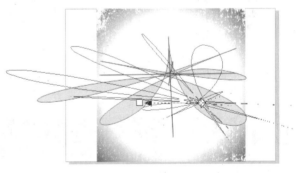

图8-69　拖动形状

**STEP 05** 到所需的形状后松开左键，即可再次变形对象，效果如图8-70所示。

**STEP 06** 单击属性栏中的【扭曲变形】按钮，在场景中适当的位置按住左键拖动对象，如图8-71所示。

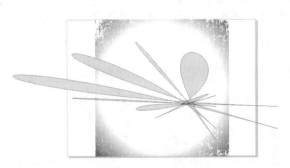

图8-70　变形后的效果

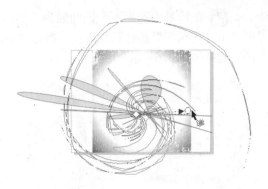

图8-71　旋转形状

**STEP 07** 到所需的形状后松开左键，效果如图8-72所示。

图8-72　旋转形状后的效果

## 8.4.2　复制变形效果

下面介绍复制变形效果的方法。

**STEP 01** 接上节，选择工具箱中的【椭圆形工具】◎，在场景中绘制一个椭圆形，然后将其【填充颜色】和【轮廓颜色】都设置为【青色】，效果如图8-73所示。

**STEP 02** 用同样的方法，再次在场景中绘制一个椭圆效果，然后将其【填充颜色】和【轮廓颜色】都设置为【冰蓝】，效果如图8-74所示。

图8-73　绘制椭圆效果

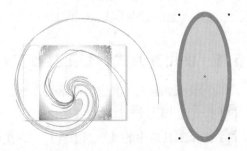

图8-74　绘制椭圆效果

**STEP 03** 在场景中选择两个椭圆效果，然后在工具箱中选择【变形工具】 🔲，并在其属性栏中单击【复制变形属性】按钮🔲，指针呈粗箭头状，如图8-75所示，然后在要复制的对象上单击，效果如图8-76所示。

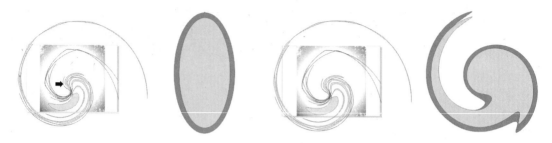

图8-75  复制变形属性                    图8-76   复制变形属性后的效果

### 8.4.3  清除变形效果

如果用户不想使用某对象的变形效果，可以将其变形效果清除。首先在场景中选择要清除变形效果的对象，如图8-77所示，然后在其属性栏中单击【清除变形】按钮🔲，即可将变形效果清除，效果如图8-78所示。

图8-77   选择对象效果                    图8-78   清除变形效果

## 8.5  使用封套改变对象形状

在CorelDRAW程序中，可以将封套应用于对象（包括线条、美术字和段落文本框）。封套由多个节点组成，可以移动这些节点来为封套造形，从而改变对象形状。可以应用符合对象形状的基本封套，也可以应用预设的封套。应用封套后，可以对它进行编辑，或添加新的封套来继续改变对象的形状。CorelDRAW还允许复制和移除封套。

### 8.5.1  使用交互式封套工具改变对象形状

下面对交互式封套工具进行简单的介绍。

**STEP 01** 打开随书附带光盘中的【素材\第8章\004.cdr】文件，如图8-79所示。

**STEP 02** 选择工具箱中的【矩形工具】 🔲，在场景中绘制一个矩形，然后为其填充红色，其效果如图8-80所示。

图8-79　打开素材文件

图8-80　创建矩形效果

**03** 选择工具箱中的【封套工具】，此时矩形周围显示一个矩形封套，如图8-81所示。

**04** 选择节点，按住鼠标左键向下拖曳，如图8-82所示。

图8-81　选择封套工具效果

图8-82　定义节点位置

**05** 到适当的位置后松开鼠标，其效果如图8-83所示。

**06** 单击属性栏中的【单弧模式】按钮，然后在选择的节点上按住左键并向右拖曳，如图8-84所示。

图8-83　调整节点位置后的效果

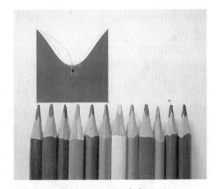

图8-84　调整节点位置

**07** 到适当的位置松开鼠标，其效果如图8-85所示。

**08** 再在其属性栏中单击【双弧模式】按钮，然后选择下方的节点，按住鼠标左键并向上拖曳，如图8-86所示。

图8-85　调整节点后的效果

图8-86　调整节点位置

**09** 到所需位置后松开鼠标，效果如图8-87所示。

**10** 单击属性栏中的【非强制模式】按钮，选择对象上的节点并按住鼠标左键向左拖动，如图8-88所示。

图8-87　调整节点位置

图8-88　调整节点位置后的效果

**11** 到所需的位置后松开鼠标，效果如图8-89所示。

**12** 在场景中调整控制柄的位置，效果如图8-90所示。

图8-89　定义节点位置

图8-90　调整形状后的效果

## 8.5.2　复制封套属性

下面介绍封套属性的复制方法。

**STEP 01** 选择工具箱中的【椭圆形工具】◎，按住Ctrl键的同时在绘图区中绘制正圆效果，然后为其填充【黄】色，效果如图8-91所示。

**STEP 02** 选择工具箱中的【封套工具】◎，然后在其属性栏中单击【复制封套属性】按钮◎，此时指针呈粗箭头形状，如图8-92所示。

**STEP 03** 在要复制封套变形对象上单击，效果如图8-93所示。

图8-91 绘制正圆效果

图8-92 复制封套属性

图8-93 复制封套属性后的效果

# 8.6 使用交互式立体化工具

使用交互式立体化工具，可以将简单的二维平面图形转换为立体化效果。立体化效果会添加额外的表面，将简单的二维图形转换为三维效果。

## 8.6.1 交互式立体化工具的属性设置

选择工具箱中的【立体化工具】◎，其属性栏如图8-94所示。可以在其中选择所需的立体化类型、深度，也可以选择预设的立体化。

预设... ∨ ＋ │ x: 35.806 mm │ ┌ ∨ │ 15 ↕ │ 16.369 mm │ 灭点锁定到对象 ∨ │ ◎ ◎ ◎ ◎ ◎ ◎
y: 61.333 mm │ -27.015 mm

图8-94 交互式立体化工具属性栏

属性栏选项说明如下。

- 【立体化类型】：单击可展开如图8-95所示的类型列表，用于设置立体化类型。
- 【深度】：用于设置立体化效果深浅程度，取值范围为1~99。数值越大，拉伸的程度越明显。
- 【灭点坐标】：指定立体化控制杆终点处的X符号的位置（此点称为灭点）。除了在属性栏中通过更改X、Y的值来准备定位灭点坐标外，还可以使用鼠标拖动进行手动调整。
- 【灭点属性】：此下拉列表中包括【灭点锁定到对象】、【灭点锁定到页面】、【复制灭点，自】、【共享灭点】4个选项。选择【灭点锁定到对象】可以将灭点锁定到对象；选择【灭点锁定到页面】可以将灭点锁定到页面；选择【复制灭点，自】可以复制对象；选择【共享灭点】可以为两个立体对象设置一个灭点。

- 【VP对象/VP页面】：此按钮主要用于定位灭点。当按钮呈■状态时，可以相对于对象中心点来计算或显示灭点的坐标值；当单击此按钮后就会变成■状态，此时则会以页面坐标原点来计算或显示灭点的坐标值。
- 【立体的方向】：单击该按钮，可以展开如图8-96所示的面板，主要用于设置对象立体化的方向。面板中的【3】模型是模拟当前的立体化对象，使用手形工具拖动该模型，也可以随意旋转对象的方向。如果想精确设置对象的方向，可以单击面板中的■按钮，打开如图8-97所示的面板，通过调整X、Y、Z数值来调整对象的立体方向。

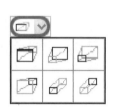

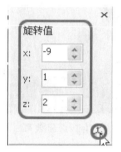

图8-95　立体化类型列表　　　图8-96　【立体化方向】面板　　　图8-97　【旋转值】面板

- 【颜色】：单击该按钮，可以展开如图8-98所示的立体颜色设置面板，在此可以选择颜色的填充类型。
- 【斜角修饰边】：单击该按钮，可以展开如图8-99所示的面板，主要用于设置立体斜角的宽度和高度。勾选【使用斜角修饰边】复选框后，即可通过【斜角修饰边深度】和【斜角修饰边角度】两项来指定立体修饰边的效果。
- 【照明】：使立体对象产生一种有灯光照射的效果。单击该按钮后，即可展开如图8-100所示的面板。通过单击■、■、■按钮可以为对象添加3种类型的光线效果。添加光线效果后，在右侧的缩略图中可以移动相应光线类型的图标，并可以通过【强度】滑块调整该光线的强弱程度。

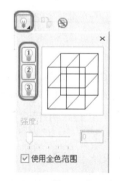

图8-98　【颜色】面板　　　图8-99　使用斜角修边面板　　　图8-100　【照明】面板

## 8.6.2　创建矢量立体模型

下面介绍立体模型的创建方法。

**STEP 01** 选择工具箱中的【文本工具】■，移动指针到绘图区适当的位置输入文字效果，然后在其属性栏中将【字体类型】设置为【Bodoni Bd BT】，设置【字体大小】参数为24pt，效果如图8-101所示。

**STEP 02** 确定文字效果处于选择状态，然后在默认的CMYK调色板中单击青色色块，为其填充青色，并为其添加蓝色的轮廓，效果如图8-102所示。

**STEP 03** 选择工具箱中的【立体化工具】 ，然后在文字上按住左键向上拖曳到适当的位置松开左键，为文字添加立体化效果，效果如图8-103所示。

图8-101　输入文本效果

图8-102　为文本填充颜色效果

图8-103　为文字添加立体化效果

### 8.6.3　编辑立体模型

下面对创建的立体模型进行编辑。

**STEP 01** 接上节，在其属性栏中将【深度】参数设置为13，以改变立体化文字的深度，效果如图8-104所示。

**STEP 02** 在属性栏中单击【立体化颜色】按钮 ，弹出【颜色】面板，然后再在该面板中单击【使用递减的颜色】按钮 ，并将其颜色设置为【从青色到蓝色】，如图8-105所示。

图8-104　设置【深度】参数后的效果

图8-105　【颜色】面板

**STEP 03** 设置颜色后得到的效果如图8-106所示。

**STEP 04** 单击属性栏中的【立体化照明】按钮 🔘，弹出【照明】面板，在其中单击 🔘、🔘、🔘 3 个按钮，然后再调整它们到适当的位置，如图8-107所示。

图8-106 设置颜色后的效果

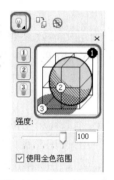

图8-107 【照明】面板

**STEP 05** 添加照明后的效果如图8-108所示。

图8-108 添加【照明】后的效果

# 8.7 使用交互式阴影工具

使用交互式阴影工具，可以为对象添加阴影效果，并模拟光源照射对象时产生的阴影效果。可以在添加阴影时调整阴影的透明度、颜色、位置及羽化程度，当对象外观改变时，阴影的形状也随之变化。

## 8.7.1 交互式阴影工具的属性设置

选择工具箱中的【阴影工具】 🔲，然后在场景中为对象添加阴影效果，其属性设置如图8-109 所示。

图8-109 交互式阴影工具属性栏

属性栏选项说明如下。

- 【阴影偏移】：用于设置阴影的具体坐标，通过更改数值产生的效果与使用鼠标直接调节所产生的效果相似，但通过【阴影偏移】微调框可以精确定位。
- 【阴影角度】：用于设置阴影的角度，除了在文本框中直接键入数值外，还可以拖动右侧的滑块快速调节角度。其取值范围是-360~360，当数值为0、360、-360度时，阴影效果不存在。

- 【阴影的不透明度】：用于设置阴影的不透明度，取值范围是0~100。当数值为0时，阴影效果完全透明；数值为100时，阴影效果完全不透明。

- 【阴影羽化】：用于设置阴影的羽化，取值范围是0~100。当数值为0时，无羽化效果。数值越大，产生的阴影效果越模糊。

- 【羽化方向】按钮：单击该按钮，可以打开如图8-110所示的【羽化方向】面板，在此可以选择不同的阴影羽化方向。

- 【羽化边缘】按钮：当阴影羽化方向非【平均】状态时，单击该按钮可以打开如图8-111所示的【羽化边缘】面板，在此可以选择羽化边缘的方式。

图8-110　【羽化方向】面板　　　　　图8-111　【羽化边缘】面板

- 【阴影淡出】：用于设置阴影的淡化程度。

- 【阴影延展】：用于设置阴影的长短。

- 【阴影度操作】：当文件中有两个或两个以上的阴影效果重叠时，可以使用此下拉列表选择合适的叠加方式。默认状态为【乘】。

- 【阴影颜色】：单击可以选择阴影的颜色，默认状态下的阴影颜色为【黑色】。

## 8.7.2　为对象添加阴影

下面通过简单的实例，为对象添加阴影效果。

**STEP 01** 按Ctrl+O组合键，打开随书附带光盘中的【素材\第8章\005.cdr】文件，效果如图8-112所示。

**STEP 02** 在工具箱中选择【阴影工具】，然后在场景中拖曳鼠标，为选择的对象添加阴影，效果如图8-113所示。

图8-112　打开素材文件　　　　　图8-113　添加阴影效果

### 8.7.3　编辑阴影

添加完阴影后，再来对阴影进行编辑。

**STEP 01** 接上节，在属性栏中将【阴影不透明度】参数设置为80，效果如图8-114所示。

**STEP 02** 单击属性栏中的【羽化方向】按钮，在弹出的【羽化方向】面板中选择【中间】，如图8-115所示。

图8-114　设置【羽化不透明度】参数效果

图8-115　选择【羽化方向】类型

**STEP 03** 选择羽化方向后的效果如图8-116所示。

**STEP 04** 在属性栏中单击【羽化边缘】按钮，然后在弹出的【羽化边缘】面板中选择【方形的】，如图8-117所示。

图8-116　设置羽化方向后的效果

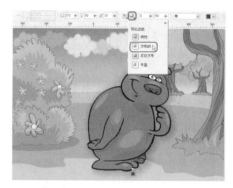

图8-117　选择【羽化边缘】类型

**STEP 05** 选择【羽化边缘】后的效果如图8-118所示。

**STEP 06** 在属性栏中单击【阴影颜色】框，在弹出的下拉列表中选择合适的阴影颜色，如图8-119所示。

**STEP 07** 更改阴影颜色后的效果如图8-120所示。

图8-118　设置羽化边缘后的效果

图8-119 选择阴影颜色　　　　　　图8-120 更改阴影颜色后的效果

# 8.8 在对象中应用透视效果

通过缩短对象的一边或两边，可以创建透视效果。这种效果使对象看起来像是沿一个或两个方向后退，从而产生单点透视或两点透视效果。

在应用透视效果后，可以把其复制到图形中的其他对象中进行调整，或从对象中移除透视效果。

## 8.8.1 制作立方体

下面通过立体化工具制作立方体效果。

**01** 按Ctrl+O组合键，打开随书附带光盘中的【素材\第8章\006.cdr】文件，打开的场景文件效果如图8-121所示。

**02** 选择工具箱中的【矩形工具】按钮□，然后沿图案的边缘创建一个正方形，创建完成后的效果，如图8-122所示。

**03** 在工具箱中选择【立体化工具】，然后在场景中拖曳鼠标，为上面创建的正方形添加立体化效果如图8-123所示。

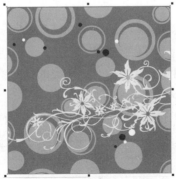

图8-121 打开素材文件　　　图8-122 创建正方形效果　　　图8-123 添加立体化效果

## 8.8.2 使用【添加透视】命令应用透视效果

使用【添加透视】命令对图形进行调整，制作出立方体效果，具体操作如下。

**STEP 01** 接上节，在工具箱中选择【选择工具】，然后在场景中拖曳出一个虚线框，如图8-124所示。

**STEP 02** 松开左键即可选择场景中的所有对象，如图8-125所示。

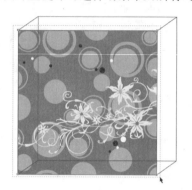

图8-124　框选选择对象

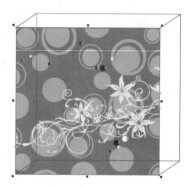

图8-125　选择对象效果

**STEP 03** 按住Ctrl键将选择的对象向右拖动到适当的位置右击，复制一个副本，效果如图8-126所示。然后按Ctrl+G组合键将选择的对象群组。

**STEP 04** 在菜单栏中选择【效果】|【添加透视】命令，如图8-127所示。

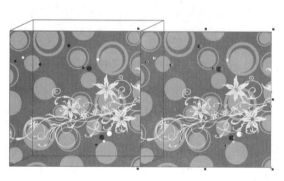

图8-126　复制副本

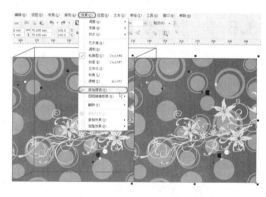

图8-127　选择【添加透视】命令

**STEP 05** 即可在选择的对象中显示网格，然后拖动右上角的控制点到立方体后方，如图8-128所示。

**STEP 06** 接着拖动右下角的控制点到立方体底边相应的顶点上，为复制出的副本进行透视调整，调整完成后的效果如图8-129所示。

**STEP 07** 使用同样的方法将打开的图案与创建的正方形框选，如图8-130所示。

**STEP 08** 将其向上拖动到适当的位置右击，再复制一个副本，效果如图8-131所示，然后按Ctrl+G组合键将其进行群组。

**STEP 09** 使用相同的方法调整副本的控制点，效果如图8-132所示。

图8-128　调整控制点效果

图8-129　调整控制点效果

图8-130　选择对象效果

图8-131　复制对象效果

图8-132　调整控制点效果

**STEP 10** 在场景中选择立体化对象，如图8-133所示。

**STEP 11** 在其属性栏中单击【清除立体化】按钮，将立体化效果清除，效果如图8-134所示。

图8-133　选择对象效果

图8-134　清除立体化效果

## 8.8.3　复制对象的透视效果

下面介绍复制对象的透视效果。

**STEP 01** 接上节，使用同样的方法将图案与创建的正方形框选，并将其向右拖动到适当位置右击，复制副本，如图8-135所示，然后按Ctrl+G组合键将其进行群组。

**STEP 02** 在菜单栏中选择【效果】|【复制效果】|【建立透视点自】命令，如图8-136所示。

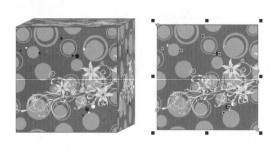
图8-135　复制副本对象效果

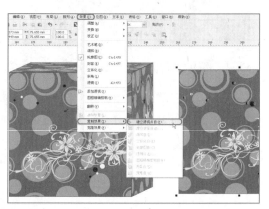
图8-136　选择【建立透视点自】命令

**STEP 03** 此时指针呈粗箭头状，然后移动指针到要复制的透视效果上单击，如图8-137所示。

**STEP 04** 即可将选择的透视效果复制到选择的对象上，如图8-138所示。

图8-137　选择对象效果

图8-138　复制透视后的效果

## 8.8.4　清除对象的透视效果

接上节，在菜单栏中选择【效果】|【清除透视点】命令，如图8-139所示，即可将选择对象中的透视效果清除，效果如图8-140所示。

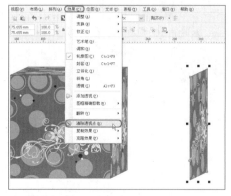
图8-139　选择【清除透视点】命令

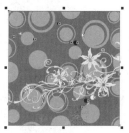
图8-140　清除透视点后的效果

## 8.9 使用透镜

在菜单栏选择【效果】|【透镜】命令，即可打开如图8-141所示的【透镜】泊坞窗，在此可以为对象添加透镜效果。此效果是指通过改变对象外观或改变观察透镜下对象的方式所取得的特殊效果。

透镜效果只会改变透镜下方的对象区域外观，而不会改变对象的实际特性和属性。可以对任何矢量对象（如矩形、椭圆、闭合路径或多边形）应用透镜，也可以更改美术字和位图的外观。对矢量对象应用透镜时，透镜本身会变成矢量图像。同样，如果将透镜置于位图上，透镜也会变成位图。

泊坞窗选项说明如下。

- 【透镜类型】：通过【透镜】泊坞窗中的类型列表框，可以选择如图8-142所示的透镜类型，下面逐一介绍。

图8-141 【透镜】泊坞窗　　　　图8-142 透镜类型

- ◆ 【变亮】：允许对象区域变亮和变暗，并设置亮度和暗度的比率。
- ◆ 【颜色添加】：允许模拟加色光线模型。透镜下的对象颜色与透镜的颜色相加，就像混合了光线的颜色。还可以选择颜色和要添加的颜色量。
- ◆ 【色彩限度】：仅允许用黑色和透过的透镜颜色查看对象区域。例如，如果在位图上放置绿色限制透镜，则在透镜区域中，将过滤掉除了绿色和黑色以外的所有颜色。
- ◆ 【自定义彩色图】：允许将透镜下方对象区域的所有颜色改为介于指定的两种颜色之间的一种颜色。可以选择颜色范围的起始色和结束色，以及两种颜色之间的渐变。渐变在色谱中的路径可以是直线、向前或向后。
- ◆ 【鱼眼】：允许根据指定的百分比变形、放大或缩小透镜下方的对象。
- ◆ 【热图】：允许通过在透镜下方的对象区域中模仿颜色的冷暖度等级来创建外图像的效果。
- ◆ 【反显】：允许将透镜下方的颜色变为其CMYK互补色（指色轮上互为相对的颜色）。
- ◆ 【放大】：允许按指定的量放大对象上的某个区域。放大透镜覆盖原始对象的填充，使对象看起来是透明的。
- ◆ 【灰度浓淡】：允许将透镜下方对象区域的颜色变为其等值的灰度。【灰度浓淡】透镜对于创建深褐色色调效果特别有效。

◆ 【透明度】：使对象看起来像着色胶片或彩色玻璃。

◆ 【线框】：允许用所选的轮廓或填充色显示透镜下方的对象区域。例如，如果将轮廓设为红色，将填充设为蓝色，则透镜下方的所有区域看上去都具有红色轮廓和蓝色填充。

● 【冻结】：选中此复选框，可以冻结透镜的当前视图。

● 【移除表面】：只显示该对象与其他对象重合的区域，而被覆盖的其他区域则不可见。

● 【锁定】：通过单击【锁定】按钮，选择要预览的透镜和设置，可以在对绘图自动应用透镜之前实时预览不同类型的透镜。找到要使用的透镜时，再次单击【锁定】按钮，然后单击应用即可。

**提示**　不能将透镜效果直接应用于链接群组，如调和的对象、勾画轮廓线的对象、立体化对象、阴影、段落文本或用艺术笔创建的对象。

## 8.10　拓展练习——婚礼户外灯箱广告

本例介绍婚礼户外灯箱广告的制作。首先使用【钢笔工具】 ✐ 绘制出灯箱的外轮廓并为其填充颜色，然后为其添加搭配效果，效果如图8-143所示。

**STEP 01** 在菜单栏中选择【文件】|【新建】命令，新建一个文件，如图8-144所示。

图8-143　灯箱效果

图8-144　选择【新建】命令

**STEP 02** 弹出【创建新文档】对话框，设置【名称】为【婚礼户外灯箱广告】，【宽度】为292mm，【高度】为136mm，取向为【横向】，单击【确定】按钮，如图8-145所示。

**STEP 03** 创建后的文件如图8-146所示。

图8-145　设置【创建新文档】参数

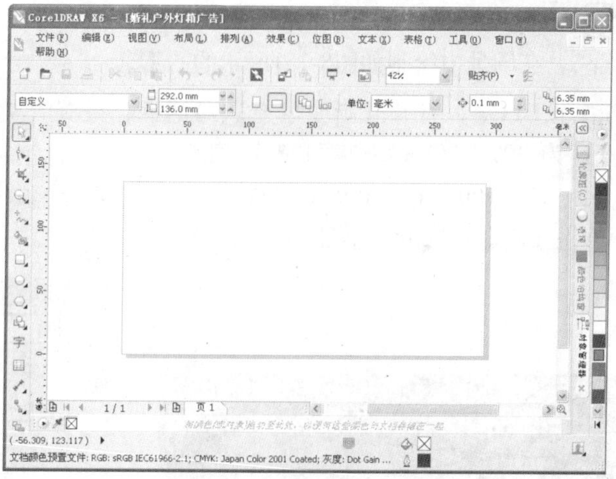

图8-146　新建文件后效果

**04** 选择工具箱中的【矩形工具】□，绘制矩形，并将黑色填充到矩形上，如图8-147所示。

**05** 按Ctrl+I组合键打开【导入】对话框，打开随书附带光盘中的【素材\第8章\灯箱广告素材.psd】文件，如图8-148所示。

图8-147　绘制矩形

图8-148　导入素材文件

**06** 导入后的效果如图8-149所示。

**07** 将导入的素材调整位置，如图8-150所示。

图8-149　导入后效果

图8-150　调整素材位置

**08** 选择工具箱中的【基本形状工具】，在属性栏上单击【完美形状】按钮，选择心形图案，在场景中绘制如图8-151所示的心形。

**09** 按F11键，打开【渐变填充】对话框，设置【类型】为【辐射】，【水平】为1%，【垂直】为-20%，在【颜色调和】选项组中选择【自定义】选项，分别设置位置0%的颜色为（C：30，M：100，Y：100，K：30）；位置100%的颜色为（C：0，M：100，Y：100，K：0），单击【确定】按钮，如图8-152所示。

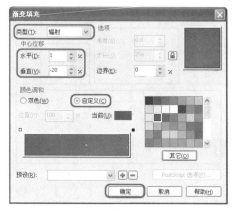

图8-151　绘制心形　　　　　　　　　　　　　图8-152　设置渐变

**10** 填充渐变后取消轮廓色，效果如图8-153所示。

**11** 使用同样的方法绘制心形，按Shift+F11组合键，打开【均匀填充】对话框，设置颜色为红色（C：0，M：100，Y：100，K：0），单击【确定】按钮。取消轮廓色，如图8-154所示。

**12** 选择工具箱中的【交互式调和工具】，由渐变心形向红色心形拖移，效果如图8-155所示。

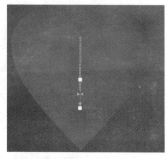

图8-153　填充渐变效果　　　　　图8-154　绘制心形　　　　　图8-155　使用交互式调和工具

**13** 选择【贝塞尔工具】绘制图形，填充颜色为白色，取消轮廓色，如图8-156所示。

**14** 选择【交互式透明工具】，由左上向右下拖移形成透明渐变效果，如图8-157所示。

**15** 使用同样的方法绘制右边的透明度图形，如图8-158所示。

**16** 将心形进行群组，复制心形图形并进行旋转、调整大小等操作，如图8-159所示。

**17** 将所有的心形图形和素材图片进行群组，执行【效果】|【图框精确剪裁】|【放置在容器中】命令，出现黑色箭头图标后，将图文放置在黑色矩形中，如图8-160所示。

图8-156　绘制图形

图8-157　设置透明度

图8-158　绘制图形

图8-159　复制调整心形

图8-160　放置图形

**18** 选择【矩形工具】□，在图像下方绘制矩形。设置调色板的颜色为黑色，如图8-161所示。

图8-161　绘制矩形

**19** 按住Shift键在黑色矩形上绘制正方形并填充颜色为白色，如图8-162所示。

**20** 对白色正方形进行复制，按Ctrl+R组合键重复上一步操作，如图8-163所示。

**21** 将黑色矩形和所有白色正方形进行群组，对群组的图形进行复制并移动到图形上方，如图8-164所示。

图8-162 绘制正方形

图8-163 绘制图形

图8-164 复制图形

📑22 选择工具箱中的【文本工具】🔤，设置【字体】为【方正康体简体】，【字体大小】为48pt，【字体颜色】为金色（C：0，M：20，Y：60，K：20），如图8-165所示。

📑23 选择工具箱中的【贝塞尔工具】🖊，绘制图形如图8-166所示。

📑24 按Shift+F11组合键，打开【均匀填充】对话框，设置颜色为金色（C：0，M：20，Y：60，K：20），单击【确定】按钮。取消轮廓色，效果如图8-167所示。

📑25 对绘制的图形进行复制。选择其中一个图形，单击属性栏上的【水平镜像】按钮🔲，将两个图形分别移动到【钻】字和【秋】字上并进行调整，如图8-168所示。

图8-165　输入文字

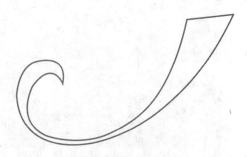

图8-166　绘制图形

图8-167　填充颜色效果

图8-168　水平翻转图形

**STEP 26** 选择文字，按F12键，打开【轮廓笔】对话框，设置【宽度】为2.5mm，设置【角】为圆角，设置【线条端头】为圆头，勾选【填充之后】选项和【随对象缩放】选项，单击【确定】按钮，如图8-169所示。

**STEP 27** 设置【轮廓笔】对话框中的参数后，图像效果如图8-170所示。

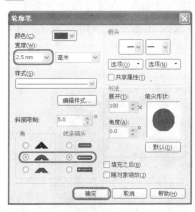

图8-169　设置参数

图8-170　【轮廓笔】效果

**STEP 28** 复制文字，如图8-171所示。

**STEP 29** 选择下层的文字，按F12键，打开【轮廓笔】对话框，设置【宽度】为6mm，设置颜色为金色（C：0，M：20，Y：60，K：20），单击【确定】按钮，如图8-172所示。

图8-171　复制文字

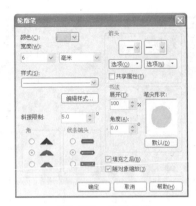

图8-172　设置参数

**STEP 30** 将上层的文字移动到适合的位置，按F12键，打开【轮廓笔】对话框，设置颜色为白色，单击【确定】按钮，效果如图8-173所示。

**STEP 31** 将文字移动到图像中并进行旋转，效果如图8-174所示。

图8-173　文字效果

图8-174　旋转文字

**STEP 32** 选择工具箱中的【文本工具】字输入文字，设置【字体】为【汉仪中圆简】，【字体大小】设置为20pt，【字体颜色】为白色。选择价格，修改【字体大小】为24pt，【字体颜色】为红色（C：0，M：100，Y：100，K：0），选择价格后面的文字，修改【字体大小】为14pt，如图8-175所示。

图8-175　输入文本

**STEP 33** 输入文本，设置【字体】为【汉仪中圆简】，【字体大小】为10pt，【字体颜色】为白色，如图8-176所示。

**STEP 34** 输入文字，设置【字体】为【方正超大字符集】，【字体大小】为24pt，【字体颜色】为【白色】，对文本进行旋转，如图8-177所示。

图8-176 输入文本

图8-177 输入文本

**STEP 35** 选择工具箱中的【贝塞尔工具】，绘制线条，设置线条颜色为白色，如图8-178所示。

**STEP 36** 设置完成后，婚礼户外灯箱广告已制作完成。在菜单栏中选择【文件】|【导出】命令，将其效果导出，如图8-179所示。

图8-178 绘制线条

图8-179 选择【导出】命令

**STEP 37** 弹出【导出】对话框，在该对话框中指定导出路径，为其命名并将【保存类型】设置为JPEG格式，单击【导出】按钮即可，如图8-180所示。

**STEP 38** 弹出【导出到JPEG】对话框，单击【确定】按钮即可，如图8-181所示。

图8-180 【导出】对话框

图8-181 【导出到JPEG】对话框

# 8.11 习题

## 一、填空题

（1）使用交互式阴影工具可以为对象添加（　　　　），并模拟光源照射对象时产生的（　　　　）。可以在添加阴影时，调整阴影的（　　　　）、（　　　　）、（　　　　）及（　　　　），当对象外观改变时，阴影的形状也随之变化。

（2）封套由（　　　　）组成，可以（　　　　）来为封套造形，从而改变对象形状。可以应用符合对象形状的基本封套，也可以应用预设的封套。应用封套后，可以对它进行编辑，或添加新的封套来继续改变对象的形状。CorelDRAW还允许（　　　　）和（　　　　）封套。

## 二、简答题

（1）简述交互式透明度工具的使用范围。

（2）在CorelDRAW中，可以应用哪3种类型的变形效果来为对象造形？

第 **9** 章

# 位图的转换与处理

Chapter
**09**

**本章要点：**

　　CorelDRAW的【位图】菜单中提供了多种与位图图像相关的功能，本章主要介绍通过使用【位图】菜单来转换和编辑位图的方法，其中包括将矢量图转换为位图、调整位图色彩模式和扩充位图边框等。

**主要内容：**

- 转换为位图
- 自动调整
- 图像调整实验室
- 矫正图像
- 编辑位图
- 裁剪位图
- 位图颜色遮罩
- 重新取样
- 模式
- 位图边框扩充
- 描摹位图
- 为位图添加滤镜

# 9.1 转换为位图

使用【转换为位图】命令可以将矢量图转换为位图，从而可以在位图中应用不能用于矢量图的特殊效果。转换位图时，可以选择位图的颜色模式。颜色模式决定构成位图的颜色数量和种类，因此文件的大小也会受到影响。

将矢量图转换为位图的具体操作步骤如下。

**STEP 01** 按Ctrl+N组合键，新建一个横向的空白文档，然后在菜单栏中选择【文件】|【导入】命令，在弹出的【导入】对话框中选择随书附带光盘中的【素材\第9章\气球.ai】文件，如图9-1所示。

**STEP 02** 单击【导入】按钮，然后按Enter键将选择的素材文件导入到绘图页的中央，如图9-2所示。

**STEP 03** 确定导入的素材文件处于选择状态，在菜单栏中选择【位图】|【转换为位图】命令，如图9-3所示。

图9-1　选择素材图片

图9-2　导入的素材文件

图9-3　选择【转换为位图】命令

**STEP 04** 弹出【转换为位图】对话框，可以在对话框的【分辨率】下拉列表中设置位图的分辨率，以及在【颜色模式】下拉列表中选择合适的颜色模式，在这里使用默认设置即可，如图9-4所示。

**STEP 05** 单击【确定】按钮，即可将素材文件转换为位图，效果如图9-5所示。

图9-4　【转换为位图】对话框

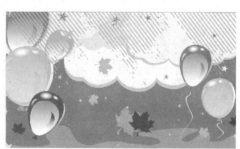

图9-5　转换为位图

## 9.2　自动调整

　　使用【自动调整】命令可以自动调整位图的颜色和对比度，从而使位图的色彩更加真实自然。

　　具体的操作步骤如下。

　　**01** 新建一个空白文档，然后按Ctrl+I组合键，在弹出的对话框中导入随书附带光盘中的【素材\第9章\茶.jpg】文件，如图9-6所示。

　　**02** 确定导入的素材文件处于选择状态，在菜单栏中选择【位图】|【自动调整】命令，如图9-7所示。

　　**03** 调整后的图像效果如图9-8所示。

图9-6　导入的素材文件　　　图9-7　选择【自动调整】命令　　　图9-8　调整后的图像效果

## 9.3　图像调整实验室

　　虽然使用【自动调整】命令的工作效率高，但是无法对调整时的参数进行控制，调整后的图像也未必能达到用户想要的特定效果。为了更好地控制调整效果，可以选择【图像调整实验室】命令来对图像的颜色、亮度、对比度等属性进行调整。

　　使用【图像调整实验室】命令来调整图像的操作步骤如下。

　　**01** 新建一个空白文档，然后按Ctrl+I组合键在弹出的对话框中导入随书附带光盘中的【素材\第9章\001.jpg】文件，如图9-9所示。

　　**02** 确定导入的素材文件处于选择状态，在菜单栏中选择【位图】|【图像调整实验室】命令，如图9-10所示。

　　**03** 弹出【图像调整实验室】对话框，在该对话框中将【温度】设置为4 180，将【淡色】设置为20，如图9-11所示。

**STEP 04** 设置完成后，单击【确定】按钮，调整图像后的效果如图9-12所示。

图9-9　导入的素材文件

图9-10　选择【图像调整实验室】命令

图9-11　【图像调整实验室】对话框

图9-12　调整图像后的效果

【图像调整实验室】对话框中的各选项功能介绍如下。

- 【逆时针旋转图像90度】按钮⟳：单击该按钮，可以使图像逆时针旋转90°。
- 【顺时针旋转图像90度】按钮⟲：单击该按钮，可以使图像顺时针旋转90°。
- 【平移工具】🖐：单击该按钮，可以使鼠标指针变成手形，从而可以在预览窗口中按住左键移动对象，以查看图像中无法完整显示的部分。
- 【放大】按钮🔍：单击该按钮，鼠标指针将变成放大镜形状，在预览窗口中单击即可放大图像。
- 【缩小】按钮🔍：单击该按钮，鼠标指针将变成缩小镜形状，在预览窗口中单击即可缩小图像。
- 【显示适合窗口大小的图像】按钮⊞：单击该按钮，可以缩放图像，使其刚好适合预览窗口的大小。
- 【以正常尺寸显示图像】按钮🔍：单击该按钮，可以将图像恢复正常尺寸。
- 【全屏预览】按钮☐：单击该按钮，可以在预览窗口中以全屏方式预览对象。
- 【全屏预览之前和之后】按钮▢：单击该按钮，可以在预览窗口中预览调整前后的图像。
- 【拆分预览之前和之后】按钮▢：单击该按钮，可以在预览窗口中以拆分的方式预览调整前后的图像。

- 【自动调整】按钮 自动调整(A)：单击该按钮，可以自动调整图像的亮度和对比度。
- 【选择白点】按钮 ：依据选择的白点自动调整图像的对比度。可以使用该按钮使太暗的图像变亮。
- 【选择黑点】按钮 ：依据选择的黑点自动调整图像的对比度。可以使用该按钮使太亮的图像变暗。
- 【温度】：使用该滑块可以调整图像的色温。通过色温的调节可以提高图像中的暖色调或冷色调，使图像具有温暖或者寒冷的感觉。
- 【淡色】：通过调整该滑块可以使图像的颜色偏向绿色或品红色，一般在使用【温度】滑块调节色温后，再使用该滑块进行微调。
- 【饱和度】：使用该滑块可以调节图像的饱和度，从而使图像显得鲜明或者灰暗。
- 【亮度】：使用该滑块可以调节图像的整体明暗度，如果要调整特定区域的明暗度，可以使用【高光】、【阴影】或【中间色调】滑块。
- 【对比度】：使用该滑块可以调整图像的对比度，从而增加或减少图像中暗色区域和明亮区域之间的色调差异。
- 【高光】：使用该滑块可以调整图像中最亮区域的亮度。
- 【阴影】：使用该滑块可以调整图像中最暗区域的亮度。
- 【中间色调】：使用该滑块可以调整图像内中间范围色调的亮度。
- 【撤销上一步操作】按钮 ：单击该按钮，可以撤销最后一步调整操作。
- 【重做最后撤销的操作】按钮 ：单击该按钮，可以重做最后撤销的操作。
- 【重置为原始值】按钮 重置为原始值(R)：单击该按钮，可以将调整后的图像重置为调整前的原始值。

# 9.4 矫正图像

使用【矫正图像】命令可以快速矫正位图图像。矫正以某个角度获取或扫描的相片时，该功能非常有用。

矫正图像的具体操作步骤如下。

**01** 新建一个空白文档，然后按Ctrl+I组合键，在弹出的对话框中导入随书附带光盘中的【素材\第9章\002.jpg】文件，如图9-13所示。

**02** 确定导入的素材文件处于选择状态，在菜单栏中选择【位图】|【矫正图像】命令，如图9-14所示。

**03** 弹出【矫正图像】对话框，在该对话框中将【旋转图像】设置为15°，如图9-15所示。

**04** 设置完成后单击【确定】按钮，矫正图像后的效果如图9-16所示。

图9-13　导入的素材文件

图9-14　选择【矫正图像】命令　　　　图9-15　【矫正图像】对话框　　　　图9-16　矫正图像后的效果

# 9.5 编辑位图

　　使用【编辑位图】命令可以打开Corel PHOTO-PAINT图像编辑程序。Corel PHOTO-PAINT是CorelDRAW的附属程序，其提供了完善的位图编辑功能，用户可以在其中对位图进行各种编辑操作。

　　在绘图页面中选择要编辑的位图，然后在菜单栏中选择【位图】|【编辑位图】命令，即可打开Corel PHOTO-PAINT编辑软件。可以看到，Corel PHOTO-PAINT的软件界面和CorelDRAW的界面十分相似，如图9-17所示。在Corel PHOTO-PAINT中完成对位图的编辑后，单击【保存】按钮，然后单击程序窗口中的【关闭】按钮，即可关闭Corel PHOTO-PAINT，并且编辑的位图将出现在CorelDRAW的绘图区中。

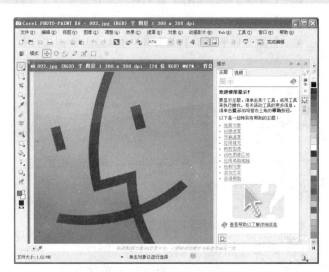

图9-17　Corel PHOTO-PAINT

# 9.6 裁剪位图

　　【裁剪位图】命令用于对位图进行裁剪，使其满足形状和大小上的需要。

　　裁剪位图的具体操作步骤如下。

　　**STEP 01** 新建一个空白文档，然后按Ctrl+I组合键，在弹出的对话框中导入随书附带光盘中的【素材\第9章\003.jpg】文件，如图9-18所示。

STEP 02 在工具箱中选择【形状工具】，然后通过拖动位图的节点来调整位图的形状，如图9-19所示。

STEP 03 在菜单栏中选择【位图】|【裁剪位图】命令，即可完成裁剪对象操作。

图9-18　导入的素材文件

图9-19　调整位图形状

# 9.7　位图颜色遮罩

【位图颜色遮罩】命令主要用于隐藏或显示位图中特定的颜色，从而对位图的色彩进行过滤。

在菜单栏中选择【位图】|【位图颜色遮罩】命令后，即可弹出【位图颜色遮罩】泊坞窗，如图9-20所示。用户可以在泊坞窗中设置要显示或隐藏的颜色，也可以保存或打开已有的设置。

使用【位图颜色遮罩】泊坞窗隐藏位图中的颜色的操作步骤如下。

STEP 01 接上节操作，在绘图页中选择位图，然后在泊坞窗中选择【隐藏颜色】选项。选择颜色列表中的第一个色块，然后单击【颜色选择】按钮，待光标变成吸管形状时单击图像中要隐藏的颜色，如图9-21所示。

图9-20　【位图颜色遮罩】泊坞窗

图9-21　选择颜色

STEP 02 此时可以发现，颜色列表中被选择的色块变成了与图像单击部位相同的颜色。选择泊

坞窗中要隐藏颜色对应色块前的复选框，然后调节容限滑杆设置颜色容限，在这里将颜色容限
设置为36，如图9-22所示。

**STEP 03** 设置完成后单击【应用】按钮，即可将图像中被选择的颜色隐藏，效果如图9-23所示。

图9-22 设置容限

图9-23 隐藏颜色效果

显示颜色的操作方法和隐藏颜色的操作相
似，用户只须先选择泊坞窗中的【显示颜色】选
项，然后参照隐藏颜色的步骤操作即可。执行显
示颜色操作后，图像中只显示被选择的颜色，而
其他颜色则被隐藏，如图9-24所示。

在【位图颜色遮罩】泊坞窗中单击【保存
遮罩】按钮，可以在弹出的【另存为】对话框
中保存遮罩设置；单击【打开遮罩】按钮，可
以在弹出的【打开】对话框中打开保存的遮罩设
置；单击【移除遮罩】按钮，可以移除已经应
用的遮罩效果。

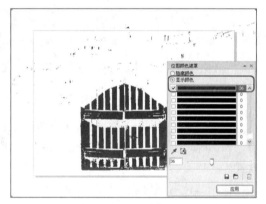

图9-24 显示颜色效果

# 9.8 重新取样

【重新取样】命令用于对位图进行重取样，从而重新调整位图的大小和分辨率。

对位图进行重新取样的操作步骤如下。

**STEP 01** 新建一个空白文档，然后按Ctrl+I组合键，在弹出的对话框中导入随书附带光盘中的
【素材\第9章\004.jpg】文件，如图9-25所示。

**STEP 02** 确定导入的素材文件处于选择状态，在菜单栏中选择【位图】|【重新取样】命令，如
图9-26所示。

**STEP 03** 弹出【重新取样】对话框，在该对话框中将【水平】和【垂直】分辨率设置为100，然
后勾选【保持原始大小】复选框，如图9-27所示。

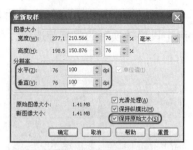

图9-25　导入的素材文件　　　图9-26　选择【重新取样】命令　　　图9-27　【重新取样】对话框

**STEP 04** 设置完成后单击【确定】按钮，对位图进行重新取样后的效果如图9-28所示。

【重新取样】对话框中的选项说明如下。

图9-28　重新取样后的效果

- 【图像大小】：该选项组用于对位图图像的大小进行重新设置，用户可以选择重新输入图像的宽度和高度值，也可以调整宽、高的百分比。如果选中【保持纵横比】复选框，则调整图像大小时会按原有比例调整图像的宽、高。

- 【分辨率】：该选项组用于调整图像的水平或垂直方向上的分辨率。如果选中【保持纵横比】复选框，则图像的水平和垂直分辨率保持相同，如果没有选中【保持纵横比】复选框并且也没有选中【单位值】复选框，则可以对水平或垂直分辨率进行独立调整。

- 【光滑处理】：选中该复选框，可以对图像进行光滑处理，从而避免图像外观的参差不齐。

- 【保持纵横比】：选中该复选框后，在调整位图的【宽度】或【高度】时，可以保持位图的比例。

- 【保持原始大小】：选中该复选框，可以在调整时保持图像的体积大小不变。也就是如果调高了图像大小或分辨率两项中的某一项，则另外一项的数值就会下降。原始图像和新图像的体积大小都可以在对话框的左下方查看。

- 【重置】按钮：单击该按钮，可以恢复图像的大小和分辨率为原始值。

# 9.9 模式

【模式】命令用于更改位图的色彩模式。不同的颜色模式下，色彩的表现方式和能够表现的丰富程度都有所不同，从而可以满足不同应用的需要。

## 9.9.1 黑白（1位）

【黑白（1位）】子菜单命令用于将图像转换为只有黑和白两种色彩组成的黑白图像。【黑白】色彩模式是最简单的，其可以表现的色彩数量最少，因此只需用1个数据位来存储色彩信息，从而使得图像的体积也相对较小。

选择位图后，在菜单栏中选择【位图】|【模式】|【黑白（1位）】命令，弹出【转换为1位】对话框，可以在【转换方法】下拉列表中选择所需的色彩转换方法，然后在【选项】选项组中设置转换时的强度等选项，如图9-29所示。将位图转换为黑白色彩前后的对比效果如图9-30所示。

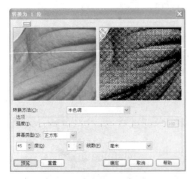 

图9-29 【转换为1位】对话框　　　　图9-30 将位图转换为黑白色彩前后的对比效果

## 9.9.2 灰度（8位）

【灰度（8位）】子菜单命令用于将图像转换为由黑色、白色以及中间过渡的灰色组成的图像。【灰度】色彩模式使用从0~255的亮度值来定义颜色，因此其色彩表现能力比【黑白】色彩模式更强，而存储色彩信息所用的数据位也更多。

选择位图后，在菜单栏中选择【位图】|【模式】|【灰度（8位）】命令，即可将图像转换为【灰度】色彩模式，转换前后的对比效果如图9-31所示。

图9-31 转换为【灰度】模式前后的对比效果

## 9.9.3 双色（8位）

【双色（8位）】子菜单命令用于将图像转换为【双色调】色彩模式。【双色调】色彩模式也就是在【灰度】模式的基础上附加1~4种颜色，从而加强了图像的色彩表现能力。

选择位图后，在菜单栏中选择【位图】|【模式】|【双色（8位）】命令，弹出【双色调】对话框，可以在对话框的【类型】下拉列表中选择一种色调类型，然后在下方的色彩列表框中选择某一色调，再在右侧的网格中按住鼠标左键拖曳鼠标调整色调曲线，从而控制添加到图像中的色调的强度，如图9-32所示。

除此之外，单击对话框中的【空】按钮可以将曲线恢复到默认值；单击【保存】按钮可保存已调整的曲线；而单击【装入】按钮可导入保存的曲线。也可以打开【叠印】选项卡，然后在【叠印】选项卡中指定打印图像时要叠印的颜色，如图9-33所示。将位图转换为【双色调】色彩模式前后的对比效果如图9-34所示。

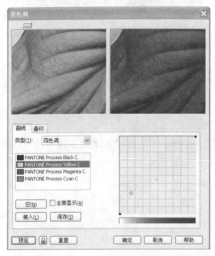

图9-32 【双色调】对话框

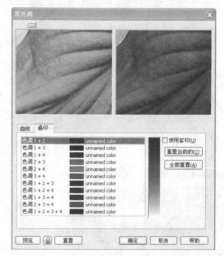

图9-33 【叠印】选项卡

图9-34 转换为【双色调】前后的对比效果

## 9.9.4 调色板色（8位）

【调色板色（8位）】子菜单命令用于将图像转换为调色板类型的色彩模式。【调色板】色彩模式也称为【索引】色彩模式，其将色彩分为256种不同的颜色值，并将这些颜色值存储在调色板中。将图像转换为调色板色彩模式时，会给每个像素分配一个固定的颜色值，因此，该颜色模式的图像在色彩逼真度较高的情况下保持了较小的文件体积，比较适合在屏幕上使用。

选择位图后，在菜单栏中选择【位图】|【模式】|【调色板色（8位）】命令，弹出【转换至调色板色】对话框，可以在对话框中设置图像的平滑度、选择要使用的调色板，以及选择递色处理的方式和抵色强度，如图9-35所示。

除此之外，也可以打开【范围的灵敏度】选项卡，然后指定范围灵敏度颜色，如图9-36所示。或者打开【已处理的调色板】选项卡，然后查看和编辑调色板，如图9-37所示。将位图转换为【调色板】色彩模式前后的对比效果如图9-38所示。

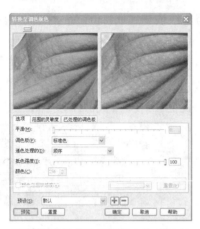

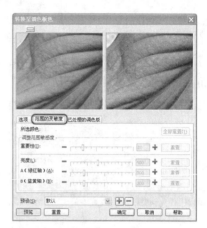

图9-35 【转换至调色板色】对话框 　　　　图9-36 【范围的灵敏度】选项卡

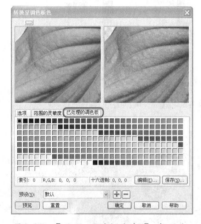

图9-37 【已处理的调色板】选项卡 　　　图9-38 转换为【调色板】色彩模式前后的对比效果

## 9.9.5　RGB颜色（24位）

　　【RGB颜色（24位）】子菜单命令用于将图像转换为RGB类型的色彩模式。RGB色彩模式使用三原色Red（红）、Green（绿）、Blue（蓝）来描述色彩，其可以显示更多的颜色。因此，在要求有精确色彩逼真度的场合，都可以采用RGB模式。选择位图后，在菜单栏中选择【位图】|【模式】|【RGB颜色（24位）】命令，即可将图像转换为RGB色彩模式。

## 9.9.6　Lab色（24位）

　　【Lab色（24位）】子菜单命令用于将图像转换为Lab类型的色彩模式。Lab颜色模式使用L（亮度）、a（绿色到红色）、b（蓝色到黄色）来描述图像，是一种与设备无关的色彩模式，无论使用何种设备创建或输出图像，这种模式都能生成一致的颜色。选择位图后，在菜单栏中选择【位图】|【模式】|【Lab色（24位）】命令，即可将图像转换为Lab色彩模式。

## 9.9.7　CMYK色（32位）

　　【CMYK色（32位）】子菜单命令用于将图像转换为CMYK类型的色彩模式。CMYK色彩模式使用青色（C）、洋红色（M）、黄色（Y）和黑色（K）来描述色彩，可以产生真实的黑色和范围很广的色调。因此，在商业印刷等需要精确打印的场合，图像一般采用CMYK模式。

选择位图后，在菜单栏中选择【位图】|【模式】|【CMYK色（32位）】命令，即可将图像转换为CMYK色彩模式，转换前后的对比效果如图9-39所示。

图9-39　转换为CMYK色彩模式前后的对比效果

# 9.10　位图边框扩充

【位图边框扩充】命令用于扩充图像边缘的空白部分，用户可以选择自动扩充位图边框，也可以手动调节位图边框。

## 9.10.1　自动扩充位图边框

如果要自动扩充位图边框，可以在菜单栏中选择【位图】|【位图边框扩充】|【自动扩充位图边框】命令，如图9-40所示。再次选择该子菜单命令，即可取消自动扩充边框功能。

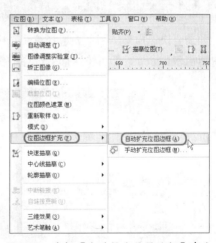

图9-40　选择【自动扩充位图边框】命令

## 9.10.2　手动扩充位图边框

除了使用自动扩充外，也可以选择手动扩充位图边框。手动扩充位图边框的具体操作步骤如下。

**STEP 01** 按Ctrl+O组合键，弹出【打开绘图】对话框，在该对话框中选择随书附带光盘中的【素材\第9章\005.cdr】文件，单击【打开】按钮，效果如图9-41所示。

**02** 在绘图页中选择位图图像，然后在菜单栏中选择【位图】|【位图边框扩充】|【手动扩充位图边框】命令，弹出【位图边框扩充】对话框，在该对话框中将【扩大方式】下的参数都设置为115%，如图9-42所示。

**03** 设置完成后单击【确定】按钮，扩充边框后的效果如图9-43所示。

图9-41　打开的素材文件

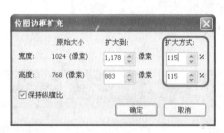

图9-42　【位图边框扩充】对话框

图9-43　扩充边框后的效果

## 9.11　快速描摹

如果要快速描摹位图，先选择绘图页中要描摹的位图图像，然后在菜单栏中选择【位图】|【快速描摹】命令，即可快速描摹选择的位图图像。快速描摹后的对比效果如图9-44所示。

图9-44　快速描摹后的对比效果

## 9.12　中心线描摹

中心线描摹方式是使用未填充的封闭和开放曲线（笔触）进行描摹，适用于描摹技术图解、地图、线条画和拼版。

在绘图页中选择需要描摹的位图图像，然后在菜单栏中选择【位图】|【中心线描摹】|【技术图解】命令，如图9-45所示。即可打开【PowerTRACE】对话框，在该对话框中可以对描摹参数进行设置，如图9-46所示。

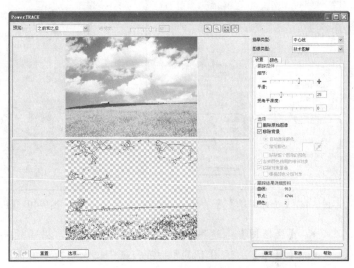

图9-45　选择【技术图解】命令　　　　　图9-46　【PowerTRACE】对话框

使用对话框中的【细节】、【平滑】和【拐角平滑度】选项可以控制描摹的最终效果，左键单击图像可以使图像放大，右击可以使图像缩小。【线条图】的描摹方式与【技术图解】相同，所以不再赘述。如图9-47所示为应用【技术图解】和【线条图】前后的对比效果。

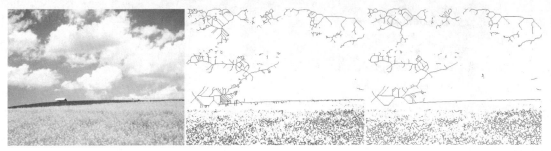

图9-47　应用【技术图解】和【线条图】前后的对比效果

# 9.13　轮廓描摹

轮廓描摹方式是使用无轮廓的曲线对象进行描摹，适用于描摹剪贴画、徽标和相片图像。

在绘图页中选择需要描摹的位图图像，然后在菜单栏中选择【位图】|【轮廓描摹】命令，在弹出的子菜单中选择一种描摹方式，如图9-48所示。

选择任意一种子菜单命令后，都可以弹出【PowerTRACE】对话框，在该对话框中可以对描摹参数进行设置，如图9-49所示。各子菜单命令的功能说明如下。

图9-48 【轮廓描摹】子菜单　　　　　　　　图9-49 【PowerTRACE】对话框

- 【线条图】：适用于描摹黑白草图和图解，描摹效果如图9-50所示。
- 【徽标】：适用于描摹细节和颜色较少的简单徽标，描摹效果如图9-51所示。

图9-50　线条图　　　　　　　　　图9-51　徽标

- 【详细徽标】：适用于描摹包含精细细节和许多颜色的徽标，描摹效果如图9-52所示。
- 【剪贴画】：适用于描摹根据细节量和颜色数而不同的现成的图形，描摹效果如图9-53所示。

图9-52　详细徽标　　　　　　　　　图9-53　剪贴画

- 【低品质图像】：适用于描摹细节不足（或包括要忽略的精细细节）的相片，描摹效果如图9-54所示。

- 【高质量图像】：适用于描摹高质量、超精细的相片，描摹效果如图9-55所示。

图9-54　低品质图像　　　　　　　　　　图9-55　高质量图像

## 9.14　中断链接

　　使用【中断链接】命令可以将链接外部的位图取消链接，以便于使用【位图】菜单中的一些效果命令对其进行编辑与处理。

　　如果导入位图时在【导入】对话框中勾选了【外部链接位图】复选框，如图9-56所示，则导入到绘图页中的位图为链接位图。如果用户不需要此链接，可以在菜单栏中选择【位图】|【中断链接】命令，将其取消链接，如图9-57所示。

图9-56　勾选【外部链接位图】复选框　　　图9-57　选择【中断链接】命令

## 9.15　自链接更新

　　【自链接更新】命令用于更新CorelDRAW页面中的链接对象。当用户在外部程序中对原图像进行编辑后，即可使用该菜单命令将编辑结果应用到链接对象中。要更新链接对象，只须先在外部程序中编辑原图像，然后在【位图】菜单中选择【自链接更新】命令即可。更新后的链接对象将和外部程序中的原图像相同。

# 9.16 三维效果

使用【位图】菜单中【三维效果】下的子菜单命令可以创建三维纵深感的效果，其中包括【三维旋转】、【柱面】、【浮雕】、【卷页】、【透视】、【挤远／挤近】、【球面】多个子菜单项，每个子菜单项对应一种三维效果。

## 9.16.1 三维旋转

【三维旋转】子菜单命令用于创建三维方向上的立体旋转效果。选择位图后，在菜单栏中选择【位图】|【三维效果】|【三维旋转】命令，弹出【三维旋转】对话框，在该对话框中可以对相关参数进行设置，如图9-58所示；设置【三维旋转】前后的对比效果如图9-59所示。

- 【垂直】：使图像垂直向上或向下旋转，形成立体感。
- 【水平】：使图像水平向左或向右旋转，形成立体感。
- 【最适合】：使图像在原始大小内进行立体旋转。

图9-58 【三维旋转】对话框　　　图9-59 设置【三维旋转】前后的对比效果

## 9.16.2 柱面

【柱面】子菜单命令用于在垂直或水平方向上拉伸或压缩图像，使图像显得较长或较扁。选择位图后，在菜单栏中选择【位图】|【三维效果】|【柱面】命令，弹出【柱面】对话框，在该对话框中可以对相关参数进行设置，如图9-60所示；设置【柱面】前后的对比效果如图9-61所示。

- 【水平】：以水平方式来改变柱面的效果。
- 【垂直】：以垂直方式来改变柱面的效果。

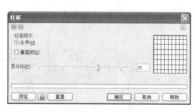

图9-60 【柱面】对话框　　　图9-61 设置【柱面】前后的对比效果

## 9.16.3 浮雕

【浮雕】子菜单命令用于创建各种浮雕效果。选择位图后，在菜单栏中选择【位图】|

【三维效果】|【浮雕】命令，弹出【浮雕】对话框，在该对话框中可以对相关参数进行设置，如图9-62所示；设置【浮雕】前后的对比效果如图9-63所示。

- 【深度】：控制浮雕效果的明显度，控制值在1～20之间。
- 【层次】：控制画面的层次度，层次值设置在1～500之间。【层次】一般和【深度】配合起来使用。
- 【方向】：用来控制浮雕的方向。
- 【浮雕色】：默认的有原始颜色、灰色、黑色和其他。使用【其他】选项可以自定义选择浮雕颜色。

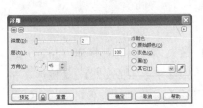

图9-62 【浮雕】对话框

图9-63 设置【浮雕】前后的对比效果

## 9.16.4 卷页

　　【卷页】子菜单命令用于创建图像的卷页效果，使得图像好像翻卷的书页一样卷曲。选择位图后，在菜单栏中选择【位图】|【三维效果】|【卷页】命令，弹出【卷页】对话框，在该对话框中可以对相关参数进行设置，如图9-64所示；设置【卷页】前后的对比效果如图9-65所示。

- 【卷页角】：可以给图像的左上角、右上角、左下角和右下角分别添加卷页效果。
- 【定向】：设置卷页的方向为水平卷页还是垂直卷页。
- 【纸张】：选择纸张为透明或不透明。
- 【颜色】：设置卷页的颜色和背景颜色。一般背景默认为白色，这样可以很明显地看到卷上去的效果，也可以设置为其他颜色。
- 【宽度】：设置卷页的宽度，设置比例在1%～100%。
- 【高度】：设置卷页的高度，设置比例在1%～100%。

图9-64 【卷页】对话框

图9-65 设置【卷页】前后的对比效果

## 9.16.5 透视

　　【透视】子菜单命令用于创建立体透视效果。选择位图后，在菜单栏中选择【位图】|

【三维效果】|【透视】命令，弹出【透视】对话框，在该对话框中可以对相关参数进行设置，如图9-66所示；设置【透视】前后的对比效果如图9-67所示。

图9-66 【透视】对话框

图9-67 设置【透视】前后的对比效果

## 9.16.6 挤远／挤近

【挤远／挤近】子菜单命令用于在图像某一点上产生挤压效果，可以向外挤压（挤近），也可以向内挤压（挤远）。选择位图后，在菜单栏中选择【位图】|【三维效果】|【挤远／挤近】命令，弹出【挤远／挤近】对话框，在该对话框中可以对相关参数进行设置，如图9-68所示；设置【挤远／挤近】前后的对比效果如图9-69所示。

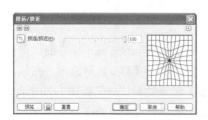

图9-68 【挤远／挤近】对话框

图9-69 设置【挤远／挤近】前后的对比效果

## 9.16.7 球面

【球面】子菜单命令用于在图像某点上产生球面凹陷或凸出的效果，类似于通过球面透镜观察图像的效果。选择位图后，在菜单栏中选择【位图】|【三维效果】|【球面】命令，弹出【球面】对话框，在该对话框中可以对相关参数进行设置，如图9-70所示；设置【球面】前后的对比效果如图9-71所示。

- 【优化】：该选项组中的【速度】和【质量】选项用于控制图像品质，【速度】品质较差；【质量】品质较好，但渲染速度比较慢。
- 【百分比】：设置凹凸效果。

图9-70 【球面】对话框

图9-71 设置【球面】前后的对比效果

## 9.17　艺术笔触

　　使用【位图】菜单中【艺术笔触】下的子菜单命令可以快速地将图像效果模拟为传统绘画效果，共包括【炭笔画】、【单色蜡笔画】、【蜡笔画】、【立体派】、【印象派】、【调色刀】、【彩色蜡笔画】、【钢笔画】、【点彩派】、【木版画】、【素描】、【水彩画】、【水印画】和【波纹纸画】14种画风。

### 9.17.1　炭笔画

　　【炭笔画】子菜单命令用来模拟传统的炭笔画效果，通过执行该命令，可以把图像转换为传统的炭笔黑白画效果。选择位图后，在菜单栏中选择【位图】|【艺术笔触】|【炭笔画】命令，弹出【炭笔画】对话框，在该对话框中可以对相关参数进行设置，如图9-72所示；设置【炭笔画】前后的对比效果如图9-73所示。

- 【大小】：设置画笔的笔尖大小。
- 【边缘】：设置炭笔画的边缘绘画效果。

图9-72　【炭笔画】对话框

图9-73　设置【炭笔画】前后的对比效果

### 9.17.2　单色蜡笔画

　　【单色蜡笔画】子菜单命令用来模拟传统的单色蜡笔画效果。选择位图后，在菜单栏中选择【位图】|【艺术笔触】|【单色蜡笔画】命令，弹出【单色蜡笔画】对话框，在该对话框中可以对相关参数进行设置，如图9-74所示；设置【单色蜡笔画】前后的对比效果如图9-75所示。

- 【单色】：用来设置蜡笔的颜色。
- 【纸张颜色】：设置传统纸张的颜色。
- 【压力】：调整蜡笔的深刻效果，压力越小，效果越柔和，反之则效果越明显。
- 【底纹】：控制图像的纹理。

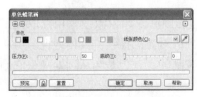

图9-74　【单色蜡笔画】对话框

图9-75　设置【单色蜡笔画】前后的对比效果

### 9.17.3　蜡笔画

　　【蜡笔画】子菜单命令用来模拟传统蜡笔画的效果。选择位图后，在菜单栏中选择【位图】|【艺术笔触】|【蜡笔画】命令，弹出【蜡笔画】对话框，在该对话框中可以对相关参数进行设置，如图9-76所示；设置【蜡笔画】前后的对比效果如图9-77所示。

- 【大小】：控制蜡笔笔尖的大小。
- 【轮廓】：控制蜡笔效果的层次度，轮廓越大，层次越明显。

<table>
<tr><td>图9-76　【蜡笔画】对话框</td><td>图9-77　设置【蜡笔画】前后的对比效果</td></tr>
</table>

## 9.17.4　立体派

　　立体派是把对象分割成许多面，同时呈现不同角度的面，因此立体派作品看起来像碎片被放在一个平面上。通过使用CorelDRAW X6中的【立体派】子菜单命令，可以很好地再现这种效果。选择位图后，在菜单栏中选择【位图】|【艺术笔触】|【立体派】命令，弹出【立体派】对话框，在该对话框中可以对相关参数进行设置，如图9-78所示；设置【立体派】前后的对比效果如图9-79所示。

- 【大小】：控制画笔的大小。
- 【亮度】：控制画面的亮度。
- 【纸张色】：用于设置传统绘画纸张的颜色。

<table>
<tr><td>图9-78　【立体派】对话框</td><td>图9-79　设置【立体派】前后的对比效果</td></tr>
</table>

## 9.17.5　印象派

　　印象派也叫印象主义，是19世纪60～90年代在法国兴起的画派。印象派绘画用点取代了传统绘画使用的简单的线与面，从而达到传统绘画所无法达到的对光的描绘。具体地说，当从近处观察印象派绘画作品时，我们看到的是许多不同色彩的凌乱的点，但是当从远处观察它们时，这些点就会像七色光一样汇聚起来，给人光的感觉，达到意想不到的效果。

　　通过使用CorelDRAW X6中的【印象派】子菜单命令，可以很好地再现和模拟这种效果。

选择位图后，在菜单栏中选择【位图】|【艺术笔触】|【印象派】命令，弹出【印象派】对话框，在该对话框中可以对相关参数进行设置，如图9-80所示；设置【印象派】前后的对比效果如图9-81所示。

- 【样式】：即再现的两种样式，一种是笔触再现，一种是色块再现。
- 【技术】：包含【笔触】、【着色】和【亮度】3个选项。【笔触】用来控制笔触的力度和大小；【着色】控制着画面的染色度；【亮度】控制画面的明暗度。

图9-80 【印象派】对话框　　　　　图9-81　设置【印象派】前后的对比效果

## 9.17.6　调色刀

调色刀，又称画刀，用富有弹性的薄钢片制成，有尖状、圆状之分，用于在调色板上调匀颜料。不少画家也以刀代笔，直接用刀作画或部分地在画布上形成颜料层面、肌理，增加表现力。

通过使用CorelDRAW X6中的【调色刀】命令，可以很好地再现和模拟这种效果。选择位图后，在菜单栏中选择【位图】|【艺术笔触】|【调色刀】命令，弹出【调色刀】对话框，在该对话框中可以对相关参数进行设置，如图9-82所示；设置【调色刀】前后的对比效果如图9-83所示。

- 【刀片尺寸】：控制刀片的大小。数值越小，用调色刀表现的画面越细腻，数值越大，表现的画面颜色则比较粗糙。
- 【柔软边缘】：控制图像的边缘效果。
- 【角度】：设置调色刀的角度。

图9-82 【调色刀】对话框　　　　　图9-83　设置【调色刀】前后的对比效果

## 9.17.7　彩色蜡笔画

【彩色蜡笔画】子菜单命令用来模拟传统的彩色蜡笔画效果。选择位图后，在菜单栏中选择【位图】|【艺术笔触】|【彩色蜡笔画】命令，弹出【彩色蜡笔画】对话框，在该对话框中可以对相关参数进行设置，如图9-84所示；设置【彩色蜡笔画】前后的对比效果如图9-85所示。

图9-84 【彩色蜡笔画】对话框

图9-85 设置【彩色蜡笔画】前后的对比效果

### 9.17.8 钢笔画

【钢笔画】子菜单命令用来模拟钢笔画效果。选择位图后，在菜单栏中选择【位图】|【艺术笔触】|【钢笔画】命令，弹出【钢笔画】对话框，在该对话框中可以对相关参数进行设置，如图9-86所示；设置【钢笔画】前后的对比效果如图9-87所示。

- 【样式】：设置钢笔绘画的样式，其中包括【交叉阴影】和【点画】样式。
- 【密度】：控制画面中钢笔画的密度。
- 【墨水】：控制钢笔绘画时的墨水使用量。

图9-86 【钢笔画】对话框

图9-87 设置【钢笔画】前后的对比效果

### 9.17.9 点彩派

点彩派画的特点是画面上只有色彩的斑点在逐渐变化，把物体分析成细碎的色彩斑块，用画笔点画在画布上。这些点点斑斑，通过视觉作用达到自然结合，形成各种物象，有如中世纪的镶嵌画效果，点画出来的笔触在画面上好像罩上一层模糊不清的影子。

通过使用CorelDRAW X6中的【点彩派】子菜单命令，可以很好地模拟这一效果。选择位图后，在菜单栏中选择【位图】|【艺术笔触】|【点彩派】命令，弹出【点彩派】对话框，在该对话框中可以对相关参数进行设置，如图9-88所示；设置【点彩派】前后的对比效果如图9-89所示。

图9-88 【点彩派】对话框

图9-89 设置【点彩派】前后的对比效果

- 【大小】：设置点画的大小。
- 【亮度】：画面的明暗程度控制。

# 9.17.10　木版画

木版画俗称木刻，源于我国古代。雕版印刷书籍中的插图，是版画家族中最古老，也是最有代表性的一支。木版画刀法刚劲有力，黑白相间的节奏使作品极有力度。

通过使用CorelDRAW X6中的【木版画】子菜单命令，可以很好地模拟这一效果。选择位图后，在菜单栏中选择【位图】|【艺术笔触】|【木版画】命令，弹出【木版画】对话框，在该对话框中可以对相关参数进行设置，如图9-90所示；设置【木版画】前后的对比效果如图9-91所示。

- 【刮痕至】：设置木板的颜色，其中包含【颜色】和【白色】两个选项，【颜色】即当前应用图像的颜色。
- 【密度】：控制木版画面的密度。
- 【大小】：设置木板刀刻的大小。

图9-90　【木版画】对话框　　　　　图9-91　设置【木版画】前后的对比效果

# 9.17.11　素描

【素描】子菜单命令用来模拟传统的纸上素描效果。选择位图后，在菜单栏中选择【位图】|【艺术笔触】|【素描】命令，弹出【素描】对话框，在该对话框中可以对相关参数进行设置，如图9-92所示；设置【素描】前后的对比效果如图9-93所示。

- 【铅笔类型】：包括【碳色】和【颜色】两种。【颜色】即当前默认的图像颜色。
- 【样式】：控制着画面的粗糙和精细程度。
- 【笔芯】：通过【笔芯】选项，可以找到最适合的铅笔类型。
- 【轮廓】：设置图像轮廓的深浅。数值越大，轮廓越清晰。

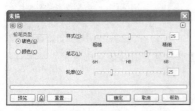

图9-92　【素描】对话框　　　　　图9-93　设置【素描】前后的对比效果

### 9.17.12　水彩画

水彩画给人的印象是湿润流畅、晶莹透明、轻松活泼。用水调色，发挥水分的作用，灵活自然、滋润流畅、淋漓痛快、韵味无尽，这就是水彩画的特点。

通过使用CorelDRAW X6中的【水彩画】子菜单命令，可以很好地模拟这一效果。选择位图后，在菜单栏中选择【位图】|【艺术笔触】|【水彩画】命令，弹出【水彩画】对话框，在该对话框中可以对相关参数进行设置，如图9-94所示；设置【水彩画】前后的对比效果如图9-95所示。

- 【画刷大小】：控制水彩画笔的笔刷大小。
- 【粒状】：控制水彩的浓淡程度。
- 【水量】：控制颜料中的水分。
- 【出血】：控制水彩的渗透力度。
- 【亮度】：控制画面的明暗。

图9-94　【水彩画】对话框

图9-95　设置【水彩画】前后的对比效果

### 9.17.13　水印画

【水印画】子菜单命令用来模拟水印画艺术笔触效果。选择位图后，在菜单栏中选择【位图】|【艺术笔触】|【水印画】命令，弹出【水印画】对话框，在该对话框中可以对相关参数进行设置，如图9-96所示；设置【水印画】前后的对比效果如图9-97所示。

- 【变化】：选择颜色在水中的变化方式，其中包含【默认】、【顺序】和【随机】3个选项。
- 【大小】：决定颜料晕开的大小程度，值越大，晕开的颜色范围就越大。
- 【颜色变化】：控制画面的颜色变化。

图9-96　【水印画】对话框

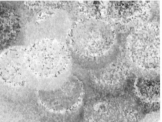

图9-97　设置【水印画】前后的对比效果

### 9.17.14　波纹纸画

【波纹纸画】子菜单命令用来模拟在波纹纸上作画的效果。选择位图后，在菜单栏中选择

【位图】|【艺术笔触】|【波纹纸画】命令，弹出【波纹纸画】对话框，在该对话框中可以对相关参数进行设置，如图9-98所示；设置【波纹纸画】前后的对比效果如图9-99所示。

- 【笔刷颜色模式】：设置波纹纸画的颜色，其中包含【颜色】和【黑白】两种模式。
- 【笔刷压力】：控制笔刷的压力程度。

图9-98 【波纹纸画】对话框　　　　图9-99 设置【波纹纸画】前后的对比效果

## 9.18 模糊

使用【位图】菜单中的【模糊】命令可以给图像添加不同程度的模糊效果，【模糊】命令共包含9个子菜单命令，分别是【定向平滑】、【高斯式模糊】、【锯齿状模糊】、【低通滤波器】、【动态模糊】、【放射状模糊】、【平滑】、【柔和】和【缩放】。

### 9.18.1 定向平滑

【定向平滑】子菜单命令主要用来校正图像中比较细微的缺陷部分，可以使这部分图像变得更加平滑。选择位图后，在菜单栏中选择【位图】|【模糊】|【定向平滑】命令，弹出【定向平滑】对话框，如图9-100所示，通过拖动其中的【百分比】滑块可以调节图像的平滑程度。设置【定向平滑】后的效果如图9-101所示。

图9-100 【定向平滑】对话框　　　　图9-101 设置【定向平滑】后的效果

### 9.18.2 高斯式模糊

【高斯式模糊】子菜单命令是【模糊】命令中使用最频繁的一个命令，高斯模糊是建立在

高斯函数基础上的一个模糊计算方法。选择位图后，在菜单栏中选择【位图】|【模糊】|【高斯式模糊】命令，弹出【高斯式模糊】对话框，如图9-102所示，通过设置其中的【半径】选项，可以控制高斯式模糊的模糊效果。设置【高斯式模糊】前后的对比效果如图9-103所示。

图9-102 【高斯式模糊】对话框

图9-103 设置【高斯式模糊】前后的对比效果

### 9.18.3 锯齿状模糊

【锯齿状模糊】子菜单命令主要用来校正边缘参差不齐的图像，属于细微的模糊调节。选择位图后，在菜单栏中选择【位图】|【模糊】|【锯齿状模糊】命令，弹出【锯齿状模糊】对话框，如图9-104所示，通过调节其中的【宽度】和【高度】值来控制图像效果。设置【锯齿状模糊】前后的对比效果如图9-105所示。

图9-104 【锯齿状模糊】对话框

图9-105 设置【锯齿状模糊】前后的对比效果

### 9.18.4 低通滤波器

【低通滤波器】子菜单命令用于对图像进行低通滤波模糊处理。选择位图后，在菜单栏中选择【位图】|【模糊】|【低通滤波器】命令，弹出【低通滤波器】对话框，如图9-106所示，通过拖动其中的【百分比】滑块来调节模糊的程度；通过拖动【半径】滑块来调节模糊处理的半径。设置【低通滤波器】前后的对比效果如图9-107所示。

图9-106 【低通滤波器】对话框

图9-107 设置【低通滤波器】前后的对比效果

### 9.18.5　动态模糊

使用【动态模糊】子菜单命令可以使图像产生动感模糊的效果。选择位图后，在菜单栏中选择【位图】|【模糊】|【动态模糊】命令，弹出【动态模糊】对话框，如图9-108所示，通过设置其中的【间距】来控制动感力度，通过设置【方向】来设置动感的方向。设置【动态模糊】前后的对比效果如图9-109所示。

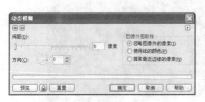

图9-108　【动态模糊】对话框　　　　图9-109　设置【动态模糊】前后的对比效果

### 9.18.6　放射状模糊

使用【放射状模糊】子菜单命令可以给图像添加一种自中心向周围呈旋涡状的放射模糊状态。选择位图后，在菜单栏中选择【位图】|【模糊】|【放射状模糊】命令，弹出【放射状模糊】对话框，如图9-110所示，通过设置其中的【数量】来控制放射力度。设置【放射状模糊】前后的对比效果如图9-111所示。

图9-110　【放射状模糊】对话框　　　　图9-111　设置【放射状模糊】前后的对比效果

### 9.18.7　平滑

使用【平滑】子菜单命令可以使图像变得更加平滑，通常用于优化位图图像。选择位图后，在菜单栏中选择【位图】|【模糊】|【平滑】命令，弹出【平滑】对话框，如图9-112所示，通过设置其中的【百分比】来控制平滑力度。设置【平滑】前后的对比效果如图9-113所示。

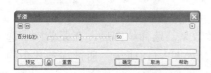

图9-112　【平滑】对话框　　　　图9-113　设置【平滑】前后的对比效果

### 9.18.8　柔和

　　【柔和】子菜单命令主要用来柔化图像，和【平滑】子菜单命令的作用基本相同，都是用来优化图像的。选择位图后，在菜单栏中选择【位图】|【模糊】|【柔和】命令，弹出【柔和】对话框，如图9-114所示，通过设置其中的【百分比】来控制柔和力度。设置【柔和】后的效果如图9-115所示。

图9-114　【柔和】对话框　　　　　　　图9-115　设置【柔和】后的效果

### 9.18.9　缩放

　　使用【缩放】子菜单命令可使图像自中心产生一种爆炸式的效果。选择位图后，在菜单栏中选择【位图】|【模糊】|【缩放】命令，弹出【缩放】对话框，如图9-116所示，通过设置其中的【数量】来控制爆炸的力度，设置【缩放】前后的对比效果如图9-117所示。

图9-116　【缩放】对话框　　　　　　图9-117　设置【缩放】前后的对比效果

## 9.19　相机

　　【相机】命令用于模拟由扩散透镜的扩散过滤器产生的效果，其中包括【扩散】子菜单命令。

　　【扩散】子菜单命令用于模拟由扩散过滤器产生的扩散效果。选择位图后，在菜单栏中选择【位图】|【相机】|【扩散】命令，弹出【扩散】对话框，如图9-118所示，通过拖动其中的【层次】滑块来调节扩散的层次。设置【扩散】前后的对比效果如图9-119所示。

图9-118 【扩散】对话框　　图9-119　设置【扩散】前后的对比效果

## 9.20　颜色转换

使用【位图】菜单中【颜色转换】下的子菜单命令可以通过减少或替换颜色来创建色彩幻觉效果，其中包括【位平面】、【半色调】、【梦幻色调】和【曝光】4个子菜单命令，每个子菜单命令对应一种颜色变换效果。

### 9.20.1　位平面

【位平面】子菜单命令通过红（R）、绿（G）、蓝（B）三种颜色来控制图像中的色彩变化，每一种颜色就是一个面。选择位图后，在菜单栏中选择【位图】|【颜色转换】|【位平面】命令，弹出【位平面】对话框，如图9-120所示，在其中勾选【应用于所有位面】复选框即可同时调整RGB三种颜色，取消该复选框的勾选即可对单个颜色进行调整。设置【位平面】前后的对比效果如图9-121所示。

图9-120 【位平面】对话框　　图9-121　设置【位平面】前后的对比效果

### 9.20.2　半色调

【半色调】子菜单命令通过调节CMYK的各项色值来给图像添加一种特殊效果。选择位图后，在菜单栏中选择【位图】|【颜色转换】|【半色调】命令，弹出【半色调】对话框，如图9-122所示，通过控制【最大点半径】可以控制画面中的粗糙和精细程度。设置【半色调】前后的对比效果如图9-123所示。

图9-122 【半色调】对话框　　图9-123　设置【半色调】前后的对比效果

### 9.20.3　梦幻色调

通过【梦幻色调】子菜单命令可以将图像色彩转换为梦幻类型的色调效果。选择位图后，在菜单栏中选择【位图】|【颜色转换】|【梦幻色调】命令，弹出【梦幻色调】对话框，如图9-124所示，可以通过【层次】选项来控制梦幻色调的效果。设置【梦幻色调】前后的对比效果如图9-125所示。

图9-124　【梦幻色调】对话框　　　　　图9-125　设置【梦幻色调】前后的对比效果

### 9.20.4　曝光

【曝光】子菜单命令可以给图像添加曝光效果。选择位图后，在菜单栏中选择【位图】|【颜色转换】|【曝光】命令，弹出【曝光】对话框，如图9-126所示，可以通过【层次】选项来控制曝光的深度。设置【曝光】前后的对比效果如图9-127所示。

图9-126　【曝光】对话框　　　　　图9-127　设置【曝光】前后的对比效果

## 9.21　轮廓图

使用【位图】菜单中【轮廓图】下的子菜单命令可以突出显示和增强图像的边缘，其中包括【边缘检测】、【查找边缘】和【描摹轮廓】3个子菜单命令。

### 9.21.1　边缘检测

【边缘检测】子菜单命令用于突出刻画图像的边缘轮廓，而忽略图像的色彩。选择位图后，在菜单栏中选择【位图】|【轮廓图】|【边缘检测】命令，弹出【边缘检测】对话框，如图9-128所示，可以在【背景色】选项组中选择一种颜色作为图像的背景色，然后通过拖动

【灵敏度】滑块来调节检测和刻画时的灵敏度。设置【边缘检测】前后的对比效果如图9-129所示。

图9-128　【边缘检测】对话框　　　　　图9-129　设置【边缘检测】前后的对比效果

## 9.21.2　查找边缘

【查找边缘】子菜单命令用于检测并刻画图像的线条，从而突出图像轮廓的层次感。选择位图后，在菜单栏中选择【位图】|【轮廓图】|【查找边缘】命令，弹出【查找边缘】对话框，如图9-130所示，在该对话框中先选择一种边缘类型，然后通过拖动【层次】滑块来调节图像轮廓的层次感。设置【查找边缘】前后的对比效果如图9-131所示。

图9-130　【查找边缘】对话框　　　　　图9-131　设置【查找边缘】前后的对比效果

## 9.21.3　描摹轮廓

【描摹轮廓】子菜单命令可以使用多种颜色描摹图像的轮廓。选择位图后，在菜单栏中选择【位图】|【轮廓图】|【描摹轮廓】命令，弹出【描摹轮廓】对话框，如图9-132所示，可以拖动【层次】滑块来调节刻画轮廓时的层次感，然后选择一种边缘类型。设置【描摹轮廓】前后的对比效果如图9-133所示。

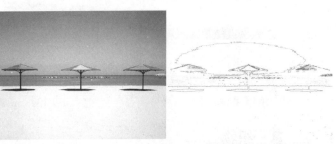

图9-132　【描摹轮廓】对话框　　　　　图9-133　设置【描摹轮廓】前后的对比效果

## 9.22 创造性

【位图】菜单中【创造性】下的各子菜单可以通过对图像应用各种底纹和形状来创造出各种创意效果，其中包括【工艺】、【晶体化】、【织物】、【框架】、【玻璃砖】、【儿童游戏】和【马赛克】等多个子菜单命令。

### 9.22.1 工艺

【工艺】子菜单命令可以使用某种对象分解图像，从而创造出各种拼图效果。选择位图后，在菜单栏中选择【位图】|【创造性】|【工艺】命令，弹出【工艺】对话框，如图9-134所示；设置【工艺】前后的对比效果如图9-135所示。

- 【样式】：在该下拉列表中选择一种拼图样式。
- 【大小】：拖动滑块调节拼图块的大小。
- 【完成】：拖动滑块调节拼图的完成程度。
- 【亮度】：拖动滑块调节图像的亮度。
- 【旋转】：调节图像旋转的方向。

图9-134 【工艺】对话框

图9-135 设置【工艺】前后的对比效果

### 9.22.2 晶体化

【晶体化】子菜单命令可以模拟将图像分解为多个晶体块的效果。选择位图后，在菜单栏中选择【位图】|【创造性】|【晶体化】命令，弹出【晶体化】对话框，如图9-136所示；设置【晶体化】前后的对比效果如图9-137所示。

在对话框中拖动【大小】滑块，可以调节晶体块的大小。

图9-136 【晶体化】对话框

图9-137 设置【晶体化】前后的对比效果

### 9.22.3 织物

【织物】子菜单命令可以模拟使用各种织物编制的图像效果。选择位图后，在菜单栏中选

择【位图】|【创造性】|【织物】命令，弹出【织物】对话框，如图9-138所示；设置【织物】前后的对比效果如图9-139所示。

- 【样式】：在该下拉列表中选择一种织物样式。
- 【大小】：拖动滑块调节织物线条的大小。
- 【完成】：拖动滑块调节编织的完成程度。
- 【亮度】：拖动滑块调节图像的亮度。
- 【旋转】：调节图像旋转的方向。

图9-138 【织物】对话框　　　　　　图9-139　设置【织物】前后的对比效果

## 9.22.4 框架

【框架】子菜单命令可以使用多种框架来框住图像，使得图像可以按照框架的样式来显示。选择位图后，在菜单栏中选择【位图】|【创造性】|【框架】命令，弹出【框架】对话框，可以在左侧的框架列表框中为图像选择一个合适的框架，如图9-140所示。除此之外，还可以打开【修改】选项卡，对框架的颜色、透明度、缩放和位置等属性进行设置，如图9-141所示。

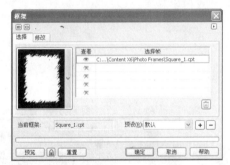

图9-140 【框架】对话框　　　　　　　图9-141 【修改】选项卡

为图像添加框架后的效果如图9-142所示。

图9-142　为图像添加框架后的效果

### 9.22.5 玻璃砖

【玻璃砖】子菜单命令可以模拟玻璃砖化图像效果。选择位图后，在菜单栏中选择【位图】|【创造性】|【玻璃砖】命令，弹出【玻璃砖】对话框，如图9-143所示；设置【玻璃砖】前后的对比效果如图9-144所示。

- 【块宽度】：拖动滑块调节玻璃砖块的宽度。
- 【块高度】：拖动滑块调节玻璃砖块的高度。
- 【锁定比例】按钮：如果按下该按钮，则可以同时调节玻璃砖块的高度和宽度。

图9-143 【玻璃砖】对话框

图9-144 设置【玻璃砖】前后的对比效果

### 9.22.6 儿童游戏

【儿童游戏】子菜单命令可以模拟将图像分解成各种儿童游戏图案的效果。选择位图后，在菜单栏中选择【位图】|【创造性】|【儿童游戏】命令，弹出【儿童游戏】对话框，如图9-145所示；设置【儿童游戏】前后的对比效果如图9-146所示。

- 【游戏】：在该下拉列表中选择一种儿童绘画或图案样式。
- 【大小】：拖动滑块调节拼图块的大小。
- 【完成】：拖动滑块调节拼图的完成程度。
- 【亮度】：拖动滑块调节图像的亮度。
- 【旋转】：调节图像旋转的方向。

图9-145 【儿童游戏】对话框

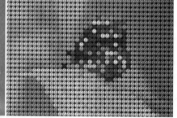

图9-146 设置【儿童游戏】前后的对比效果

### 9.22.7 马赛克

【马赛克】子菜单命令可以模拟为图像打上马赛克的效果。选择位图后，在菜单栏中选择【位图】|【创造性】|【马赛克】命令，弹出【马赛克】对话框，如图9-147所示；设置【马赛克】前后的对比效果如图9-148所示。

- 【大小】：拖动滑块调节马赛克的大小。
- 【背景色】：设置背景颜色。
- 【虚光】：勾选该复选框后，可以对图像进行虚光处理。

图9-147 【马赛克】对话框

图9-148 设置【马赛克】前后的对比效果

## 9.22.8 粒子

　　【粒子】子菜单命令用于为图像添加星状或气泡状的粒子。选择位图后，在菜单栏中选择【位图】|【创造性】|【粒子】命令，弹出【粒子】对话框，如图9-149所示；设置【粒子】前后的对比效果如图9-150所示。

- 【样式】：在该选项组中选择【星星】或【气泡】粒子样式。
- 【粗细】：拖动滑块调节粒子的大小。
- 【密度】：拖动滑块调节粒子的密度。
- 【着色】：拖动滑块调节粒子的颜色浓度。
- 【透明度】：拖动滑块调节粒子的透明度。
- 【角度】：调节粒子的角度。

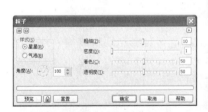

图9-149 【粒子】对话框

图9-150 设置【粒子】前后的对比效果

## 9.22.9 散开

　　【散开】子菜单命令用于制作图像颜色扩散的效果。选择位图后，在菜单栏中选择【位图】|【创造性】|【散开】命令，弹出【散开】对话框，如图9-151所示；设置【散开】前后的对比效果如图9-152所示。

- 【水平】：拖动滑块调节水平方向上的扩散程度。
- 【垂直】：拖动滑块调节垂直方向上的扩散程度。

图9-151 【散开】对话框　　图9-152 设置【散开】前后的对比效果

## 9.22.10　茶色玻璃

【茶色玻璃】子菜单命令用于制作茶色玻璃图像效果。选择位图后，在菜单栏中选择【位图】|【创造性】|【茶色玻璃】命令，弹出【茶色玻璃】对话框，如图9-153所示；设置【茶色玻璃】前后的对比效果如图9-154所示。

- 【淡色】：拖动滑块调节玻璃颜色的浓度。
- 【模糊】：拖动滑块调节图像的模糊程度。
- 【颜色】：选择茶色玻璃的颜色。

图9-153 【茶色玻璃】对话框　　图9-154 设置【茶色玻璃】前后的对比效果

## 9.22.11　彩色玻璃

【彩色玻璃】子菜单命令用于制作彩色玻璃图像效果，也就是多种彩色块拼凑成一块玻璃的效果。选择位图后，在菜单栏中选择【位图】|【创造性】|【彩色玻璃】命令，弹出【彩色玻璃】对话框，如图9-155所示；设置【彩色玻璃】前后的对比效果如图9-156所示。

图9-155 【彩色玻璃】对话框　　图9-156 设置【彩色玻璃】前后的对比效果

- 【大小】：拖动滑块调节玻璃色块的大小。
- 【光源强度】：拖动滑块调节玻璃反射光线的强度。

- 【焊接宽度】: 设置焊接拼缝的宽度。
- 【焊接颜色】: 选择焊接拼缝的颜色。
- 【三维照明】: 如果勾选该复选框, 可以产生三维立体化效果。

## 9.22.12　虚光

　　【虚光】子菜单命令用于制作图像中的光线柔和渐变的效果。选择位图后, 在菜单栏中选择【位图】|【创造性】|【虚光】命令, 弹出【虚光】对话框, 如图9-157所示; 设置【虚光】前后的对比效果如图9-158所示。

- 【颜色】: 在该选项组中选择光线的颜色。
- 【形状】: 在该选项组中选择光线散射的形状。
- 【偏移】: 拖动滑块调节光线渐变的扩展程度。
- 【褪色】: 拖动滑块调节光线渐变的褪色速度。

图9-157　【虚光】对话框　　　　　图9-158　设置【虚光】前后的对比效果

## 9.22.13　旋涡

　　【旋涡】子菜单命令用于在图像中创建旋涡效果。选择位图后, 在菜单栏中选择【位图】|【创造性】|【旋涡】命令, 弹出【旋涡】对话框, 如图9-159所示; 设置【旋涡】前后的对比效果如图9-160所示。

- 【样式】: 在该下拉列表中选择一种旋涡样式。
- 【粗细】: 拖动滑块调节旋涡的纹路粗细。
- 【内部方向】和【外部方向】: 调节旋涡内部和外部的旋转方向。

图9-159　【旋涡】对话框　　　　　图9-160　设置【旋涡】前后的对比效果

## 9.22.14　天气

　　【天气】子菜单命令用于在图像中创建雪、雨、雾等天气效果。选择位图后, 在菜单栏

中选择【位图】|【创造性】|【天气】命令，弹出【天气】对话框，如图9-161所示；设置【天气】前后的对比效果如图9-162所示。

图9-161 【天气】对话框

图9-162 设置【天气】前后的对比效果

- 【预报】：在该选项组中选择一种天气。
- 【浓度】：拖动滑块调节天气的恶劣程度。
- 【大小】：拖动滑块调节雪、雨、雾等颗粒的大小。
- 【随机化】按钮：单击该按钮可随机地选择颗粒的分布。

## 9.23 扭曲

【位图】菜单中【扭曲】下的子菜单命令可以创建多种图像表面的扭曲效果，其中包括【块状】、【置换】、【偏移】、【像素】、【龟纹】、【平铺】和【湿笔画】等多个子菜单命令。

### 9.23.1 块状

【块状】子菜单命令用于创建碎块状的图像扭曲效果。选择位图后，在菜单栏中选择【位图】|【扭曲】|【块状】命令，弹出【块状】对话框，如图9-163所示；设置【块状】前后的对比效果如图9-164所示。

- 【未定义区域】：在该选项组中选择碎块空隙间的颜色。
- 【块宽度】和【块高度】：拖动滑块调节碎块的宽度和高度。
- 【最大偏移】：拖动滑块调节碎块的偏移量。

图9-163 【块状】对话框

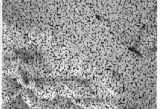

图9-164 设置【块状】前后的对比效果

### 9.23.2 置换

【置换】子菜单命令可以使用多种网格置换图像的原有区域，从而创建图像被网格切割的

效果。选择位图后，在菜单栏中选择【位图】|【扭曲】|【置换】命令，弹出【置换】对话框，如图9-165所示；设置【置换】前后的对比效果如图9-166所示。

图9-165 【置换】对话框

图9-166 设置【置换】前后的对比效果

- 【缩放模式】：在该选项组中选择缩放图像大小的方式。
- 【未定义区域】：在该下拉列表中选择处理图像边缘区域的选项。
- 【水平】和【垂直】：拖动滑块调节水平和垂直方向上的网格大小。
- 网格预览窗口：在该窗口中选择要使用的网格样式。

### 9.23.3 偏移

【偏移】子菜单命令用于创建图像内部偏移的效果。选择位图后，在菜单栏中选择【位图】|【扭曲】|【偏移】命令，弹出【偏移】对话框，如图9-167所示；设置【偏移】前后的对比效果如图9-168所示。

- 【位移】：在该选项组中分别拖动【水平】和【垂直】滑块来调节图像在水平和垂直方向上的偏移量。
- 【未定义区域】：在该下拉列表中选择偏移后超出图像边框部分的处理方式。

图9-167 【偏移】对话框

图9-168 设置【偏移】前后的对比效果

### 9.23.4 像素

【像素】子菜单命令用于对图像进行像素化处理，从而创建像素化图像效果。选择位图后，在菜单栏中选择【位图】|【扭曲】|【像素】命令，弹出【像素】对话框，如图9-169所示；设置【像素】前后的对比效果如图9-170所示。

- 【像素化模式】：在该选项组中选择像素化的方式。
- 【调整】：在该选项组中拖动【宽度】和【高度】滑块来调节像素颗粒的宽度和高度。
- 【不透明】：拖动滑块调节颗粒的不透明度。

图9-169 【像素】对话框　　　　　图9-170　设置【像素】前后的对比效果

### 9.23.5　龟纹

【龟纹】子菜单命令用于对图像进行龟纹效果处理，使图像产生水平或垂直方向上的波纹状扭曲。选择位图后，在菜单栏中选择【位图】|【扭曲】|【龟纹】命令，弹出【龟纹】对话框，如图9-171所示；设置【龟纹】前后的对比效果如图9-172所示。

- 【主波纹】：在该选项组中调节主波纹的周期和振幅。
- 【优化】：在该选项组中选择是优化扭曲速度还是图像质量。
- 【垂直波纹】：如果勾选该复选框，还可以为图像添加垂直方向上的扭曲。
- 【扭曲龟纹】：如果勾选该复选框，则可以进一步深化扭曲的程度。
- 【角度】：调节纹路扭曲的角度。

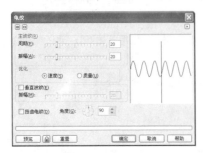
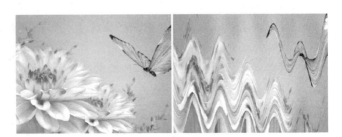

图9-171　【龟纹】对话框　　　　　图9-172　设置【龟纹】前后的对比效果

### 9.23.6　旋涡

【旋涡】子菜单命令用于使图像产生旋涡状的扭曲。选择位图后，在菜单栏中选择【位图】|【扭曲】|【旋涡】命令，弹出【旋涡】对话框，如图9-173所示；设置【旋涡】前后的对比效果如图9-174所示。

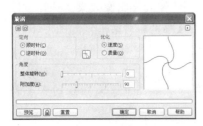

图9-173　【旋涡】对话框　　　　　图9-174　设置【旋涡】前后的对比效果

- 【定向】：在该选项组中选择旋涡的方向。
- 🔲按钮：单击该按钮后，在图像中单击以选择旋涡中心。
- 【优化】：在该选项组中选择是优化扭曲速度还是图像质量。
- 【整体旋转】：拖动滑块调节旋涡的旋转圈数。
- 【附加度】：拖动滑块在圈数不变的情况下调整图像的旋转程度。

## 9.23.7　平铺

　　【平铺】子菜单命令用于创建使用多幅缩略图整齐地铺满原图像的效果。选择位图后，在菜单栏中选择【位图】|【扭曲】|【平铺】命令，弹出【平铺】对话框，如图9-175所示；设置【平铺】前后的对比效果如图9-176所示。

- 【水平平铺】或【垂直平铺】：拖动滑块来调节水平或垂直方向上的缩略图的数量。
- 【重叠】：拖动滑块调节缩略图之间的重叠程度。

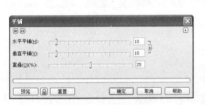

图9-175　【平铺】对话框　　　　　　　图9-176　设置【平铺】前后的对比效果

## 9.23.8　湿笔画

　　【湿笔画】子菜单命令用于将图像制作成因颜料水分过多而流淌的效果。选择位图后，在菜单栏中选择【位图】|【扭曲】|【湿笔画】命令，弹出【湿笔画】对话框，如图9-177所示；设置【湿笔画】前后的对比效果如图9-178所示。

- 【润湿】：拖动滑块来调节水滴颜色的深浅。
- 【百分比】：拖动滑块调节水滴的大小。

图9-177　【湿笔画】对话框　　　　　　图9-178　设置【湿笔画】前后的对比效果

## 9.23.9　涡流

　　【涡流】子菜单命令用于在图像中创建涡流效果，使得图像产生旋涡状扭曲。选择位图

后，在菜单栏中选择【位图】|【扭曲】|【涡流】命令，弹出【涡流】对话框，如图9-179所示；设置【涡流】前后的对比效果如图9-180所示。

- 【间距】：拖动滑块来调节旋涡图案间的距离。
- 【弯曲】：勾选该复选框，可以使旋涡的条纹更加弯曲。
- 【擦拭长度】：拖动滑块调节旋涡条纹的长度。
- 【扭曲】：拖动滑块调节图像的扭曲程度。
- 【条纹细节】：拖动滑块调节旋涡条纹刻画的细致程度。
- 【样式】：在该下拉列表中选择预设的旋涡样式。

图9-179 【涡流】对话框

图9-180 设置【涡流】前后的对比效果

## 9.23.10 风吹效果

【风吹效果】子菜单命令用于模拟风从某个角度掠过物体时的效果。选择位图后，在菜单栏中选择【位图】|【扭曲】|【风吹效果】命令，弹出【风吹效果】对话框，如图9-181所示；设置【风吹效果】前后的对比效果如图9-182所示。

- 【浓度】：拖动滑块来调节风掠过时的猛烈程度。
- 【不透明】：拖动滑块调节刮痕的不透明度。
- 【角度】：调节风产生的角度。

图9-181 【风吹效果】对话框

图9-182 设置【风吹效果】前后的对比效果

# 9.24 杂点

【位图】菜单中【杂点】下的子菜单命令用于在图像中添加颗粒状杂点，或者移除图像中的杂点，其中包括【添加杂点】、【最大值】、【中值】、【最小】、【去除龟纹】和【去除杂点】6个子菜单命令。

## 9.24.1　添加杂点

　　【添加杂点】子菜单命令用于在图像中添加多种类型的颗粒状杂点。选择位图后，在菜单栏中选择【位图】|【杂点】|【添加杂点】命令，弹出【添加杂点】对话框，如图9-183所示；设置【添加杂点】前后的对比效果如图9-184所示。

- 【杂点类型】：在该选项组中选择杂点在图像中的分布方式。
- 【层次】：拖动滑块调节杂点的层次。
- 【密度】：拖动滑块调节杂点的密度。
- 【颜色模式】：为杂点选择一种颜色。

图9-183　【添加杂点】对话框　　　　　图9-184　设置【添加杂点】前后的对比效果

## 9.24.2　最大值

　　【最大值】子菜单命令可以根据相邻像素最大颜色值去除图像杂点。选择位图后，在菜单栏中选择【位图】|【杂点】|【最大值】命令，弹出【最大值】对话框，如图9-185所示；设置【最大值】前后的对比效果如图9-186所示。

- 【百分比】：拖动滑块调节去除杂点效果的强度。
- 【半径】：拖动滑块调节定义为相邻像素的半径范围。

图9-185　【最大值】对话框　　　　　图9-186　设置【最大值】前后的对比效果

## 9.24.3　中值

　　【中值】子菜单命令可以通过平均图像中相邻像素的颜色值来消除图像的杂点。选择位图后，在菜单栏中选择【位图】|【杂点】|【中值】命令，弹出【中值】对话框，如图9-187所示；设置【中值】前后的对比效果如图9-188所示。

　　在对话框中拖动【半径】滑块，可以调节定义为相邻像素的半径范围。

图9-187 【中值】对话框

图9-188 设置【中值】前后的对比效果

### 9.24.4 最小

【最小】子菜单命令可以通过将像素变暗来去除图像中的杂点。选择位图后，在菜单栏中选择【位图】|【杂点】|【最小】命令，弹出【最小】对话框，如图9-189所示；设置【最小】前后的对比效果如图9-190所示。

- 【百分比】：拖动滑块调节去除杂点效果的强度。
- 【半径】：拖动滑块调节定义相邻像素的半径范围。

图9-189 【最小】对话框

图9-190 设置【最小】前后的对比效果

### 9.24.5 去除龟纹

【去除龟纹】子菜单命令可以去除扫描图像时产生的龟纹。选择位图后，在菜单栏中选择【位图】|【杂点】|【去除龟纹】命令，弹出【去除龟纹】对话框，如图9-191所示；设置【去除龟纹】前后的对比效果如图9-192所示。

- 【数量】：拖动滑块调节去除龟纹效果的强度。
- 【优化】：在该选项组中选择优化图像质量还是处理速度。
- 【缩减分辨率】：在该选项组中设置输出图像时的分辨率，该值只能等于或低于原始图像的分辨率。

图9-191 【去除龟纹】对话框

图9-192 设置【去除龟纹】前后的对比效果

### 9.24.6 去除杂点

【去除杂点】子菜单命令可以去除扫描图像时产生的杂点。选择位图后，在菜单栏中选择【位图】|【杂点】|【去除杂点】命令，弹出【去除杂点】对话框，如图9-193所示；设置【去除杂点】前后的对比效果如图9-194所示。

- 【阈值】：拖动滑块调节移除杂点的范围。
- 【自动】：勾选该复选框后，可以自动移除图像中的杂点。

图9-193 【去除杂点】对话框　　　　　图9-194 设置【去除杂点】前后的对比效果

## 9.25 鲜明化

【位图】菜单中【鲜明化】下的子菜单命令用于创建鲜明化效果，以突出和强化边缘，其中包括【适应非鲜明化】、【定向柔化】、【高通滤波器】、【鲜明化】和【非鲜明化遮罩】5个子菜单命令。

### 9.25.1 适应非鲜明化

【适应非鲜明化】子菜单命令主要用于对图像中的细节部分进行处理，用肉眼几乎看不出来变化。选择位图后，在菜单栏中选择【位图】|【鲜明化】|【适应非鲜明化】命令，弹出【适应非鲜明化】对话框，如图9-195所示，可以通过控制【百分比】选项来加强图像的细节处理。设置【适应非鲜明化】后的效果如图9-196所示。

图9-195 【适应非鲜明化】对话框　　　　图9-196 设置【适应非鲜明化】后的效果

### 9.25.2 定向柔化

【定向柔化】子菜单命令用于对图像中的边缘高光部分进行细节柔化处理，以及来加强高

光质感。选择位图后，在菜单栏中选择【位图】|【鲜明化】|【定向柔化】命令，弹出【定向柔化】对话框，如图9-197所示。可以通过控制【百分比】选项来加强柔化的程度。设置【定向柔化】前后的对比效果如图9-198所示。

图9-197 【定向柔化】对话框

图9-198 设置【定向柔化】前后的对比效果

## 9.25.3 高通滤波器

【高通滤波器】子菜单命令可以突出显示图像中的高光和明亮区域。选择位图后，在菜单栏中选择【位图】|【鲜明化】|【高通滤波器】命令，弹出【高通滤波器】对话框，如图9-199所示，其中【百分比】用来控制图像的明暗度，【半径】用来控制图像的受光面。设置【高通滤波器】前后的对比效果如图9-200所示。

图9-199 【高通滤波器】对话框

图9-200 设置【高通滤波器】前后的对比效果

## 9.25.4 鲜明化

【鲜明化】子菜单命令可以提高图像轮廓相邻像素之间的对比度，从而突出图像的边缘。选择位图后，在菜单栏中选择【位图】|【鲜明化】|【鲜明化】命令，弹出【鲜明化】对话框，如图9-201所示。可以拖动【边缘层次】滑块调节边缘锐化的强度，然后拖动【阈值】滑块调节像素检测的范围；如果勾选【保护颜色】复选框，可以同时将效果应用于像素的亮度值。设置【鲜明化】前后的对比效果如图9-202所示。

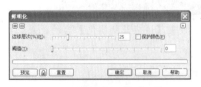

图9-201 【鲜明化】对话框

图9-202 设置【鲜明化】前后的对比效果

### 9.25.5　非鲜明化遮罩

【非鲜明化遮罩】子菜单命令可以突出显示图像的轮廓，以及使某些模糊的区域变得鲜明。选择位图后，在菜单栏中选择【位图】|【鲜明化】|【非鲜明化遮罩】命令，弹出【非鲜明化遮罩】对话框，如图9-203所示。可以拖动【百分比】滑块调节边缘的锐化程度和图像中平滑区域的鲜明程度，然后拖动【阈值】滑块调节像素检测的范围，接着拖动【半径】滑块调节影响的像素范围。设置【非鲜明化遮罩】前后的对比效果如图9-204所示。

图9-203　【非鲜明化遮罩】对话框　　　　图9-204　设置【非鲜明化遮罩】前后的对比效果

## 9.26　插件

在菜单栏中选择【位图】|【插件】命令，在弹出的子菜单中包含Digimarc（水印）命令，该子菜单命令的功能主要是让用户添加或查看图像中的水印（版权信息）。其又包含Embed Watermark和ReadWatermark两个子菜单命令。Embed Watermark（嵌入水印）用于在图像中创建水印（即图像的版权信息），Read Watermark（读取水印）可以读取图像中的版权信息。

## 9.27　拓展练习——制作下雪效果

本例介绍为图片添加下雪效果的方法，最终效果如图9-205所示。

**STEP 01** 按Ctrl+N组合键，弹出【创建新文档】对话框，在该对话框中将【名称】设置为【制作下雪效果】，将【宽度】和【高度】设置为350mm、234mm，如图9-206所示。

图9-205　下雪效果　　　　　　　　图9-206　【创建新文档】对话框

**STEP 02** 设置完成后单击【确定】按钮，即可新建一个空白文档。然后按Ctrl+I组合键，弹出【导入】对话框，在该对话框中选择随书附带光盘中的【素材\第9章\雪景.jpg】文件，如图9-207所示。

**STEP 03** 单击【导入】按钮，然后按Enter键将选择的素材文件导入到绘图页的中央，如图9-208所示。

图9-207　选择素材文件　　　　　　　　　　图9-208　导入的素材文件

**STEP 04** 确定导入的素材文件处于选择状态，在菜单栏中选择【位图】|【创造性】|【天气】命令，如图9-209所示。

**STEP 05** 弹出【天气】对话框，在【预报】选项组中单击【雪】单选按钮，将【浓度】设置为6，将【大小】设置为1，如图9-210所示。

图9-209　选择【天气】命令　　　　　　　　图9-210　【天气】对话框

**STEP 06** 设置完成后，单击【确定】按钮，即可为图像添加下雪效果，如图9-211所示。

**STEP 07** 至此，为图像添加下雪效果就制作完成了，在菜单栏中选择【文件】|【保存】命令，如图9-212所示。

图9-211 添加的下雪效果

图9-212 选择【保存】命令

**STEP 08** 弹出【保存绘图】对话框，在该对话框中选择一个存储路径，并将【保存类型】设置为【CDR-CorelDRAW】，然后单击【保存】按钮，如图9-213所示。

**STEP 09** 保存完成后，在菜单栏中选择【文件】|【导出】命令，如图9-214所示。

图9-213 【保存绘图】对话框

图9-214 选择【导出】命令

**STEP 10** 弹出【导出】对话框，在该对话框中选择一个导出路径，并将【保存类型】设置为【TIF- TIFF位图】，然后单击【导出】按钮，如图9-215所示。

**STEP 11** 弹出【转换为位图】对话框，在该对话框中使用默认设置，直接单击【确定】按钮即可，如图9-216所示。

图9-215 【导出】对话框

图9-216 【转换为位图】对话框

# 9.28 习题

### 一、填空题

（1）使用（　　　　　）命令可以自动调整位图的颜色和对比度，从而使位图的色彩更加真实自然。

（2）（　　　　　）子菜单命令主要用来校正图像中比较细微的缺陷部分，可以使这部分图像变得更加平滑。

### 二、简答题

（1）简述一下将矢量图转换为位图的方法。

（2）简述一下手动扩充位图边框的方法。

# 第 **10** 章
# 逃出陷阱

## Chapter
# 10

**本章要点：**

　　本章主要讲解如何避免在设计制作过程中经常碰到的陷阱，包括底色陷阱、文字陷阱、尺寸陷阱、颜色陷阱和图片陷阱，以及常用的快捷键分类。通过本章的学习，让设计师在工作中能够减少出错率，提高工作效率。

**主要内容：**

- 底色陷阱
- 文字陷阱
- 尺寸陷阱
- 颜色陷阱
- 图片陷阱
- 常用快捷键分类

# 10.1 底色陷阱

在设计制作过程中，为彩色印刷品满铺一个底色是常见的手法。正确的底色设置不但可以提高印刷品的质量，提高工作效率，还可以节约成本。根据底色的明暗程度，可分为黑色底和浅色底，如图10-1所示。

图10-1　黑色底和浅色底

## 10.1.1 黑色底避四色黑

满辅的黑底色的数值应该设置为（K=100，C=30~80），青色的取值由黑底的面积决定，幅面越大，数值就应该越高。通常，一个满铺8K的黑色底可以将黑色设置为（K=100，C=30），如图10-2所示。

为什么不能直接设置成单色黑（K=100）或者四色黑（C=100，M=100，Y=100，K=100）呢?原因是单色黑（K=100）印刷出来显得不太饱满，尤其是高速运转的印刷机有可能造成网点不实，而青版油墨的补充能弥补单色黑的不足；四色黑虽然看上去很饱满，但由于墨量太大，油墨不容易干，会拉长印刷周期。

图10-2　设置黑色

设计师为什么常常会掉入【黑色】的陷阱呢？因为各种黑色在屏幕上的显示几乎一样，很难分辨出它们的区别，但是一旦印刷到纸张上，差别就会很明显。

## 10.1.2 浅色底避黑

不光是黑色底的设置要格外小心，浅色底的设置也有【避黑】的讲究。所谓【避黑】，就是在设置浅色的底色时，要尽量让黑版的数值为0，避开文字使用的单黑，如图10-3所示。

避黑的好处是，在出完菲林片后，如果发现还有少量的文字错误，可以直接在菲林片上进行修改，从而节省了时间和金钱。

图10-3　设置浅色的底色

## 10.2 文字陷阱

在设计制作过程中，文字是必不可少的，因此需要正确地对其进行设置，避免陷阱。

### 10.2.1 文字字体陷阱

为了美观页面和区分内容，需要对输入的文字设置不同的字体，因此需要正确设置文字的字体，避免陷阱。

#### 1. 系统字的麻烦

系统字是计算机中用于显示文字的一些字体，比如【黑体】、【宋体】等，如图10-4所示。如果文件中使用了系统字，在出菲林片时，有可能会报错，或者出现乱码，因此，选择字体时尽量选择非系统字。

图10-4　系统字

#### 2. 字体的选择

在设计制作时，对字号比较小的反白文字的字体也有设置的规矩。由于印刷是一个套印的过程，笔画太细就不容易套准，或者干脆会【糊版】(模糊成一片)，使细笔画看不清楚，如图10-5所示。

在输入反白的小字时，最好选择横竖笔画等宽的字体，如图10-6所示为将字体设置为【方正超粗黑简体】后的效果。而像【宋体】等一些非等宽的字体最好不要选择。

图10-5　细笔画

图10-6　方正超粗黑简体

### 10.2.2 文字颜色陷阱

在使用字号比较小的文字时，文字的颜色设置不正确也容易引发印刷事故，最好选择使用单色或者双色文字，如图10-7所示。颜色太多会很容易造成套印不准的事故。

图10-7　单色和双色文字

## 10.3 尺寸陷阱

设置正确的尺寸是得到正确的印刷品的基础。不管是设计师还是客户，尺寸是最容易被忽略的，这也就成为了最容易出现的印刷事故，并且造成的损失也最大。

在平面设计中，尺寸分为两种：一种叫成品尺寸，另一种是印刷尺寸。成品尺寸是指印刷品经过裁切后的实际尺寸，印刷尺寸是指印刷品在裁切前包含了出血的尺寸。在开始设计之前，一定要确认拿到的是哪种尺寸，然后在软件中进行相应的设置。

下面列举一些常用的标准尺寸。

### 1. 大度纸张(印刷用纸)

整张：850 mm×1168 mm
对开：570 mm×840 mm
4开：420 mm×570 mm
8开：285 mm×420 mm
16开：210 mm×285 mm
32开：203 mm×140 mm

### 2. 正度纸张(印刷用纸)

整张：787 mm×1092 mm
全开：781 mm×1086 mm
2开：530 mm×760 mm
3开：362 mm×781 mm
4开：390 mm×543 mm
6开：362 mm×390 mm
8开：271 mm×390 mm
16开：195 mm×271 mm

### 3. 名片

横版：90 mm×55 mm（方角），85mm×54 mm（圆角）
竖版：50 mm×90 mm（方角），54 mm×85 mm（圆角）
方版：90 mm×90 mm，90 mm×95 mm

### 4. IC卡

标注尺寸：85 mm×54 mm

### 5. 三折页广告

标准尺寸：（A4纸）210 mm×285 mm

### 6. 普通宣传册

标准尺寸：（A4纸）210 mm×285 mm

### 7. 文件封套

标准尺寸：220 mm×305 mm

### 8. 招贴画

标准尺寸：540 mm×380 mm

### 9. 挂旗

8开：376 mm×265 mm

4开：540 mm×380 mm

### 10. 手提袋

标准尺寸：400mm×285 film×80 mm

### 11. 信纸、便条

标准尺寸：185 mm×260 mm，210 mm×285 mm

## 10.4 颜色陷阱

为对象设置颜色是设计制作过程中经常遇到的，只有正确设置颜色，才会避免颜色陷阱。

### 10.4.1 四色的设置

印刷品对颜色的设置要求也是很严格的，颜色的取值最好是按照5的倍数来设置，这样设置数值的好处是便于记忆，且有色标可以查看对照，如图10-8所示。

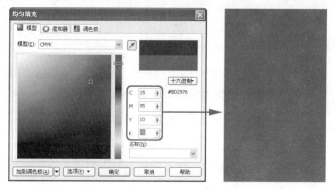

图10-8　按照5的倍数来设置颜色

### 10.4.2 专色的困惑

专色是指在印刷过程中为达到某些效果或者基于成本的考虑使用一些特殊的油墨。由于印刷的后期工艺是按专色来设置的，因此本书将后期工艺设置也归为专色处理。设计师要为每个印刷专色和后期工艺单独设置一个专色，这样，每个后期工艺或专色就能得到一张独立的菲林片。

认识和理解专色的6个要素是正确设计和制作专色的前提，这6大要素包括形状、大小、位置、颜色、虚实、套压。

## 10.5　图片陷阱

作为版面中重要元素之一的图片同样需要正确地设置以避免陷阱。

### 10.5.1　图片的模式问题

最常见的问题是在软件中绘制图形时，图形的颜色被设置成了RGB模式，或者是没有　将RGB模式的图像转成CMYK模式的图像。最好使用Photoshop软件来转换图像的模式，将RGB模式转成CMYK模式，如图10-9所示。

图10-9　将RGB模式转成CMYK模式

### 10.5.2　图片的缩放问题

在绘图或者排版软件中，最好不要对图像进行拉伸放大。要改变图像的大小，最好使用Photoshop来完成这个操作，这样图像拉大后的效果能够直接看到。

### 10.5.3　图片的尺寸问题

如果图像被设置在版面的裁边位置上，一定要设置好出血量。

### 10.5.4　图片的链接问题

当图像被置入到排版软件中时，在页面中的图像只是缩略图，在输出时一定要带上原始图像。

## 10.6　常用快捷键分类

下面列出常用快捷键的分类列表，以方便设计师查找和记忆。熟记快捷键能为工作带来极大的方便，建议设计师使用快捷键来操作文档。

## 10.6.1　移动编辑对象的快捷键

| 命令 | 快捷键 | 解释 |
|---|---|---|
| 向上平移 | Alt+↑ | 将绘图向上平移 |
| 向上微调 | Ctrl+↑ | 使用微调因子向上微调对象 |
| 向上微调 | ↑ | 向上微调对象 |
| 向上超微调 | Shift+↑ | 使用超微调因子向上微调对象 |
| 向下平移 | Alt+↓ | 将绘图向下平移 |
| 向下微调 | Ctrl+↓ | 使用微调因子向下微调对象 |
| 向下微调 | ↓ | 向下微调对象 |
| 向下超微调 | Shift+↓ | 使用超微调因子向下微调对象 |
| 向前一层 | Ctrl +PgUp | 向前一层 |
| 向右平移 | Alt+← | 将绘图向右平移 |
| 向右微调 | → | 向右微调对象 |
| 向右微调 | Ctrl +→ | 使用微调因子向右微调对象 |
| 向右超微调 | Shift+→ | 使用超微调因子向右微调对象 |
| 向后一层 | Ctrl+ PgDn | 向后一层 |
| 向左平移 | Alt+→ | 将绘图向左平移 |
| 向左微调 | ← | 向左微调对象 |
| 向左微调 | Ctrl +← | 使用微调因子向左微调对象 |
| 向左超微调 | Shift+← | 使用超微调因子向左微调对象 |

## 10.6.2　常用工具快捷键

| 命令 | 快捷键 | 解释 |
|---|---|---|
| 手绘工具 | F5 | 用【手绘】模式绘制线条和曲线 |
| 旋转工具 | Alt+F8 | 打开【变换】泊坞窗 |
| 椭圆形工具 | F7 | 圆形和椭圆形；双击该工具可打开【选项】对话框中的【工具箱】 |
| 渐变工具 | F11 | 应用渐变填充 |
| 画笔工具 | F12 | 打开【轮廓笔】对话框 |
| 矩形工具 | F6 | 绘制矩形；双击该工具创建页面图文框 |
| 网状填充工具 | M | 将对象转换为网状填充对象 |
| 艺术笔工具 | I | 将预设、笔刷、喷涂、书法或压感效果应用于笔触 |
| 螺纹工具 | A | 绘制螺纹；双击该工具可打开【选项】对话框中的【工具箱】 |
| 轮廓图 | Ctrl+F9 | 打开【轮廓图】泊坞窗 |
| 显示页面 | Shift+F4 | 显示页面 |
| 智能绘图 | Shift+S | 打开【智能绘图工具】 |
| 平移工具 | H | 用于平移绘图页面 |
| 形状工具 | F10 | 调整对象的节点；双击该工具可选择选定对象上的所有节点 |
| 位置 | Alt+F7 | 打开【变换】泊坞窗 |
| 多边形工具 | Y | 用于绘制多边图形 |

## 10.6.3　文档编辑快捷键

| 命令 | 快捷键 | 解释 |
|---|---|---|
| 新建 | Ctrl+N | 创建新绘图 |
| 打开 | Ctrl+O | 打开一个已有绘图 |
| 保存 | Ctrl+S | 保存活动绘图 |
| 另存为 | Ctrl+Shift+S | 用新名保存活动绘图 |
| 导入 | Ctrl+I | 导入文本或对象 |
| 导出 | Ctrl+E | 导出文本或对象到另一种格式 |
| 使用项目符号 | Ctrl+M | 显示/隐藏项目符号 |
| 全屏预览 | F9 | 显示绘图的全屏预览 |
| 到图层前面 | Shift+PgUp | 到图层前面 |
| 到图层后面 | Shift+PgDn | 到图层后面 |
| 到页面前面 | Ctrl+Home | 到页面前面 |
| 到页面后面 | Ctrl+End | 到页面后面 |
| 刷新窗口 | Ctrl+W | 重绘绘图窗口 |
| 剪切 | Ctrl+X | 剪切选定对象并将它放置在剪贴板中 |
| 剪切 | Shift+Delete | 剪切选定对象并将它放置在剪贴板中 |
| 群组 | Ctrl+G | 群组选定的对象 |
| 取消群组 | Ctrl+U | 取消选定对象或对象组的群组 |
| 图形和文本样式 | Ctrl+F5 | 打开【对象样式】泊坞窗 |
| 图纸 | D | 绘制网格；双击该工具打开【选项】对话框中的【工具箱】 |
| 在页面居中 | P | 使选定对象在页面居中对齐 |
| 垂直分散排列中心 | Shift+C | 垂直分散排列选定对象的中心 |
| 垂直分散排列间距 | Shift+A | 在选定的对象间垂直分散排列间距 |
| 垂直居中对齐 | C | 垂直对齐选定对象的中部 |
| 复制 | Ctrl+C | 复制选定对象并将它放置在剪贴板中 |
| 复制 | Ctrl+Insert | 复制选定对象并将它放置在剪贴板中 |
| 大小 | Alt+F10 | 打开【变换】泊坞窗 |
| 对齐基线 | Alt+F12 | 按基线对齐文本 |
| 导航器 | N | 打开【导航器】泊坞窗 |
| 封套 | Ctrl+F7 | 打开【封套】泊坞窗 |
| 属性 | Alt+Enter | 允许查看和编辑对象的属性 |
| 左分散排列 | Shift+L | 向左分散排列选定的对象 |
| 左对齐 | L | 左对齐选定的对象 |
| 底端对齐 | B | 对齐选定对象的底端 |
| 底部分散排列 | Shift+B | 底部分散排列选定的对象 |
| 步长和重复 | Ctrl+Shift+D | 打开【步长和重复】泊坞窗 |
| 比例 | Alt+F9 | 打开【变换】泊坞窗 |
| 水平（垂直）分散排列中心 | Shift+E、Shift+C | 水平（垂直）分散排列选定对象的中心 |

（续表）

| 命令 | 快捷键 | 解释 |
|------|--------|------|
| 水平分散排列间距 | Shift+P | 在选定的对象间水平分散排列间距 |
| 水平居中对齐 | E | 水平对齐选定对象的中部 |
| 符号管理器 | Ctrl+F3 | 打开【符号管理器】泊坞窗 |
| 插入符号字符 | Ctrl+F11 | 打开【插入字符】泊坞窗 |
| 粘贴 | Ctrl+V | 将剪贴板的内容粘贴到绘图中 |
| 线性 | Alt+F2 | 包含为线性尺度线条指定属性的功能 |
| 结合 | Ctrl+L | 结合选定对象 |
| 缩小 | F3 | 缩小选定对象 |
| 贴齐对象 | Alt+Z | 将对象与其他对象贴齐（切换） |
| 贴齐网格 | Ctrl+y | 将对象与网格贴齐（切换） |
| 转换 | Ctrl+F8 | 转换美术字为段落文本，或转换段落文本为美术字 |
| 转换为曲线 | Ctrl+Q | 将选定对象转换为曲线，以便进行更灵活的编辑 |
| 将轮廓转换为对象 | Ctrl+Shift+Q | 将轮廓转换为对象 |
| 拆分 | Ctrl+K | 拆分选定对象 |

## 10.6.4 文字处理快捷键

| 命令 | 快捷键 | 解释 |
|------|--------|------|
| 向下选择一段 | Ctrl+Shift+↓ | 向下选择一段文本 |
| 向下选择一行 | Shift+↓ | 向下选择一行文本 |
| 字体列表 | Ctrl+Shift+F | 显示包含所有可用/活动字体的列表 |
| 字体大小列表 | Ctrl+Shift+P | 显示全部可用/活动字体的大小的列表 |
| 字体粗细列表 | Ctrl+Shift+W | 显示所有可用/活动字体的粗细的列表 |
| 小型大写字符 | Ctrl+Shift+K | 小型大写字符 |
| 居中 | Ctrl+E | 居中对齐 |
| 右对齐 | Ctrl+R | 右对齐选定的对象 |
| 左对齐 | Ctrl+L | 左对齐选定的对象 |
| 粗体 | Ctrl+B | 将文本样式更改为粗体 |
| 斜体 | Ctrl+I | 将文本样式更改为斜体 |
| 更改大小写 | Shift+F3 | 更改所选文本的大小写 |
| 样式列表 | Ctrl+Shift+S | 显示所有绘画样式的列表 |
| 移到文本框开头 | Ctrl+Home | 将文本插入记号移动到文本框开头 |
| 移到文本框结尾 | Ctrl+End | 将文本插入记号移动到文本框结尾 |
| 选择左边一个字符 | Shift+← | 选择文本插入记号左边的字符 |
| 选择文本开始 | Ctrl+Shift+PgUp | 选择文本开始的文本 |
| 选择文本框的开始 | Ctrl+Shift+Home | 选择文本框开始的文本 |
| 选择文本框结尾 | Ctrl+Shift+End | 选择文本框结尾的文本 |

（续表）

| 命令 | 快捷键 | 解释 |
|------|--------|------|
| 选择文本结尾 | Ctrl+Shift+PgDn | 选择文本结尾的文本 |
| 选择行尾 | Shift+End | 选择行尾的文本 |
| 选择行首 | Shift+Home | 选择行首的文本 |
| 非断行空格 | Ctrl+Shift+Space | 添加非断行空格（S） |
| 非断行连字符 | Ctrl+Shift+- | 添加非断行连字符（H） |
| 非断行连字符 | Ctrl+_ | 添加非断行连字符（H） |

# 10.7 习题

## 一、填空题

（1）设置正确的（　　　　）是得到正确的印刷品的基础。

（2）印刷品对颜色的设置要求也是很严格的，颜色的取值最好是按照（　　　　）的倍数来设置。

## 二、简答题

（1）在平面设计中，尺寸分为哪两种？作用是什么？

（2）专色的6个要素是什么？

# 第11章
# 综合案例

Chapter

11

**本章要点:**

　　通过对前面章节的学习, 想必读者对CorelDRAW X6有了简单的认识。本章将使用前面学习的知识制作综合案例, 其中包括常用艺术文字的表现技法、企业VI设计、插画设计及海报设计等。本章中的案例都是使用CorelDRAW X6中简单的工具进行处理和制作的, 读者在制作效果时, 可参照书中制作的效果, 拓展自己的思路, 制作出更好的作品。

**主要内容:**

- 常用艺术文字表现技法
- 企业VI设计
- 插画设计
- 海报设计

# 11.1 常用艺术文字表现技法

　　艺术字是经过专业的字体设计师艺术加工的汉字变形字体，字体特点符合文字含义、具有美观有趣、易认易识、醒目张扬等特性，是一种有图案意味或装饰意味的字体变形。艺术字能从汉字的义、形和结构特征出发，对汉字的笔画和结构作合理的变形装饰，书写出美观形象的变体字。

## 11.1.1 渐变文字

　　本例主要介绍怎样对文字进行渐变填充和对文字添加轮廓色，使文字看起来更加灵动，效果如图11-1所示。

　　**01** 按Ctrl+N组合键，弹出【创建新文档】对话框，然后将【宽度】和【高度】分别设置为297mm、210mm，单击【确定】按钮，如图11-2所示。

　　**02** 在菜单栏中选择【文件】|【导入】命令，在弹出的【导入】对话框中选择随书附带光盘中的【素材\第11章\001.jpg】文件，如图11-3所示。

图11-1　渐变文字效果图

　　**03** 在工具箱中选择【文本工具】钮 字，然后在导入的文件中输入【圣诞节】，如图11-4所示。

图11-2　【创建新文档】对话框

图11-3　【导入】对话框

图11-4　输入文字

　　**04** 选中刚刚输入的文字，并在属性栏中将【字体】设置为【方正胖娃简体】，【大小】设置为120pt，如图 11-5 所示。

　　**05** 确认文字处于编辑状态，在菜单栏中选择【排列】|【拆分美术字】命令，如图11-6所示。

　　**06** 选择【拆分美术字】命令后的效果图，如图11-7所示。

图11-5　设置文字参数　　　图11-6　选择【拆分美术字】命令　　　图11-7　拆分后的效果

**STEP 07** 在工具箱中选择【选择工具】 ，调整好文字的位置和角度，如图11-8所示。

**STEP 08** 选择汉字【节】，按F11键，弹出的【渐变填充】对话框，在【颜色调和】选项组中选择【自定义】选项，并将渐变条起点位置的色标的CMYK值设置为（47、94、36、2），将色标的【位置】68%的CMYK值设置为（0、100、0、0），将终点位置的色标CMYK值设置为（3、55、5、0），单击【确定】按钮，如图11-9所示。

**STEP 09** 设置渐变填充后的效果，如图11-10所示。

图11-8　调整角度和位置　　　图11-9　设置【渐变填充】参数　　　图11-10　渐变后的效果

**STEP 10** 在工具箱中选择【轮廓笔工具】 ，在弹出的工具组中选择【轮廓笔】选项，在弹出的【轮廓笔】对话框中将【宽度】设置为0.5mm，【颜色】设置为白色，单击【确定】按钮，如图11-11所示。

**STEP 11** 填充轮廓线的文字，效果如图11-12所示。

图11-11　添加轮廓线　　　　　　图11-12　添加轮廓线的效果

**STEP 12** 选择汉字【诞】，按F11键，弹出的【渐变填充】对话框，在【颜色调和】选项组中选择【自定义】选项，并将渐变条起点位置的色标的CMYK值设置为（20、8、0、0），将色标的【位置】68%的CMYK值设置为（100、0、0、0），将终点位置的色标CMYK值设置为（100、20、0、0），单击【确定】按钮，效果如图11-13所示。

**13** 在工具箱中选择【轮廓笔工具】，在弹出的工具组中选择【轮廓笔】选项，在弹出的【轮廓笔】对话框中将【宽度】设置为0.5mm，【颜色】设置为白色，单击【确定】按钮，效果如图11-14所示。

**14** 选择汉字【诞】，按F11键，弹出的【渐变填充】对话框，在【颜色调和】选项组中选择【自定义】选项，并将渐变条起点位置的色标的CMYK值设置为（91、46、100、11），将色标的【位置】68%的CMYK值设置为（82、16、100、0），将终点位置的色标CMYK值设置为（66、0、66、0），单击【确定】按钮，效果如图11-15所示。

图11-13　添加渐变

图11-14　添加轮廓线后的效果

图11-15　添加渐变后的效果

**15** 在工具箱中选择【轮廓笔工具】，在弹出的工具组中选择【轮廓笔】选项，在弹出的【轮廓笔】对话框中将【宽度】设置为0.5mm，【颜色】设置为白色，单击【确定】按钮，效果如图11-16所示。

**16** 至此渐变文字的效果图就完成了，然后在菜单栏中选择【文件】|【保存】命令，如图11-17所示。

**17** 在弹出的【保存绘图】对话框中，将【文件名】设置为【001.cdr】，单击【确定】按钮，将场景文件进行保存，如图11-18所示。

图11-16　添加轮廓线

图11-17　选择【保存】命令

图11-18　【保存绘图】对话框

**18** 在菜单栏中选择【文件】|【导出】命令，如图11-19所示。

**STEP 19** 在弹出的【导出】对话框中,将【文件名】设置为【001.tif】,【保存类型】设置为TIF格式,如图11-20所示。

**STEP 20** 单击【确定】按钮,在弹出的【转换为位图】对话框中使用其默认值,单击【确定】按钮,将效果文件进行保存,如图11-21所示。

图11-19 选择【导出】命令　　　　图11-20 【导出】对话框　　　　图11-21 【转换为位图】对话框

## 11.1.2 变形文字

本例主要介绍使用工具箱中的【形状工具】将文字进行变形,使文字看起来更加灵动,效果如图11-22所示。

**STEP 01** 按Ctrl+N组合键,在弹出的【创建新文档】对话框,将【宽度】和【高度】分别设置为297mm和210mm,单击【确定】按钮,如图11-23所示。

**STEP 02** 在菜单栏中选择【文件】|【导入】命令,在弹出的【导入】对话框中选择【素材\第11章\变形文字背景.jpg】文件,单击【导入】按钮,如图11-24所示。

图11-22 效果图　　　　图11-23 【创建新文档】对话框　　　　图11-24 【导入】对话框

**STEP 03** 在工具箱中选择【文本工具】字,在场景文件中输入文字【激情绽放】,并在属性栏中将【字体】和【大小】分别设置为【汉仪雁翎简体】和80pt,如图11-25所示。

**STEP 04** 使用【文本工具】选中文字【激】,然后在属性栏中将【字体】设置为100pt,效果如图11-26所示。

图11-25　输入文字　　　　　　　　　图11-26　设置【激】的参数

**STEP 05** 再次使用【文本工具】，在场景文件中输入文字【冰爽一夏】，并在属性栏中将【字体】和【大小】分别设置为【汉仪雁翎简体】和80pt，如图11-27所示。

**STEP 06** 使用【文本工具】选中文字【夏】，然后在属性栏中将字体【大小】设置为100 pt，效果如图11-28所示。

**STEP 07** 在工具箱中选择【文本工具】字 后选择输入的文本，在属性栏中单击【文本属性】按钮 A，在弹出的【字符格式化】面板中设置【字距调整范围】为-30，效果如图11-29所示。

图11-27　设置文字的效果　　　图11-28　设置【夏】的参数　　　图11-29　设置【字符格式】的效果

**STEP 08** 在工具箱中选中【选择工具】，分别选中文字【激情绽放】和【冰爽一夏】，将鼠标放在图形的右上方，当鼠标变为双箭头时调整文本的倾斜度，调整位置效果如图11-30所示。

**STEP 09** 选中文字【激情绽放】，然后在菜单栏中选择【排列】|【拆分美术字】命令，如图11-31所示。

**STEP 10** 选择【拆分美术字】命令后的效果，如图11-32所示。

图11-30　调整文本　　　　图11-31　选择【拆分美术字】命令　　　图11-32　拆分后的效果

**提示** 当图形在选中的状态时，再次单击图形中心，将可以转换为旋转和倾斜状态，此时移动鼠标至控制点处可以对图形进行旋转和倾斜操作。再次单击图形中心，将返回正常选择状态。

**STEP 11** 使用【选择工具】选中文字【绽】，右击鼠标，在弹出的快捷菜单中选择【转换为曲线】命令，如图11-33所示。

**STEP 12** 选择工具箱中的【形状工具】，然后单击文本，此时文本将显示曲线点，如图11-34所示。

图11-33 选择【转换为曲线】命令

图11-34 转换后的效果

**STEP 13** 拖动鼠标选择相应的点进行调整，并且删除不需要的点，曲线点调整完成的效果如图11-35所示。

**STEP 14** 选中文字【激情绽放】，然后在菜单栏中选择【排列】|【拆分美术字】命令，拆分后的效果如图11-36所示。

图11-35 曲线点调整后的效果

图11-36 拆分文字

**STEP 15** 使用同样的方法将文本【夏】变形，效果如图11-37所示。

**STEP 16** 选择文本【激】，将其转换为曲线，使用工具箱中的【形状工具】选择文本中组成三点水的曲线点，按键盘中Delete键将其删除。使用相同的方法将文本【冰】的两点水删除，并对【冰】字右侧【水】的形状进行调整，如图11-38所示。

图11-37 曲线点调整后的效果

图11-38 删除曲线点

**17** 使用【钢笔工具】绘制水滴，在数字键盘中按+键进行复制，调整它们的位置，如图11-39所示。

**18** 选中刚刚绘制的水滴，按F11键，在弹出的【渐变填充】对话框中，将【类型】设置为【线性】，在【颜色调和】选项组中将【从】颜色设置为青色，将【到】颜色设置为白色，单击【确定】按钮，如图11-40所示。

**19** 填充完渐变色的效果如图11-41所示。

图11-39　绘制并复制水滴　　　　图11-40　【渐变填充】对话框　　　　图11-41　渐变后的效果

**20** 确认水滴处于编辑状态，在工具箱中选择【轮廓笔工具】，在弹出的工具组中选择【轮廓笔】选项，如图11-42所示。

**21** 在弹出的【轮廓笔】对话框中将【宽度】和【颜色】分别设置为1mm和天蓝，设置完成后，单击【确定】按钮，如图11-43所示。

**22** 填充轮廓线颜色后的效果如图11-44所示。

图11-42　选择【轮廓笔】选项　　　　图11-43　填充轮廓线　　　　图11-44　填充后的效果

**23** 选中所有的文本，然后在默认的CMYK调色板中单击青色色块，为文字填充颜色，效果如图11-45所示。

**24** 确认文本处于编辑状态，然后在工具箱中选择【轮廓笔工具】，在弹出的【轮廓笔】对话框中将【宽度】和【颜色】分别设置为1mm和白色，单击【确定】按钮，效果如图11-46所示。

**25** 至此变形文字背景就制作完成了，在菜单栏中选择【文件】|【保存】命令，如图11-47所示。

**26** 在弹出的【保存绘图】对话框中，设置文件名，单击【确定】按钮，如图11-48所示，将场景文件进行保存。

**STEP 27** 在菜单栏中选择【文件】|【导出】命令，如图11-49所示。

图11-45　填充颜色　　　　　　　　　　图11-46　填充轮廓线

图11-47　选择【保存】命令　　　图11-48　【保存绘图】对话框　　　图11-49　选择【导出】命令

**STEP 28** 在弹出的【导出】对话框中设置文件名，并将格式设置为TIF，如图11-50所示。

**STEP 29** 单击【确定】按钮，在弹出的【转换为位图】对话框中使用其默认值，单击【确定】按钮，将效果文件进行保存，如图11-51所示。

图11-50　【导出】对话框　　　　　图11-51　【转换为位图】对话框

## 11.1.3　花纹文字

本例介绍花纹文字的制作方法，效果如图11-52所示。

**01** 启动CorelDRAW X6应用程序，按Ctrl+N组合键，在弹出的对话框中将【大小】设置为【A4】，单击【横向】按钮□设置页面方向，如图11-53所示。

**02** 执行【文件】|【导入】命令，或者直接单击标准工具栏上【导入】按钮□，可打开【导入】对话框。在对话框中选择随书附带光盘中的【素材\第11章\背景素材.jpg】文件，如图11-54所示。

**03** 单击【导入】按钮，然后在绘图页中单击鼠标左键，即可将选中的图像文件导入到绘图页中，调整其位置，效果如图11-55所示。

图11-52　动漫之夜

图11-53　新建空白文档

图11-54　【导入】对话框

图11-55　导入素材

**04** 选择工具箱中的【文本工具】字，在绘图区中单击鼠标插入文本光标，输入文字后在属性栏上设置文字的字体为【方正水柱简体】，大小为100点，如图11-56与图11-57所示。

**05** 执行【排列】|【拆分美术字】命令，如图11-58所示，或按Ctrl+K快捷键打散文字。运用【选择工具】选择文字【夜】，在属性栏上设置文字的大小为200pt，效果如图11-59所示。

**06** 运用【选择工具】调整好文字的位置，如图11-60所示。

图11-56　选择【字体】

图11-57　编辑后效果

图11-58　选择【拆分美术字】命令

图11-59　设置文字　　　　　　　　　　　图11-60　调整位置

**STEP 07** 执行【文件】|【导入】命令，或者按Ctrl+I组合键，打开【导入】对话框。在对话框中打开随书附带光盘中的【素材\第11章\素材1.jpg】文件，如图11-61所示。

**STEP 08** 单击【导入】按钮，然后在绘画窗口中单击鼠标左键，将选中的图像文件导入并放置在合适的位置，效果如图11-62所示。

图11-61　打开【导入】对话框　　　　　　图11-62　导入素材

**STEP 09** 执行【效果】|【图框精确剪裁】|【放置在容器中】命令，如图11-63所示，此时光标呈➡形状，在【春】字上单击鼠标左键，将【素材1】图像放置在文字中。执行【效果】|【图框精确剪裁】|【编辑】命令，进入编辑状态，调整图像的大小和位置，选择【结束编辑】◨命令，结束调整，如图11-64所示。

图11-63　选择【图框精确剪裁】命令　　　　图11-64　图框精确剪裁效果

**STEP 10** 使用同样的操作方法，制作其他3个文字的花纹效果，如图11-65所示。

**STEP 11** 编辑与其游戏相关的文字信息，最终效果如图11-66所示。

**STEP 12** 执行【文件】|【另存为】命令，在该对话框中设置好文件名和存储路径，单击【保存】按钮，保存文件。

图11-65　制作其他文字效果

图11-66　最终效果

# 11.2 企业VI设计

VI即Visual Identity，通译为【视觉识别】，是CIS系统中最具传播力和感染力的层面。人们所感知的外部信息，有83%是通过视觉通道到达人们心智的。也就是说，视觉是人们接受外部信息的最重要和最主要的通道。企业形象的视觉识别，即是将CI的非可视内容转化为静态的视觉识别符号，以无比丰富多样的应用形式，在最为广泛的层面上，进行最直接的传播。设计科学、实施有利的视觉识别，是传播企业经营理念、建立企业知名度、塑造企业形象的快速便捷之途。

## 11.2.1 LOGO设计

LOGO的特点包括功能性、识别性、显著性、多样性、艺术性、准确性、持久性等。它的创意来源于通过全盘规划，寻找商品与企业独特新颖的造型符号，并以这种造型来传达思想。在构思LOGO时，必须遵循简明易人、形象直观、避免雷同以及符合大众的审美规律。

LOGO标志不仅仅是一个图形或文字组合，而是依据企业的构成结构、行业类别、经营理念，并充分考虑标志接触的对象和应用环境，为企业制定的标准视觉符号。在设计之前，首先要对企业有全面深入的了解。本例将以设计一个图文设计公司的LOGO标志为例，介绍为企业设计个性化LOGO的方法，其最终效果如图11-67所示。

**STEP 01** 按Ctrl+N组合键，弹出【创建新文档】对话框，在该对话框中将【名称】设置为【LOGO】，将【宽度】和【高度】设置为230mm和212mm，如图11-68所示。

**STEP 02** 设置完成后单击【确定】按钮，即可新建一个空白文档。在工具箱中选择【矩形工具】，然后在绘图页中绘制宽度和高度分别为229mm和170mm的矩形，如图11-69所示。

图11-67　效果图

图11-68 【创建新文档】对话框

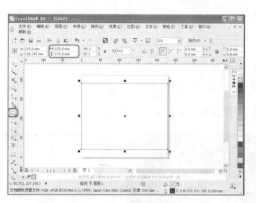

图11-69 绘制矩形

**STEP 03** 确定新绘制的矩形处于选择状态，选择工具箱中的【渐变填充工具】 ，打开【渐变填充】对话框，将【类型】设置为【辐射】，在【选项】选项组中将【边界】设置为8，设置【从】的颜色为黑色（C：0，M：0，Y：0，K：100），设置【到】的颜色为60%黑色（C：0，M：0，Y：0，K：60），如图11-70所示。

**STEP 04** 设置完成后单击【确定】按钮，为矩形填充渐变颜色后的效果如图11-71所示。

**STEP 05** 选择工具箱中的【矩形工具】 ，在场景中绘制一个矩形，将其宽度和高度分别设为18.8mm、43.8mm，其效果如图11-72所示。

图11-70 设置渐变颜色

图11-71 填充渐变颜色效果

图11-72 绘制矩形

**STEP 06** 按Shift+F11组合键，弹出【均匀填充】对话框，设置颜色为红色（C：0，M：100，Y：100，K：0），如图11-73所示。

**STEP 07** 单击【确定】按钮，然后在默认的CMYK调色板中右击⊠色块，其效果如图11-74所示。

图11-73 【均匀填充】对话框

图11-74 填充颜色效果

STEP 08 确定绘制的矩形处于选择状态，按键盘上的+号键进行复制。然后选择工具箱中的【选择工具】，调整其位置，效果如图11-75所示。

STEP 09 确定复制的图形处于选择状态，按Shift+F11组合键弹出【均匀填充】对话框，设置颜色为深黄色（C：0，M：20，Y：100，K：0），如图11-76所示。

STEP 10 单击【确定】按钮，然后在默认的CMYK调色板中右击⊠色块，其效果如图11-77所示。

图11-75 复制矩形效果

图11-76 设置颜色

图11-77 更改填充颜色

STEP 11 使用的同样的方法对刚刚复制的矩形再次进行复制，且不改变其颜色，如图11-78所示。

STEP 12 使用同样的方法复制第4个矩形，将其颜色改为青色（C：100，M：0，Y：0，K：0），然后在默认的CMYK调色板中右击⊠色块，并在场景中调整其位置，其效果如图11-79所示。

STEP 13 在场景中绘制一个如图11-80所示的矩形。

图11-78 复制矩形

图11-79 复制矩形并填充颜色

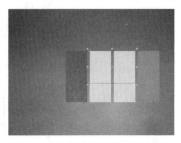
图11-80 绘制矩形

STEP 14 绘制矩形后为其填充颜色为深黄色（C：0，M：20，Y：100，K：0），并取消其轮廓线，如图11-81所示。

STEP 15 选择工具箱中的【钢笔工具】，在场景中绘制如图11-82所示的字样。

STEP 16 绘制完成后，为其填充颜色为红色（C：0，M：100，Y：100，K：0），并取消其轮廓线，效果如图11-83所示。

图11-81 填充颜色

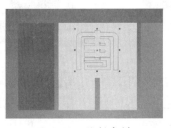
图11-82 绘制字样

图11-83 填充颜色

**17** 选择菜单栏中的【文件】|【导入】命令，如图11-84所示。

**18** 弹出的【导入】对话框后，打开随书附带光盘中的【素材\第11章\大.png】文件，如图11-85所示。

**19** 将素材导入后，在场景中调整其大小和位置，如图11-86所示。

图11-84 选择【导入】命令

图11-85 选择导入素材

图11-86 导入并调整素材

**20** 使用同样的方法分别导入【唐.png】、【图.png】、【文.png】素材文件，并在场景中调整其大小与位置，其效果如图11-87所示。

**21** 选择工具箱中的【矩形工具】□，在场景中绘制一个矩形，如图11-88所示。

**22** 将其填充颜色为白色（C：0，M：0，Y：0，K：0），并将其轮廓线取消，效果如图11-89所示。

图11-87 导入并调整其他素材

图11-88 绘制矩形

图11-89 填充颜色

**23** 在绘制的矩形下方输入文本【DA TANG GRAPHIC】，将字体颜色设置为白色，将字体改为【Agency FB】，字的大小为10pt，并在场景中调整其位置及高度，效果如图11-90所示。

**24** 设置完成后，在场景中输入文本【山东大唐图文设计有限公司】，将字体颜色设置为白色，将字体改为【汉仪菱心体简】，字的大小为36pt，并在场景中调整其位置及高度，效果如图11-91所示。

**25** 使用同样的方法在场景中输入其他文本，将其字体设置为【Bitsumishi】，将大小设为17pt，并在场景中调整其位置及高度，效果如图11-92所示。

**26** 选择工具箱中的【阴影工具】□，在字体中单击鼠标向右下方拖曳，将其生成阴影效果，其效果如图11-93所示。

图11-90 输入文本

图11-91 输入文本

图11-92 输入文本

图11-93 输入文本

**STEP 27** 设置完成后，在菜单栏中选择【文件】|【导出】命令，如图11-94所示。

**STEP 28** 弹出【导出】对话框，在该对话框中指定导出路径，为其命名，并将【保存类型】设置为JPEG格式，单击【导出】按钮即可，如图11-95所示。

**STEP 29** 弹出【导出到JPEG】对话框，单击【确定】按钮即可，如图11-96所示。

图11-94 选择【导出】命令

图11-95 【导出】对话框

图11-96 导出文件

## 11.2.2 名片

下面将要介绍的是名片的制作，完成后的效果如图11-97所示。

图11-97 名片的效果

**STEP 01** 打开CorelDRAW X6软件，按Ctrl+N组合键，在弹出的对话框中将【名称】设置为【名片】，将【宽度】和【高度】分别设置为90mm、55mm，如图11-98所示。

**STEP 02** 选择工具箱中的【矩形工具】▢，在绘图页中绘制矩形，选中矩形后，按Shift+F11组合键，在弹出的对话框中选择【模型】，为矩形填充白色（CMYK值为0、0、0、0），如图11-99所示。

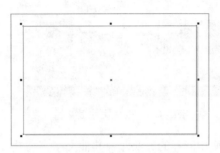

图11-98　创建文件　　　　　　　　　　　图11-99　绘制矩形并填充颜色

**STEP 03** 按Ctrl+I组合键，将前面制作的LOGO导入，并调整大小和位置，如图11-100所示。

**STEP 04** 选择工具箱中的【贝塞尔工具】，在绘图页中绘制图形，如图11-101所示

图11-100　导入LOGO调整位置　　　　　　图11-101　绘制矩形

**STEP 05** 按F11键，打开【渐变填充】对话框，在该对话框中将【类型】为辐射，将【从】的CMYK值设置为（42、100、100、12），将【到】的CMYK值设置为（0、97、88、0），如图11-102所示。

**STEP 06** 选择LOGO中的唐字，进行【复制】【粘贴】调整大小，将颜色的CMYK值设置为（0、31、13、0），得到效果如图11-103所示。

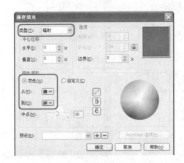

图11-102　【渐变填充】对话框　　　　　　图11-103　对文字唐的调整

**07** 在工具箱中选择【文本工具】字，在绘图页中输入文字，然后在其属性栏中将【字体类型】设置为【方正粗倩简体】，设置【字体大小】参数为23pt，效果图如11-104所示。

**08** 在工具箱中选择【文本工具】字，在绘图页中继续输入其他文字，然后在其属性栏中将【字体类型】设置为【汉仪中黑简】，设置【字体大小】参数为16pt，效果图如11-105所示。

图11-104　创建文字效果

图11-105　创建文字效果

**09** 使用同样的方法输入其他文字，将其【字体类型】设置为【汉仪中黑简】，设置【字体大小】参数为13pt，效果图如11-106所示。

**10** 选择【矩形工具】绘制矩形，并放置在【总经理】文字前方，效果如图11-107所示。

**11** 制作完成后，按Ctrl+S组合键，将【名片】文件进行保存。

图11-106　创建其他文字效果

图11-107　绘制矩形

## 11.2.3　工作证

本例主要讲解的是工作证设计的制作，主要用到的工具是【贝塞尔工具】、【矩形工具】和【文本工具】字，效果如图11-108所示。

**01** 按Ctrl+N组合键，在弹出的【创建新文档】对话框中，将【宽度】和【高度】分别设置为210mm、297mm，单击【确定】按钮，如图11-109所示。

**02** 在菜单栏中选择【文件】|【打开】命令，在弹出的【打开绘图】对话框中选择随书附带光盘中的【素材\第11章\工作证背景.cdr】文件，单击【打开】按钮，如图11-110所示。

**03** 在工具箱中选择【矩形工具】，然后在场景文件中绘制矩形图形，如图11-111所示。

图11-108　效果图

图11-109 【创建新文档】对话框

图11-110 【打开绘图】对话框

图11-111 绘制矩形图形

**STEP 04** 在工具箱中选择【形状工具】，选中刚刚绘制的图形，调整其四个角的平滑度，调整后的效果如图11-112所示。

**STEP 05** 确认其处于编辑状态，然后在默认的CMYK调色板中单击【白色】色块，效果如图11-113所示。

**STEP 06** 在工具箱中选择【赛贝尔工具】，并在场景文件中绘制图形，效果如图11-114所示。

**STEP 07** 按F11键，在弹出的【渐变填充】对话框中，将【类型】设置为【线性】，然后在【颜色调和】选项组中选择【自定义】。单击【渐变条】，将左边色标的CMYK值设置为（0、100、100、0），右边色标的CMYK值设置为（0、0、0、0），双击左边色标，将【位置】设置为70%，将CMYK值设置为（0、53、52、0），单击【确定】按钮，如图11-115所示。

图11-112 调整四个角

图11-113 填充白色

图11-114 绘制图形

图11-115 设置【渐变填充】参数

**STEP 08** 填充渐变颜色后的效果如图11-116所示。

**STEP 09** 使用同样的方法，绘制图形并为其填充渐变色，选中【贝塞尔工具】绘制的图形，然后右击默认的CMYK调色板中的☒，为其去除轮廓线。在工具箱中选择【透明度工具】，在【预设】下拉列表中选择【线性】，然后调整透明度滑块，效果如图11-117所示。

**STEP 10** 在菜单栏中选择【文件】|【打开】命令，在弹出的【打开绘图】对话框中打开随书附带光盘中的【素材\第11章\logo.cdr】文件，按住Shift键调整其位置和大小，如图11-118所示。

**STEP 11** 在工具箱中选择【矩形工具】，然后绘制图形，并在属性栏中将【圆角半径】设置为3mm。然后在工具箱中选择【轮廓笔工具】，并在弹出的【轮廓笔】对话框【样式】选项组中选择一个样式，单击【确定】按钮，效果如图11-119所示。

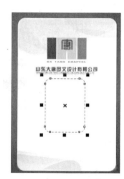

图11-116 填充后的效果　图11-117 设置透明度　图11-118 打开并调整文件　图11-119 添加样式

**12** 在工具箱中选择【文本工具】，并在场景文件中输入照片，然后在属性栏中将【字体】和【大小】分别设置为【方正楷体简体】和48pt，为其填充颜色为红色，效果如图11-120所示。

**13** 使用同样的方法再次输入文字，并将【字体】和【大小】分别设置为【创意简老宋】和18pt，为其填充黑色，效果如图11-121所示。

**14** 使用【贝塞尔工具】绘制一条直线，并在属性栏的【轮廓线】文本框中将数值设置为0.5mm，效果如图11-122所示。

**15** 确认绘制的直线处于编辑状态，在数字键盘中按+键将其进行复制，效果如图11-123所示。

图11-120 设置文字参数　图11-121 填充颜色　图11-122 绘制直线　图11-123 复制直线

**16** 选中绘制的矩形图形，在数字键盘中按+键将其进行复制，并为其填充颜色，去除轮廓线，效果如图11-124所示。

**17** 在工具箱中选择【矩形工具】，在场景文件中绘制一个矩形图形，并调整四个角，然后在【默认的CMYK调色板】中右击【白色】色块，效果如图11-125所示。

**18** 再次绘制矩形图形，并为其填充颜色。然后在工具箱中选择【透明度工具】，并在属性栏中的【预设】下拉列表中选择【线性】，调整滑块，效果如图11-126所示。

**19** 绘制一个矩形，使用【形状工具】调整图形，并为其填充渐变，效果如图11-127所示。

**20** 在工具箱中选择【椭圆形工具】，按住Shift键绘制一个正圆，然后在数字键盘中按+键，将其进行复制，并为其填充渐变色，效果如图11-128所示。

**STEP 21** 至此工作证设计就制作完成了。然后在菜单栏中选择【文件】|【保存】命令，如图11-129所示。

**STEP 22** 在弹出的【保存绘图】对话框中，设置文件名，单击【保存】按钮将场景文件进行保存，如图11-130所示。

**STEP 23** 在菜单栏中选择【文件】|【导出】命令，如图11-131所示。

图11-124　去除轮廓

图11-125　绘制并填充轮廓线

图11-126　设置透明度

图11-127　复制并填充

图11-128　复制并填充渐变

图11-129　选择【保存】命令

图11-130　【保存绘图】对话框

图11-131　选择【导出】命令

**STEP 24** 在弹出的【导出】对话框中设置文件名，将【保存类型】设置为TIF格式，如图11-132所示。

**STEP 25** 单击【导出】按钮，在弹出的【转换为位图】对话框中使用其默认值，单击【确定】按钮，将效果文件进行保存，如图11-133所示。

图11-132　【导出】对话框

图11-133　【转换为位图】对话框

### 11.2.4 信封

本例来介绍一下信封的制作，效果如图11-134所示。制作信封的具体操作步骤如下。

**STEP 01** 按Ctrl+N组合键，在弹出的【新建文档】对话框中将【宽度】和【高度】分别设置为210mm、140mm，如图11-135所示。

**STEP 02** 单击【确定】按钮，新建一个空白文档。在工具箱中选择【矩形工具】，在绘图页中绘制一个矩形，将其填色设置为白色，如图11-136所示。

图11-134 信封效果

**STEP 03** 按Ctrl+I组合键，在弹出的对话框中选择随书附带光盘中的【素材\第11章\logo.cdr】文件，如图11-137所示。

图11-135 【新建文档】对话框

图11-136 绘制矩形

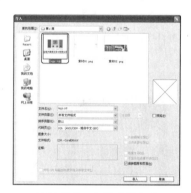

图11-137 选择素材文件

**STEP 04** 选择完成后，单击【导入】按钮，按Enter键将其置入到绘图页中，效果如图11-138所示。

**STEP 05** 在绘图页中调整该素材的位置，在菜单栏中选择【窗口】|【泊坞窗】|【对象管理器】命令，在弹出的泊坞窗中选择图层1中的曲线，如图11-139所示。

图11-138 置入素材文件后的效果

图11-139 选择曲线

**STEP 06** 按Ctrl+C组合键进行复制，按Ctrl+V组合键进行粘贴，在绘图页中调整其位置及大小，并在【对象管理器】泊坞窗中调整其排放顺序，如图11-140所示。

**07** 调整完成后，在工具箱中选择【透明度工具】，在属性栏中将【透明度类型】设置为【标准】，将【开始透明度】设置为95，如图11-141所示。

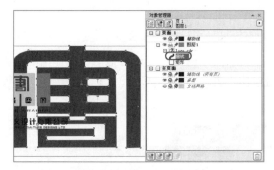

图11-140　对曲线进行调整

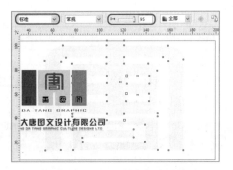

图11-141　添加透明度后的效果

**08** 在工具箱中选择【钢笔工具】，在绘图页中绘制一个如图11-142所示的图形。

**09** 按F11键打开【渐变填充】对话框，在该对话框中将【类型】为【辐射】，将【从】的CMYK值设置为（42、100、100、12），将【到】的CMYK值设置为（0、97、88、0），如图11-143所示。

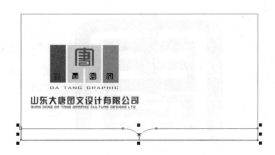

图11-142　绘制图形后的效果

图11-143　设置渐变颜色

**10** 设置完成后，单击【确定】按钮，在属性栏中将【轮廓宽度】设置为【无】，效果如图11-144所示。

**11** 使用同样的方法绘制如图11-145所示的图形，为其填充上面步骤的渐变颜色，并将其轮廓宽度设置为【细线】。

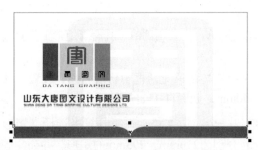

图11-144　填充渐变颜色后的效果

图11-145　绘制图形并填充颜色

**STEP 12** 在工具箱中选择【矩形工具】 ▣ ，在绘图页中绘制6个大小相同的矩形，在默认的CMYK调色板中右击红色色块，然后在菜单栏中选择【对象】|【编组】命令，效果如图11-146所示。

**STEP 13** 使用同样的方法绘制其他图形，绘制后的效果如图11-147所示。

**STEP 14** 在工具箱中选择【文本工具】，在绘图页中按住鼠标左键进行拖动，在弹出的文本框中输入文字。选中输入的文字，在属性栏中将字体设置为【楷体_GB2312】，将字体大小设置为10pt，如图11-148所示。

图11-146　绘制矩形后的效果　　图11-147　绘制其他图形后的效果　　　　图11-148　输入文字

**STEP 15** 确认该文字处于选中状态，按Shift+F11组合键，在弹出的对话框中选择【模型】选项卡，将CMYK值设置为（49、93、87、23），如图11-149所示。

**STEP 16** 设置完成后，单击【确定】按钮，即可为选中的文字填充颜色，使用同样的方法创建其他文字，效果如图11-150所示。对完成后的场景进行保存即可。

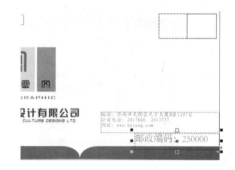

图11-149　设置填充颜色　　　　　　图11-150　输入文字后的效果

## 11.2.5　档案袋

本例来介绍一下档案袋的制作。该例的制作比较简单，主要用到的工具有【矩形工具】 ▣ 、【钢笔工具】 ▲ 和【文本工具】 字 等，效果如图11-151所示。

**STEP 01** 按Ctrl+N组合键，弹出【创建新文档】对话框，在该对话框中将【名称】设置为【档案袋】，将【宽度】和【高度】设置为450mm、390mm，如图11-152所示。

**STEP 02** 设置完成后单击【确定】按钮，即可新建一个空白文档。在工具箱中选择【矩形工具】 ▣ ，然后在绘图页中绘制【宽度】和【高度】分别为210mm、295mm的矩形，并为绘制的矩形填充白色，如图11-153所示。

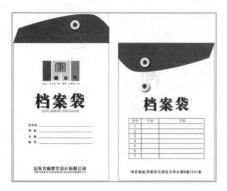

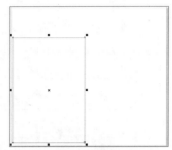

图11-151　档案袋　　　　　图11-152　【创建新文档】对话框　　　图11-153　绘制并设置矩形

**03** 按Ctrl+I组合键，弹出【导入】对话框，在该对话框中选择随书附带光盘中的【素材\第11章\logo.cdr】文件，如图11-154所示。

**04** 单击【导入】按钮，然后按Enter键将选择的素材文件导入到绘图页的中央，并在属性栏中单击【取消群组】按钮，取消对象的群组，然后选择如图11-155所示的对象。

图11-154　选择素材文件　　　　　　　　　图11-155　选择对象

**05** 在绘图页中调整选择对象的大小和位置，效果如图11-156所示。

**06** 在绘图页中选择如图11-157所示的群组对象，并调整其大小和位置。

**07** 在工具箱中选择【文本工具】，然后在绘图页中输入文字。选择输入的文字，在属性栏中将【字体】设置为【汉仪超粗宋简】，将【字体大小】设置为100pt，效果如图11-158所示。

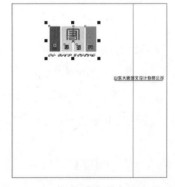

图11-156　调整对象的大小和位置　　　图11-157　调整群组对象　　　图11-158　输入并设置文字

**08** 继续使用【文本工具】字在绘图页中输入文字，将【字体】设置为【Arial】，将【字体大小】设置为20pt，如图11-159所示。

**09** 在绘图页中输入文字【文件名：】，然后将【字体】设置为【方正大黑简体】，将【字体大小】设置为18pt，如图11-160所示。

**10** 在工具箱中选择【钢笔工具】，然后在绘图页中绘制直线，效果如图11-161所示。

图11-159　输入并设置文字　　　图11-160　输入文字　　　图11-161　绘制直线

**11** 使用同样的方法输入其他文字，然后绘制直线，效果如图11-162所示。

**12** 在工具箱中选择【钢笔工具】，然后在绘图页中绘制图形，并为绘制的图形填充红色，效果如图11-163所示。

**13** 在工具箱中选择【椭圆形工具】，然后在绘图页中按住Ctrl键绘制正圆，效果如图11-164所示。

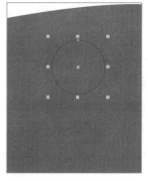

图11-162　输入文字并绘制直线　　图11-163　绘制图形并填充颜色　　图11-164　绘制正圆

**14** 为绘制的正圆形填充白色，然后取消轮廓线的填充，效果如图11-165所示。

**15** 在工具箱中选择【阴影工具】，在绘制的正圆上单击并拖动鼠标，即可为正圆添加阴影。然后在属性栏中将【阴影的不透明度】设置为50，将【阴影羽化】设置为15，如图11-166所示。

**16** 在工具箱中选择【椭圆形工具】，然后在绘图页中按住Ctrl键绘制正圆，效果如图11-167所示。

**17** 确定绘制的正圆处于选择状态，按Shift+F11组合键弹出【均匀填充】对话框，在该对话框中将CMYK值设置为（60、54、51、0），如图11-168所示。

18 单击【确定】按钮，然后在默认的CMYK调色板中右击☒色块，取消轮廓线的填充，效果如图11-169所示。

19 继续使用【椭圆形工具】◯绘制正圆，并为绘制的正圆填充黑色，然后取消轮廓线的填充，效果如图11-170所示。

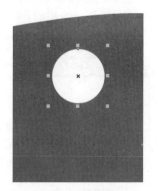

图11-165 填充颜色

图11-166 添加阴影

图11-167 绘制正圆

图11-168 设置颜色

图11-169 填充颜色

图11-170 绘制正圆并填充颜色

20 在工具箱中选择【钢笔工具】✎，然后在绘图页中绘制曲线，如图11-171所示。

21 确定新绘制的曲线处于选择状态，然后在属性栏中将【线条样式】设置为如图11-172所示的样式。

22 按F12键，弹出【轮廓笔】对话框，在该对话框中将【颜色】的CMYK值设置为（0、0、0、60），将【宽度】设置为0.7mm，如图11-173所示。

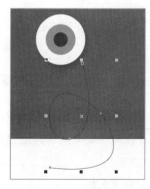

图11-171 绘制曲线

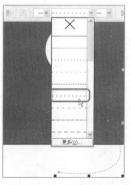

图11-172 设置线条样式

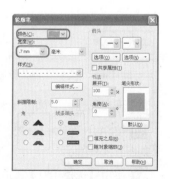

图11-173 【轮廓笔】对话框

**STEP 23** 单击【确定】按钮，设置轮廓线后的效果如图11-174所示。

**STEP 24** 在工具箱中选择【阴影工具】⬛，在绘制的曲线上单击并拖动鼠标，即可为曲线添加阴影。然后在属性栏中将【阴影的不透明度】设置为22，将【阴影羽化】设置为2，如图11-175所示。

**STEP 25** 在工具箱中选择【选择工具】⬛，然后在绘图页中选择如图11-176所示的矩形。

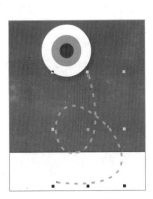

图11-174　设置轮廓线后的效果

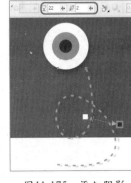

图11-175　添加阴影

图11-176　选择矩形

**STEP 26** 按小键盘上的+号键对其进行复制，并调整复制后的矩形的位置，效果如图11-177所示。

**STEP 27** 在绘图页中选择如图11-178所示的图形，并按小键盘上的+号键对其进行复制。

**STEP 28** 确定复制后的图形处于选择状态，在属性栏中单击【垂直镜像】按钮⬛，即可垂直镜像复制后的图形，如图11-179所示。

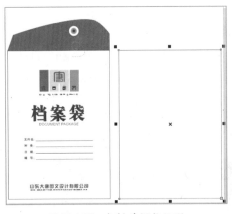

图11-177　复制并调整矩形

图11-178　复制图形

图11-179　垂直镜像对象

**STEP 29** 再在属性栏中单击【水平镜像】按钮⬛，即可水平镜像选择的对象，如图11-180所示。

**STEP 30** 按Shift+PgUp组合键，将水平镜像后的对象移至图层前面，并在绘图页中调整其位置，效果如图11-181所示。

**STEP 31** 使用【选择工具】⬛在绘图页中选择如图11-182所示的正圆形对象。

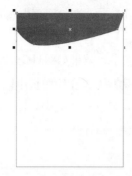

图11-180　水平镜像对象　　　图11-181　调整镜像后的对象　　　图11-182　选择对象

**32** 按小键盘上的+号键对其进行复制，并调整复制后的对象的排列顺序和位置，效果如图11-183所示。

**33** 继续复制选择的对象，并调整其位置，效果如图11-184所示。

**34** 使用【钢笔工具】 在绘制曲线，并对曲线的样式、宽度和颜色进行设置，最后为其添加阴影，效果如图11-185所示。

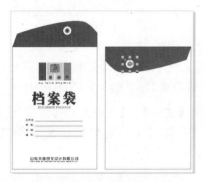

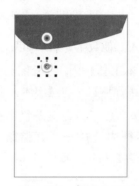

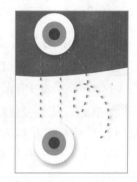

图11-183　复制并调整对象　　　图11-184　复制对象　　　图11-185　绘制并设置曲线

**35** 在工具箱中选择【文本工具】 ，在绘图页中输入文字。选择输入的文字，在属性栏中将【字体】设置为【汉仪超粗宋简】，将【字体大小】设置为90pt，效果如图11-186所示。

**36** 在工具箱中选择【矩形工具】 ，在绘图页中绘制矩形，并在属性栏中将【轮廓宽度】设置为0.7mm，如图11-187所示。

**37** 使用【钢笔工具】 在绘图页中绘制水平和垂直直线，并将直线的轮廓宽度设置为0.7mm，效果如图11-188所示。

图11-186　输入并设置文字　　　图11-187　绘制并设置矩形　　　图11-188　绘制直线

**STEP 38** 在工具箱中选择【文本工具】字，在绘图页中输入文字。选择输入的文字，在属性栏中将【字体】设置为【Adobe 宋体 Std L】，将【字体大小】设置为21pt，效果如图11-189所示。

**STEP 39** 使用同样的方法输入其他文字，效果如图11-190所示。

**STEP 40** 在工具箱中选择【文本工具】字，在绘图页中输入数字【1】。选择输入的数字，在属性栏中将【字体】设置为【Arial】，将【字体大小】设置为24pt，效果如图11-191所示。

图11-189 输入并设置文字　　图11-190 输入其他文字　　图11-191 输入并设置数字

**STEP 41** 使用同样的方法，输入其他数字，效果如图11-192所示。

**STEP 42** 在工具箱中选择【文本工具】字，在绘图页中输入文字。选择输入的文字，在属性栏中将【字体】设置为【方正大黑简体】，将【字体大小】设置为22pt，效果如图11-193所示。

**STEP 43** 至此，档案袋就制作完成了。在菜单栏中选择【文件】|【保存】命令，弹出【保存绘图】对话框，在该对话框中选择一个存储路径，并将【保存类型】设置为【CDR-CorelDRAW】，然后单击【保存】按钮，如图11-194所示。

图11-192 输入其他数字　　图11-193 输入并设置文字　　图11-194 【保存绘图】对话框

**STEP 44** 保存完成后，在菜单栏中选择【文件】|【导出】命令，如图11-195所示。

**STEP 45** 弹出【导出】对话框，在该对话框中选择一个导出路径，并将【保存类型】设置为【TIF- TIFF位图】，然后单击【导出】按钮，如图11-196所示。

**STEP 46** 弹出【转换为位图】对话框，在该对话框中使用默认设置，直接单击【确定】按钮即可，如图11-197所示。

图11-195　选择【导出】命令　　　图11-196　【导出】对话框　　　图11-197　【转换为位图】对话框

# 11.3 插画设计

插画在中国被人们俗称为插图，今天通行于国外市场的商业插画包括出版物插图、卡通吉祥物、影视与游戏美术设计和广告插画4种形式。实际上在中国，插画已经遍布于平面和电子媒体、商业场馆、公众机构、商品包装、影视演艺海报、企业广告，甚至T恤、日记本、贺年片。

在现代设计领域中，插画设计可以说是最具有表现意味的，它与绘画艺术有着亲近的血缘关系。插画艺术的许多表现技法都是借鉴了绘画艺术的表现技法。从某种意义上讲，绘画艺术成了基础学科，插画成了应用学科。纵观插画发展的历史，其应用范围在不断扩大。特别是在信息高速发达的今天，人们的日常生活中充满了各式各样的商业信息，插画设计已成为现实社会不可替代的艺术形式。

## 11.3.1　咏荷

本例介绍咏荷插画的制作。先使用【钢笔工具】绘制出图形的轮廓线，然后使用【艺术笔工具】为轮廓线添加不同的艺术样式，最后使用【文本工具】输入内容，最终效果如图11-198所示。

**STEP 01** 按Ctrl+N组合键，弹出【创建新文档】对话框，在该对话框中将【名称】设置为【咏荷】，将【宽度】和【高度】设置为320mm、235mm，如图11-199所示。

**STEP 02** 设置完成后单击【确定】按钮，即可新建一个空白文档。在工具箱中选择【矩形工具】，然后在绘图页中绘制宽度和高度分别为297mm、210mm的矩形，如图11-200所示。

图11-198　效果图

图11-199 【创建新文档】对话框

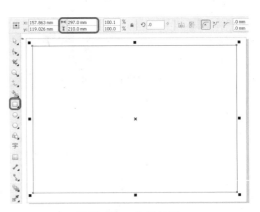

图11-200 绘制矩形

**STEP 03** 确定新绘制的矩形处于选择状态，按F11键弹出【渐变填充】对话框，将【类型】设置为【辐射】，在【中心位移】选项组中将【水平】和【垂直】设置为50和40，在【颜色调和】选项组中单击【自定义】单选按钮，然后将位置0的CMYK值设置为（19、10、11、0）；将位置35的CMYK值设置为（6、2、3、0）；将位置65的CMYK值设置为（3、0、0、0），将位置100的CMYK值设置为（19、10、11、0），如图11-201所示。

**STEP 04** 设置完成后单击【确定】按钮，为矩形填充渐变颜色后的效果如图11-202所示。

图11-201 设置渐变颜色

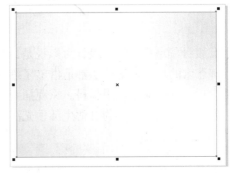

图11-202 填充渐变颜色效果

**STEP 05** 在工具箱中选择【钢笔工具】，然后在绘图页中绘制荷叶轮廓，如图11-203所示。

**STEP 06** 按Shift+F11键弹出【均匀填充】对话框，在该对话框中将CMYK值设置为（20、0、0、60），如图11-204所示。

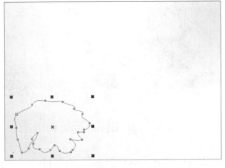

图11-203 绘制荷叶轮廓

图11-204 设置颜色

**STEP 07** 单击【确定】按钮，然后在默认的CMYK调色板中右击⊠色块，效果如图11-205所示。

**STEP 08** 确定绘制的荷叶轮廓处于选择状态，按小键盘上的+号键进行复制，然后使用【选择工具】⬚调整复制的图形的大小和位置，并使用【形状工具】⬚调整复制后的图形的形状，效果如图11-206所示。

图11-205　填充颜色

图11-206　复制并调整图形

**STEP 09** 确定复制后的图形处于选择状态，按小键盘上的+号键进行复制，并使用【选择工具】⬚调整新复制的图形的大小，然后将新复制图形的CMYK值设置为（20、0、0、80），如图11-207所示。

**STEP 10** 在工具箱中选择【调和工具】⬚，在新复制的图形上单击鼠标左键，并拖动鼠标至第一次复制的图形上，在两个图形之间添加调和效果，如图11-208所示。

图11-207　复制并调整图形

图11-208　添加调和效果

**STEP 11** 使用【钢笔工具】⬚和【椭圆形工具】⬚在绘图页中绘制荷叶的叶脉路径，如图11-209所示。

**STEP 12** 在绘图页中选择绘制的椭圆形，然后在工具箱中选择【艺术笔工具】⬚，在属性栏中单击【笔刷】按钮⬚，在【类别】下拉列表中选择【飞溅】，选择如图11-210所示的笔刷笔触，并将【笔触宽度】设置为4.14mm，即可为选择的椭圆形添加艺术样式。

图11-209　绘制荷叶的叶脉路径

图11-210　为椭圆形添加艺术样式

**13** 在默认的CMYK调色板中单击黑色色块，将笔触颜色设置为黑色，效果如图11-211所示。

**14** 在绘图中选择如图11-212所示的曲线，然后在工具箱中选择【艺术笔工具】，在属性栏中单击【笔刷】按钮，在【类别】下拉列表中选择【符号】，选择如图11-212所示的笔刷笔触，并将【笔触宽度】设置为0.762mm，即可为选择的曲线添加艺术样式。

**15** 在默认的CMYK调色板中单击黑色色块，将笔触颜色设置为黑色，效果如图11-213所示。

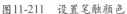

图11-211　设置笔触颜色　　　　图11-212　为曲线添加艺术样式　　　　图11-213　设置笔触颜色

**16** 使用同样的方法，为其他的曲线添加艺术样式，效果如图11-214所示。

**17** 按Ctrl+I组合键，弹出【导入】对话框，在该对话框中选择随书附带光盘中的【素材\第11章\荷叶边.cdr】文件，单击【导入】按钮，然后按Enter键将选择的素材文件导入到绘图页的中央，如图11-215所示。

**18** 在绘图页中调整素材文件的位置和排列顺序，效果如图11-216所示。

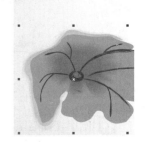

图11-214　为其他曲线添加艺术样式　　　　图11-215　导入素材文件　　　　图11-216　调整素材文件

**19** 在绘图页中选择所有组成荷叶的对象，然后按Ctrl+G组合键群组选择的对象，如图11-217所示。

**20** 在工具箱中选择【钢笔工具】，然后在绘图页中绘制曲线，并在属性栏中将【轮廓宽度】设置为3mm，最后将其移至荷叶的下方，如图11-218所示。

**21** 在工具箱中选择【艺术笔工具】，在属性栏中单击【笔刷】按钮，在【类别】下拉列表中选择【书法】，然后选择如图11-219所示的笔刷笔触，并将【笔触宽度】设置为3mm，在绘图页中绘制图形。

**22** 确定绘制的图形处于选择状态，按Ctrl+K组合键取消艺术笔群组，并将拆分出的曲线删除。然后选择图形，在工具箱中选择【透明度工具】，在图形上单击并拖动鼠标，为图形添加线性透明度效果，如图11-220所示。

**STEP 23** 使用同样的方法，绘制其他图形，并添加透明度效果，如图11-221所示。

**STEP 24** 在工具箱中选择【钢笔工具】，然后在绘图页中绘制曲线，如图11-222所示。

图11-217　群组选择对象

图11-218　绘制曲线

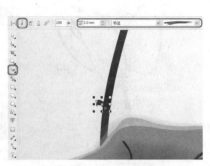

图11-219　绘制图形

图11-220　添加线性透明度

图11-221　绘制其他图形

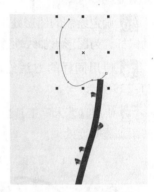

图11-222　绘制曲线

**STEP 25** 确定绘制的曲线处于选择状态，然后在工具箱中选择【艺术笔工具】，在属性栏中单击【笔刷】按钮，在【类别】下拉列表中选择【书法】，然后选择如图11-223所示的笔刷笔触，并将【笔触宽度】设置为2mm，即可为选择的曲线添加艺术样式。

**STEP 26** 使用同样的方法绘制其他曲线，并为绘制的曲线添加艺术样式，如图11-224所示。

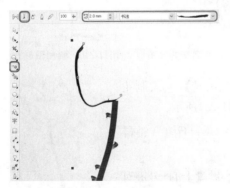

图11-223　为曲线添加艺术样式

图11-224　绘制曲线并添加艺术样式

**STEP 27** 在工具箱中选择【钢笔工具】，在绘图页中绘制图形，如图11-225所示。

**STEP 28** 按Shift+F11组合键，弹出【均匀填充】对话框，在该对话框中将CMYK值设置为（0、

56、0、0），如图11-226所示。

STEP 29 单击【确定】按钮，然后在默认的CMYK调色板中右击⊠色块，效果如图11-227所示。

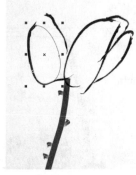

图11-225　绘制图形　　　　　图11-226　设置颜色　　　　　图11-227　填充颜色

STEP 30 确定绘制的图形处于选择状态，在工具箱中选择【透明度工具】，在图形上单击并拖动鼠标，为图形添加线性透明度效果，如图11-228所示。

STEP 31 使用同样的方法绘制其他图形并填充颜色，然后为图形添加线性透明度效果，如图11-229所示。

STEP 32 使用【艺术笔工具】在绘图页中绘制如图11-230所示的图形，并使用前面介绍的方法为其添加透明度效果。

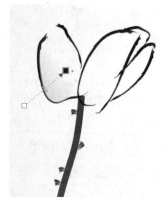

图11-228　为图形添加线性透明度效果　　图11-229　绘制并调整其他图形　　图11-230　绘制图形并添加透明度

STEP 33 继续使用【钢笔工具】和【艺术笔工具】绘制花苞，并为其填充颜色和添加透明度，效果如图11-231所示。

STEP 34 选择绘制的荷叶和花苞对象，然后按Ctrl+G组合键群组选择的对象，如图11-232所示。

STEP 35 确定群组后的对象处于选择状态，按小键盘上的+号键对其进行复制，并调整复制后的对象的大小，如图11-233所示。

STEP 36 确定复制后的对象处于选择状态，在属性栏中单击【水平镜像】按钮水平镜像复制后的对象，然后调整对象的位置，

图11-231　绘制花苞

效果如图11-234所示。

**37** 在工具箱中选择【钢笔工具】 ，然后在绘图页中绘制图形，如图11-235所示。

**38** 确定图形处于选择状态，按Shift+F11组合键弹出【均匀填充】对话框，在该对话框中将CMYK值设置为（20、0、0、60），如图11-236所示。

图11-232　群组对象

图11-233　复制并调整对象

图11-234　水平镜像对象

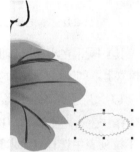

图11-235　绘制图形

图11-236　设置颜色

**39** 单击【确定】按钮，然后在默认的CMYK调色板中右击⊠色块，效果如图11-237所示。

**40** 在工具箱中选择【透明度工具】 ，在属性栏中将【透明度类型】设置为【标准】，将【透明度操作】设置为【如果更暗】，将【开始透明度】设置为50，效果如图11-238所示。

**41** 在工具箱中选择【椭圆形工具】 ，然后在绘图页中绘制椭圆形，如图11-239所示。

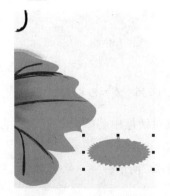

图11-237　填充颜色

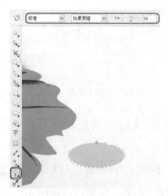

图11-238　添加透明度

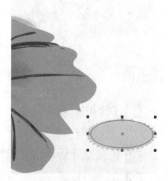

图11-239　绘制椭圆形

**STEP 42** 确定椭圆形处于选择状态，按Shift+F11组合键弹出【均匀填充】对话框，在该对话框中将CMYK值设置为20、0、0、60，如图11-240所示。

**STEP 43** 单击【确定】按钮，然后在默认的CMYK调色板中右击⊠色块，效果如图11-241所示。

**STEP 44** 继续使用【椭圆形工具】◎在绘图页中绘制椭圆形，并将椭圆形填充颜色的CMYK值设置为（20、0、0、80），然后取消轮廓线的填充，效果如图11-242所示。

图11-240　设置颜色

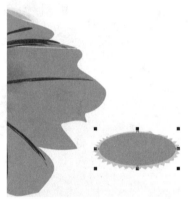

图11-241　填充颜色

图11-242　绘制并调整椭圆形

**STEP 45** 在工具箱中选择【调和工具】📭，在小椭圆形上单击鼠标左键，并拖动鼠标至大椭圆形上，在两个椭圆形之间添加调和效果，如图11-243所示。

**STEP 46** 在工具箱中选择【钢笔工具】🖉，在绘图页中绘制图形，如图11-244所示。

**STEP 47** 确定新绘制的图形处于选择状态，在工具箱中选择【艺术笔工具】📭，在属性栏中单击【笔刷】按钮🖌，在【类别】下拉列表中选择【艺术】，选择如图11-245所示的笔刷笔触，并将【笔触宽度】设置3mm，即可为选择的图形添加艺术样式。

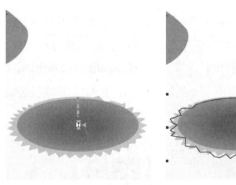

图11-243　添加调和效果

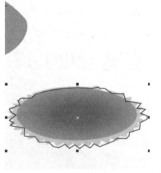

图11-244　绘制图形

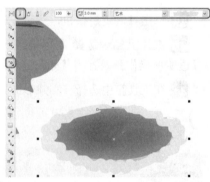

图11-245　添加艺术样式

**STEP 48** 按Shift+F11组合键，弹出【均匀填充】对话框，在该对话框中将CMYK值设置为（20、0、0、40），如图11-246所示。

**STEP 49** 设置完成后单击【确定】按钮，填充颜色后的效果如图11-247所示。

**STEP 50** 按Ctrl+K组合键拆分艺术笔群组，如图11-248所示。

图11-246 设置颜色

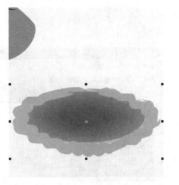

图11-247 填充颜色

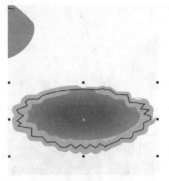

图11-248 拆分艺术笔群组

**51** 将拆分的曲线删除，然后选择图形对象，在工具箱中选择【透明度工具】，在属性栏中将【透明度类型】设置为【标准】，将【透明度操作】设置为【常规】，将【开始透明度】设置为30，效果如图11-249所示。

**52** 使用【选择工具】在绘图页中选择如图11-250所示的图形。

**53** 按小键盘上的+号键对其进行复制，并按Shift+PgUp组合键将其移至最顶层，效果如图11-251所示。

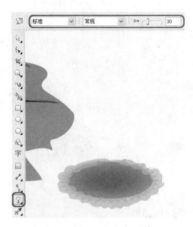

图11-249 设置透明度

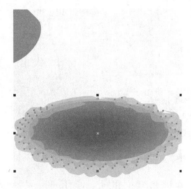

图11-250 选择图形

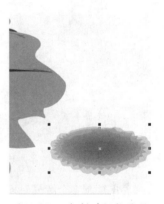

图11-251 复制并调整图形

**54** 在绘图页中选择所有组成泼墨图形的对象，按Ctrl+G组合键群组选择的对象，如图11-252所示。

**55** 在工具箱中选择【钢笔工具】，然后在绘图页中绘制芦苇对象，如图11-253所示。

**56** 按Shift+F11组合键，弹出【均匀填充】对话框，在该对话框中将CMYK值设置为（20、0、0、60），如图11-254所示。

**57** 单击【确定】按钮，然后在默认的CMYK调色板中右击色块，效果如图11-255所示。

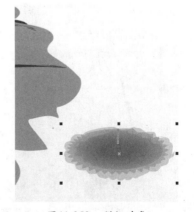

图11-252 群组对象

图11-253　绘制芦苇　　　　　　　图11-254　设置颜色　　　　　　图11-255　填充颜色

**58** 在工具箱中选择【透明度工具】 ，在属性栏中将【透明度类型】设置为【标准】，将【透明度操作】设置为【常规】，将【开始透明度】设置为50，效果如图11-256所示。

**59** 使用同样的方法绘制其他芦苇对象，效果如图11-257所示。

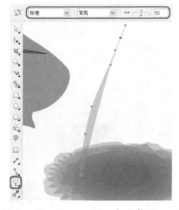

图11-256　添加透明度　　　　　　　　　图11-257　绘制芦苇对象

**60** 复制多个泼墨对象，并调整它们的大小和位置，效果如图11-258所示。

**61** 在工具箱中选择【钢笔工具】 ，在绘图页中绘制图形，如图11-259所示。

图11-258　复制和调整泼墨对象　　　　　　图11-259　绘制图形

**62** 按Shift+F11组合键，弹出【均匀填充】对话框，在该对话框中将CMYK值设置为(20、0、0、60)，如图11-260所示。

**63** 单击【确定】按钮，然后在默认的CMYK调色板中右击⊠色块，效果如图11-261所示。

图11-260　设置颜色　　　　　　　　　图11-261　填充颜色

**64** 按Ctrl+I组合键，弹出【导入】对话框，在该对话框中选择随书附带光盘中的【素材\第11章\蜻蜓和泼墨对象.cdr】文件，单击【导入】按钮，然后按Enter键将选择的素材文件导入到绘图页的中央，并使用【选择工具】⬚对素材文件的位置进行调整，效果如图11-262所示。

**65** 在工具箱中选择【文本工具】字，然后在绘图页中输入文字【咏】。选择输入的文字，在属性栏中将【字体】设置为【方正黄草简体】，将【字体大小】设置为80pt，效果如图11-263所示。

图11-262　调整并导入素材文件　　　　　图11-263　输入文字【咏】

**66** 继续使用【文本工具】字输入文字【荷】，然后将【字体】设置为【方正黄草简体】，将【字体大小】设置为100pt，效果如图11-264所示。

**67** 使用【文本工具】字输入文字【接】，并将【字体】设置为【方正黄草简体】，将【字体大小】设置为42pt，效果如图11-265所示。

**68** 在默认的CMYK调色板中单击CMYK值为(0、0、0、30)的颜色，为文字【接】填充该颜色后的效果如图11-266所示。

图11-264 输入并设置文字【荷】

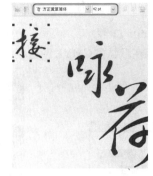
图11-265 输入【接】并设置位置

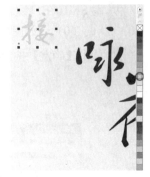
图11-266 为文字填充颜色

**STEP 69** 使用同样的方法输入其他文字，并对文字的字体、大小和颜色进行设置，效果如图11-267所示。

**STEP 70** 按Ctrl+I组合键，弹出【导入】对话框，在该对话框中选择随书附带光盘中的【素材\第11章\印章.cdr】文件，单击【导入】按钮，然后按Enter键将选择的素材文件导入到绘图页的中央，并使用【选择工具】对素材文件的位置进行调整，效果如图11-268所示。

图11-267 输入并设置其他文字　　　　　　图11-268 导入素材文件

**STEP 71** 在工具箱中选择【矩形工具】，然后在绘图页中绘制矩形，并在默认的CMYK调色板中单击白色色块，为绘制的矩形填充白色，如图11-269所示。

**STEP 72** 确定新绘制的矩形处于选择状态，在工具箱中选择【阴影工具】，在矩形上单击并拖动鼠标，为矩形添加阴影，然后在属性栏中将【阴影的不透明度】设置为22，将【阴影羽化】设置为3，效果如图11-270所示。

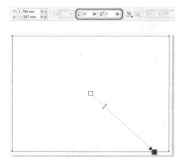

图11-269 绘制矩形并填充颜色　　　　　　图11-270 添加阴影

**73** 确定绘制的矩形处于选择状态，然后在默认的CMYK调色板中右击⊠色块，取消轮廓线的填充，如图11-271所示。

**74** 按Shift+PgDn组合键将矩形移至图层后面，如图11-272所示。

图11-271 取消轮廓线的填充

图11-272 将矩形移至图层后面

**75** 至此，插画就制作完成了。在菜单栏中选择【文件】|【保存】命令，如图11-273所示。

**76** 弹出【保存绘图】对话框，在该对话框中选择一个存储路径，并将【保存类型】设置为【CDR-CorelDRAW】，然后单击【保存】按钮，如图11-274所示。

**77** 保存完成后，按Ctrl+E组合键弹出【导出】对话框，在该对话框中选择一个导出路径，并将【保存类型】设置为【TIF-TIFF位图】，然后单击【导出】按钮，如图11-275所示。

图11-273 选择【保存】命令

图11-274 【保存绘图】对话框

图11-275 【导出】对话框

**78** 弹出【转换为位图】对话框，在该对话框中使用默认设置，直接单击【确定】按钮即可，如图11-276所示。

图11-276 【转换为位图】对话框

## 11.3.2 卡通插画

插画在中国俗称为插图，是运用图案表现的形象，线条形态清晰明快，制作方便。下面就来介绍一下卡通插画的制作方法，效果如图11-277所示。

图11-277　卡通插画

STEP **01** 按Ctrl+N组合键，在弹出的对话框中将【名称】设置为【卡通插画】，将【宽度】和【高度】分别设置为176mm、105mm，如图11-278所示。

STEP **02** 设置完成后，单击【确定】按钮，即可新建一个空白文档。在工具箱中选择【矩形工具】，在绘图页中绘制一个矩形，按F11键打开【渐变填充】对话框，如图11-279所示。

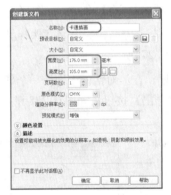

图11-278　【创建新文档】对话框

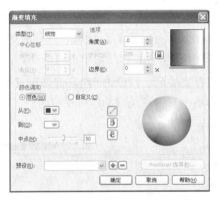

图11-279　【渐变填充】对话框

STEP **03** 在该对话框中单击【自定义】单选按钮，将位置0处的色标设置为白色，在3%位置处添加一个色标，并将其设置为白色；在39%位置处添加一个色标，将其CMYK值设置为（51、0、0、0）；在75%位置处添加一个色标，将其CMYK值设置为（58、3、0、0）；在92%位置处添加一个色标，将其CMYK值设置为（65、6、0、0）；将位置100%处的CMYK值设置为（65、6、0、0），如图11-280所示。

STEP **04** 在【选项】选项组中将【角度】设置为90，将【边界】设置为5%，如图11-281所示。

图11-280　添加色标并设置其颜色值

图11-281　设置角度及边界

**STEP 05** 设置完成后，单击【确定】按钮，即可为选中的矩形填充渐变颜色。在属性栏中将【轮廓宽度】设置为【无】，效果如图11-282所示。

**STEP 06** 在工具箱中选择【钢笔工具】，在绘图页中绘制一个如图11-283所示的图形。

图11-282　填充渐变颜色后的效果　　　　　图11-283　绘制图形

**STEP 07** 按F11键打开【渐变填充】对话框，单击【自定义】单选按钮，将位置0处的色标的CMYK值设置为（18、4、0、2）；在19%位置处添加一个色标，并将其CMYK值设置为（18、4、2、0）；在45%位置处添加一个色标，将其CMYK值设置为（9、2、1、0），将位置100%处的色标设置为白色，如图11-284所示。

**STEP 08** 在【选项】选项组中将【角度】设置为86.3，将【边界】设置为33%，如图11-285所示。

图11-284　添加色标并设置CMYK值　　　　　图11-285　设置角度及边界

**STEP 09** 设置完成后，单击【确定】按钮，在属性栏中将其【轮廓宽度】设置为【无】，效果如图11-286所示。

**STEP 10** 在工具箱中选择【透明度工具】，在属性栏中将【透明度类型】设置为【标准】，将【开始透明度】设置为9，如图11-287所示。

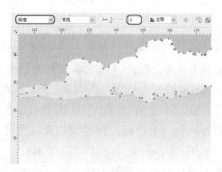

图11-286　填充渐变颜色后的效果　　　　　图11-287　添加透明度后的效果

**STEP 11** 在工具箱中选择【钢笔工具】 ，在绘图页中绘制一个如图11-288所示的图形。

**STEP 12** 按F11键，打开【渐变填充】对话框，在【选项】选项组中将【角度】设置为86.2，将【边界】设置为33%，单击【双色】单选按钮，将【从】的CMYK值设置为（27、7、0、0），将【中点】设置为32，如图11-289所示。

图11-288　绘制图形

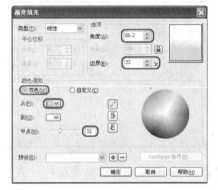

图11-289　设置渐变填充

**STEP 13** 设置完成后，单击【确定】按钮，即可为选中的图形填充渐变颜色，在属性栏中将【轮廓宽度】设置为【无】，效果如图11-290所示。

**STEP 14** 在工具箱中选择【透明度工具】 ，在属性栏中将【透明度类型】设置为【标准】，将【开始透明度】设置为61，效果如图11-291所示。

图11-290　填充渐变颜色后的效果

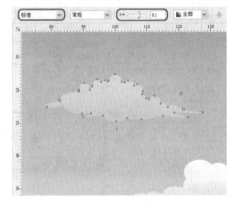

图11-291　设置透明度后的效果

**STEP 15** 使用同样的方法绘制其他云彩，并对其进行相应的设置，创建后的效果如图11-292所示。

**STEP 16** 在工具箱中选择【钢笔工具】 ，在绘图页中绘制一个如图11-293所示的图形。

**STEP 17** 按F11键，打开【渐变填充】对话框，在该对话框中单击【自定义】单选按钮，将位置0的CMYK值设置为（94、0、100、0）；在14%位置处添加一个色标，将其CMYK值设置为（84、2、90、0）；在26%位置处添加一个色标，将其CMYK值设置为（75、5、80、0）；在87%位置处添加一个色标，将其CMYK值设置为（51、0、90、0）；将位置100%的CMYK值设置为（51、0、90、0），如图11-294所示。

**STEP 18** 在【选项】选项组中将【角度】设置为90，将【边界】设置为9%，如图11-295所示。

图11-292　绘制其他云彩后的效果

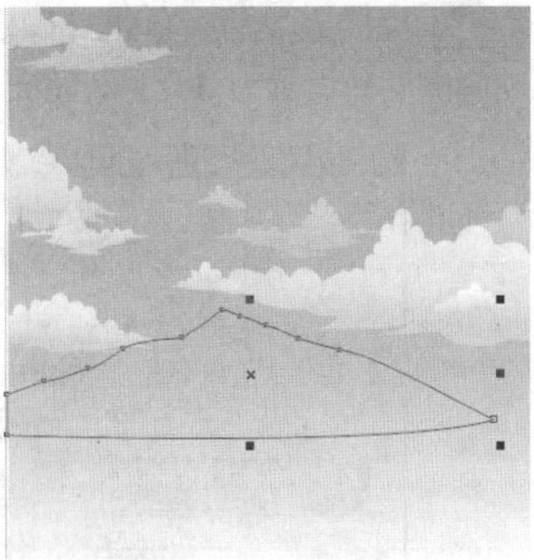

图11-293　绘制图形

图11-294　添加色标并设置CMYK值

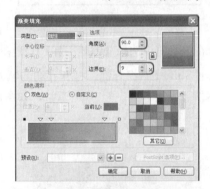

图11-295　设置角度及边界

**19** 设置完成后单击【确定】按钮，即可为选中的对象填充渐变色，在属性栏中将【轮廓宽度】设置为【无】，填充渐变色后的效果如图11-296所示。

**20** 在工具箱中选择【钢笔工具】，在绘图页中绘制一个如图11-297所示的图形。

图11-296　填充渐变颜色后的效果

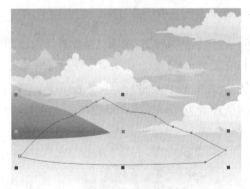

图11-297　绘制图形

**21** 按F11键，打开【渐变填充】对话框，在该对话框【选项】选项组中将【角度】设置为90，单击【自定义】单选按钮，将位置0的CMYK值设置为（94、0、100、0）；在29%位置处添加一个色标，将其CMYK值设置为（84、8、88、2）；在54%位置处添加一个色标，将其CMYK值设置为（75、16、76、4）；在87%位置处添加一个色标，将其CMYK值设置为（51、0、90、0）；将位置100%的CMYK值设置为（51、0、90、0），如图11-298所示。

STEP 22 设置完成后，单击【确定】按钮，即可为选中的对象填充渐变颜色，在属性栏中将【轮廓宽度】设置为【无】，填充颜色后的效果如图11-299所示。

图11-298　设置渐变颜色

图11-299　填充渐变颜色后的效果

STEP 23 在工具箱中选择【钢笔工具】，在绘图页中绘制一个如图11-300所示的图形。

STEP 24 按Shift+F11组合键，打开【均匀填充】对话框，在该对话框中选择【模型】选项卡，将CMYK值设置为（94、9、100、2），如图11-301所示。

图11-300　绘制图形

图11-301　设置填充颜色

STEP 25 设置设置完成后，单击【确定】按钮，即可为选中的图形设置颜色，在属性栏中将【轮廓宽度】设置为【无】，在绘图页中使用【钢笔工具】绘制一个如图11-302所示的图形。

STEP 26 按Shift+F11组合键，打开【均匀填充】对话框，在该对话框中选择【模型】选项卡，将CMYK值设置为（96、2、100、0），如图11-303所示。

图11-302　绘制图形

图11-303　设置右侧滑块的颜色值

**27** 设置完成后，单击【确定】按钮，即可为选中的图形设置颜色，在属性栏中将【轮廓宽度】设置为【无】，如图11-304所示。

**28** 使用【钢笔工具】 在绘图页中绘制一个如图11-305所示的图形。

**29** 按Shift+F11组合键，打开【均匀填充】对话框，在该对话框中选择【模型】选项卡，将CMYK值设置为（74、0、100、0），如图11-306所示。

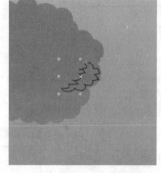

图11-304　填充颜色后的效果　　　图11-305　绘制图形　　　图11-306　设置填充颜色

**30** 设置完成后，单击【确定】按钮，即可为选中的图形设置颜色，在属性栏中将【轮廓宽度】设置为【无】，如图11-307所示。

**31** 确认该图形处于选中状态，按Ctrl+C组合键对其进行复制，按Ctrl+V组合键进行粘贴，使用【形状工具】对其进行调整，调整后的效果如图11-308所示。

**32** 在工具箱中选择【透明度工具】 ，在属性栏中将【透明度类型】设置为【标准】，将【开始透明度】设置为55，如图11-309所示。

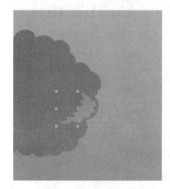

图11-307　设置填充颜色　　　图11-308　调整图形的形状　　　图11-309　设置透明度后的效果

**33** 使用同样的方法对该图形进行复制，并调整其颜色及透明度，调整后的效果如图11-310所示。

**34** 选中新创建的图形，按Ctrl+G组合键将其成组，并对其进行复制，并在绘图页中调整其位置，调整后的效果如图11-311所示。

**35** 在工具箱中选择【钢笔工具】，在绘图页中绘制一个如图11-312所示的图形。

**36** 按F11键，打开【渐变填充】对话框，在该对话框中将【选项】选项组中的【角度】设置为327.9，将【边界】设置为43%，将位置0的CMYK值设置为（38、0、87、0），将位置

100%的CMYK值设置为（71、0、94、0），如图11-313所示。

图11-310　创建其他图形后的效果

图11-311　复制后的效果

图11-312　绘制图形

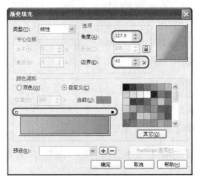

图11-313　设置渐变填充

**STEP 37** 设置完成后，单击【确定】按钮，即可为选中的图形填充渐变颜色，在属性栏中将【轮廓宽度】设置为【无】，效果如图11-314所示。

**STEP 38** 在工具箱选择【椭圆形工具】，在绘图页中绘制一个椭圆形，如图11-315所示。

图11-314　填充渐变颜色后的效果

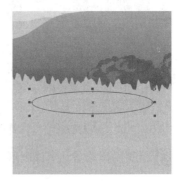

图11-315　绘制椭圆形

**STEP 39** 按Shift+F11组合键，在弹出的对话框中选择【模型】选项卡，将CMYK值设置为（93、38、100、38），如图11-316所示。

**STEP 40** 设置完成后，单击【确定】按钮，为选中的图形填充所设置的颜色，在属性栏中将【轮廓宽度】设置为【无】，效果如图11-317所示。

图11-316　设置填充颜色

图11-317　填充颜色后的效果

**41** 在工具箱中选择【透明度工具】 ，在属性栏中将【透明度类型】设置为【标准】，将【开始透明度】设置为78，如图11-318所示。

**42** 在工具箱中选择【钢笔工具】 ，在绘图页中绘制一个如图11-319所示的图形。

图11-318　添加透明度

图11-319　绘制图形

**43** 按Shift+F11组合键，在弹出的对话框中选择【模型】选项卡，将CMYK值设置为（50、60、86、62），如图11-320所示。

**44** 设置完成后，单击【确定】按钮，在属性栏中将【轮廓宽度】设置为【无】，效果如图11-321所示。

图11-320　设置填充颜色

图11-321　填充颜色后的效果

**45** 在工具箱中选择【钢笔工具】 ，在绘图页中绘制一个如图11-322所示的图形。

46 按Shift+F11组合键，在弹出的对话框中选择【模型】选项卡，将CMYK值设置为（47、89、80、75），如图11-323所示。

图11-322　绘制图形

图11-323　设置填充颜色

**47** 设置完成后，单击【确定】按钮，在属性栏中将【轮廓宽度】设置为【无】，效果如图11-324所示。

**48** 使用同样的方法绘制其他图形，并为其设置颜色，创建后的效果如图11-325所示。

图11-324　填充颜色后的效果

图11-325　创建其他图形后的效果

**49** 按Ctrl+S组合键，打开【保存绘图】对话框，在该对话框中指定保存路径，将【保存类型】设置为【CDR-CorelDRAW】，如图11-326所示。

**50** 设置完成后，单击【保存】按钮。按Ctrl+E组合键，在弹出的对话框中指定导出路径，将【保存类型】设置为【JPG-JPEG位图】，如图11-327所示。

**51** 设置完成后，单击【导出】按钮，在弹出的对话框中单击【确定】按钮。

图11-326　【保存绘图】对话框

图11-327　【导出】对话框

## 11.4 海报设计

　　海报是极为常见的一种招贴形式，多用于电影、戏剧、比赛、文艺演出等活动。海报中通常要写清楚活动的性质，活动的主办单位、时间、地点等内容。海报的语言要求简明扼要，形式要做到新颖美观。

### 11.4.1 服装店宣传海报

　　本实例将介绍如何制作服装店宣传海报，效果如图11-328所示。制作服装店宣传海报的具体操作步骤如下。

图11-328　服装店宣传海报效果

　　**01** 新建一个空白文档，选择工具箱中的【矩形工具】，在绘图页中绘制矩形，如图11-329所示。

　　**02** 按Shift+F11组合键，打开【均匀填充】对话框，在该对话框中选择【模型】选项卡，将CMYK值设置为（0、70、0、0），如图11-330所示。

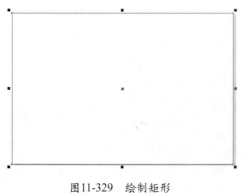

图11-329　绘制矩形

图11-330　【均匀填充】对话框

　　**03** 设置完成后，单击【确定】按钮，在属性栏中将【轮廓宽度】设置为【无】，填充颜色后的效果如图11-331所示。

**04** 在工具箱中选择【透明度工具】，在属性栏中将【透明度类型】设置为【辐射】，并对其进行调整，调整完毕效果如图11-332所示。

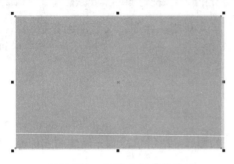

图11-331　设置完成后的效果

图11-332　调整后的效果

**05** 选择【文本工具】字，输入文字【10年盛典感恩回报】，选中输入的文字，在属性栏中将字体设置为【方正粗倩简体】，将字体大小设置为56pt，如图11-333所示。

**06** 确认该文字处于选中状态，在菜单栏中选择【排列】|【拆分美术字】命令，效果如图11-334所示。

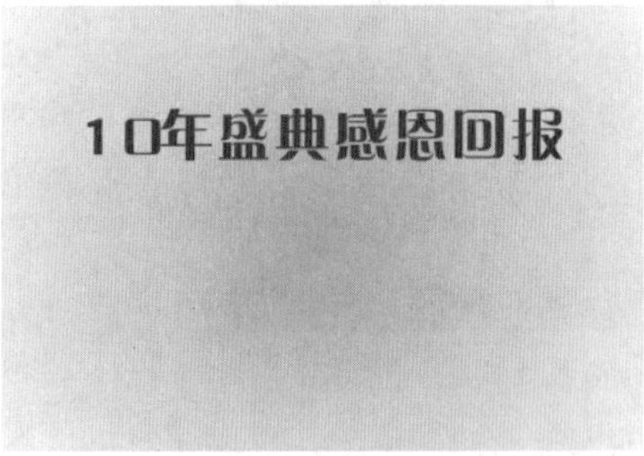

图11-333　输入文字

图11-334　拆分美术字后效果

**07** 在工具箱中选择【移动工具】，移动文字到合适的位置，效果如图11-335所示。

**08** 使用【移动工具】选择文字【10年盛典感恩回报】，在菜单栏中选择【排列】|【转换为曲线】命令，如图11-336所示。

图11-335　移动的文字

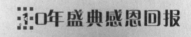

图11-336　【转换为曲线】命令

**09** 使用【形状工具】 在绘图页中对该文字进行调整，调整完成后，选中该文字按Ctrl+L组合键，对其进行合并，效果如图11-337所示。

图11-337　调整后效果

**10** 按Shift+F11组合键，在弹出的对话框中选择【模型】选项卡，将CMYK的值设置为（0、70、0、0），设置完后单击【确定】，如图11-338所示。

**11** 在属性栏中将【轮廓宽度】设置为3.0，在默认的CMYK调色板中右击白色色块，效果如图11-339所示。

图11-338　【均匀填充】对话框

图11-339　添加轮廓效果

**12** 使用同样的方法输入文字，并对其进行修改，在属性栏中将字体大小设置为24pt，如图11-340所示。

**13** 继续输入文字，在属性栏中将字体设置为【方正综艺简体】,将字体大小设置为40pt，为文字添加渐变，在默认的CMYK调色板中右击洋红色块，在属性栏中将【轮廓宽度】设置为0.2mm，效果如图11-341所示。

图11-340　输入文字并进行调整

图11-341　输入【全场惊喜 好礼不断】文字

**STEP 14** 在工具箱中选择【矩形工具】，在绘图页中绘制一个矩形，并将其填充颜色CMYK设置为（0、60、0、0），在属性栏中将【轮廓宽度】设置为【无】。右击鼠标，在弹出的快捷菜单中选择【顺序】|【到页面后面】命令，如图11-342所示。

**STEP 15** 在菜单栏中选择【文件】|【导入】命令，弹出【导入】对话框，选择随书附带光盘中的【素材\第11章\素材1.psd】文件，选择适当的位置放置，最终效果如图11-343所示。

**STEP 16** 在菜单栏中选择【文件】|【另存为】命令，在该对话框中设置文件名和存储路径，单击【保存】按钮，保存文件。

图11-342 选择【到页面后面】命令

图11-343 导入【素材1.psd】效果

## 11.4.2 房地产宣传海报

宣传海报是应用最早和最广泛的宣传品，它展示面积大，视觉冲击力强，最能突出企业的口号和用意。下面就来介绍房地产宣传海报的制作方法，效果如图11-344所示。

图11-344 房地产宣传海报

**01** 按Ctrl+N组合键，在弹出的对话框中将【名称】设置为【房地产宣传海报】，将【宽度】和【高度】分别设置为220mm、150mm，如图11-345所示。

**02** 设置完成后，单击【确定】按钮，即可新建一个空白文档。在工具箱中选择【矩形工具】，在绘图页中绘制一个矩形，按Shift+F11组合键打开【均匀填充】对话框，在该对话框中选择【模型】选项卡，将CMYK值设置为（0、0、15、0），如图11-346所示。

图11-345 【创建新文档】对话框

图11-346 设置填充颜色

**03** 设置完成后，单击【确定】按钮，即可为选中的对象填充颜色，效果如图11-347所示。

**04** 按F12键打开【轮廓笔】对话框，在该对话框中将【宽度】设置为【无】，如图11-348所示。

图11-347 填充颜色后的效果

图11-348 【轮廓笔】对话框

**05** 设置完成后，单击【确定】按钮，即可为选中的对象取消轮廓。在工具箱中选择【网状填充工具】，将网格的行数与列数设置为4、3，并在绘图页中调整节点的位置，调整后的效果如图11-349所示。

**06** 在绘图页中选择如图11-350所示的节点，按Shift+F11组合键，在弹出的对话框中选择【模型】选项卡，将CMYK值设置为（33、42、84、0），设置完成后单击【确定】按钮即可。

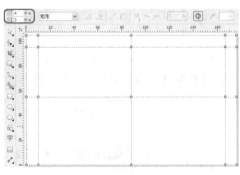

图11-349　调整节点后的效果　　　　　图11-350　设置CMYK值

**07** 在绘图页中选择如图11-351所示的节点，按Shift+F11组合键，在弹出的对话框中选择【模型】选项卡，将CMYK值设置为（22、33、62、0），设置完成后单击【确定】按钮即可。

**08** 使用同样的方法为其他节点设置颜色，并对其进行调整，调整后的效果如图11-352所示。

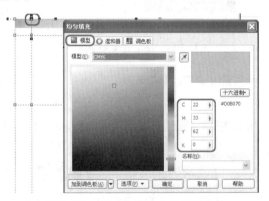

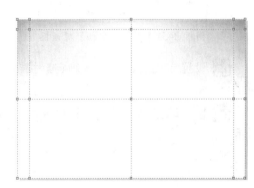

图11-351　添加色标并设置CMYK值　　　　图11-352　填充颜色后的效果

**09** 按Ctrl+I组合键，在弹出的对话框中选择随书附带光盘中的【素材\第11章\素材01.png】文件，如图11-353所示。

**10** 选择完成后，单击【导入】按钮，再按Enter键将其置入到绘图页中，如图11-354所示。

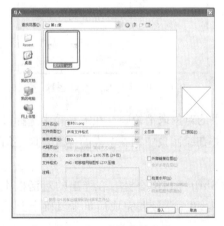

图11-353　选择素材文件　　　　　图11-354　导入素材文件后的效果

**STEP 11** 在工具箱中选择【2点线工具】，在绘图页中按住鼠标左键绘制一条直线，如图11-355所示。

**STEP 12** 按F12键打开【轮廓笔】对话框，单击【颜色】右侧的下三角按钮，在弹出的下拉列表中选择深褐，如图11-356所示。

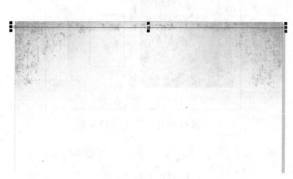

图11-355 绘制直线

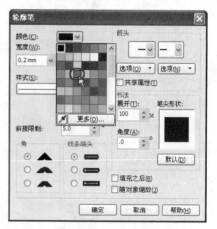

图11-356 选择颜色

**STEP 13** 再在该对话框中将【宽度】设置为0.2mm，在【样式】下拉列表中选择一种样式，如图11-357所示。

**STEP 14** 设置完成后，单击【确定】按钮，即可完成对选中对象的设置，效果如图11-358所示。

图11-357 选择样式

图11-358 设置线段后的效果

**STEP 15** 在工具箱中选择【文本工具】，在绘图页中输入文字，选中输入的文字，在属性栏中将字体设置为【Adobe Caslon Pro Bold (粗体)】，将字体大小设置为65pt，如图11-359所示。

**STEP 16** 确认该文字处于选中状态，按Shift+F11组合键，在弹出的对话框中选择【模型】选项卡，在该选项卡中将CMYK值设置为（68、79、100、56），如图11-360所示。

**STEP 17** 设置完成后，单击【确定】按钮，即可为选中的文字填充所设置的颜色，效果如图11-361所示。

**STEP 18** 在工具箱中选择【文本工具】，在绘图页中单击鼠标并输入文字，选中输入的文字，在属性栏中将字体设置为【方正小标宋简体】，将字体大小设置为35pt，如图11-362所示。

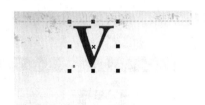

图11-359　输入文字

图11-360　设置CMYK值

图11-361　设置颜色后的效果

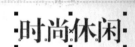

图11-362　输入文字

**STEP 19** 确认该文字处于选中状态，按Shift+F11组合键，在弹出的对话框中选择【模型】选项卡，在该选项卡中将CMYK值设置为（68、79、100、56），如图11-363所示。

**STEP 20** 设置完成后，单击【确定】按钮，即可为选中的文字填充所设置的颜色，效果如图11-364所示。

图11-363　【均匀填充】对话框

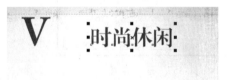

图11-364　为文字添加颜色后的效果

**21** 使用同样的方法创建其他文字，创建后的效果如图11-365所示。

**22** 按Ctrl+I组合键，在弹出的对话框中选择随书附带光盘中的【素材\第11章\素材02.png】文件，如图11-366所示。

图11-365　创建其他文字后的效果　　　　　　　　图11-366　选择素材文件

**23** 选择完成后，单击【导入】按钮，再按Enter键将其置入到绘图页中，如图11-367所示。

**24** 在工具箱中选择【钢笔工具】，在绘图页中绘制如图11-368所示的图形。

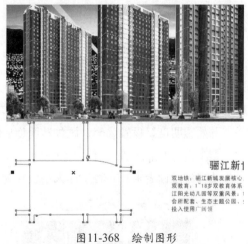

图11-367　导入素材文件后的效果　　　　　　　　图11-368　绘制图形

**25** 在默认的CMYK调色板中单击黑色色块，将选中的对象设置为黑色；在默认的CMYK调色板中右击⊠色块，取消轮廓色，如图11-369所示。

**26** 使用【钢笔工具】继续绘制其他图形，绘制后的效果如图11-370所示。

**提示**　　　　为了使用户看清所绘制的图形，在此将所绘制的图形填充了多种颜色。

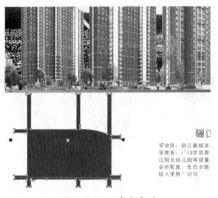

图11-369　填充颜色

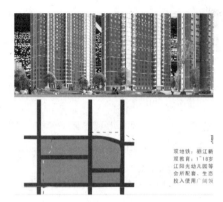

图11-370　绘制其他图形后的效果

**STEP 27** 选中所绘制的图形，在菜单栏中选择【排列】|【合并】命令，如图11-371所示。

**STEP 28** 执行该操作后，即可对选中的对象进行合并，合并后的效果如图11-372所示。

图11-371　选择【合并】命令

图11-372　合并后的效果

**STEP 29** 在工具箱中选择【透明度工具】，在属性栏中将【透明度类型】设置为【标准】；将【开始透明度】设置为65，添加透明度后的效果如图11-373所示。

**STEP 30** 在工具箱中选择【文本工具】，在绘图页中单击鼠标并输入文字，在属性栏中将字体设置为【创意简老宋】，将字体大小设置为5pt，如图11-374所示。

图11-373　添加透明度效果

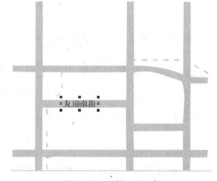

图11-374　输入文字

**31** 使用同样的方法创建其他文字，创建后的效果如图11-375所示。

**32** 在工具箱中选择【椭圆形工具】，在绘图页中绘制一个椭圆形，在默认的CMYK调色板中单击红色色块，将选中的对象设置为红色；在默认的CMYK调色板中右击⊠色块，取消轮廓色，如图11-376所示。

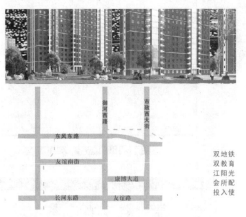

图11-375　创建其他文字后的效果

图11-376　绘制图形并填充颜色

**33** 在工具箱中选择【标注形状工具】，在属性栏中选择完美形状，在绘图页中按住鼠标进行拖动，绘制后的效果如图11-377所示。

**34** 使用【文本工具】在绘图页中输入文字，输入后的效果如图11-378所示。

图11-377　绘制形状后的效果

图11-378　输入文字后的效果

**35** 根据上面所介绍的方法绘制其他图形，绘制后的效果如图11-379所示。

**36** 按Ctrl+S组合键打开【保存绘图】对话框，在该对话框中指定保存路径，将【保存类型】设置为【CDR-CorelDRAW】，如图11-380所示。

**37** 设置完成后，单击【保存】按钮。按Ctrl+E组合键，在弹出的对话框中指定导出路径，将【保存类型】设置为【TIF-TIFF位图】，如图11-381所示。

**38** 设置完成后，单击【导出】按钮，在弹出的对话框中使用其默认设置，如图11-382所示，单击【确定】按钮。

图11-379 绘制其他图形后的效果　　　　　　　　　图11-380 设置保存类型

图11-381 【导出】对话框　　　　　　　　　　　图11-382 【转换为位图】对话框

# 习题答案

## 第1章

### 一、填空题

（1）菜单栏、标准工具栏、标尺栏、属性栏、工具箱。

（2）视图、布局、排列、效果、位图、文本。

（3）Ctrl+N、Ctrl+O、Ctrl+S。

### 二、简答题

（1）新建文件的方法有：组合键Ctrl+N、菜单栏中选择【文件】|【新建】命令，或单击标准工具栏中的【新建】按钮。

（2）关闭文件分两种情况。

情况一：如果文件经过编辑后已经保存了，则只需在菜单栏中执行【文件】|【关闭】命令或在绘图窗口的标题栏中单击【关闭】按钮，就可将文件关闭了。

情况二：如果文件经过编辑后，但并未进行保存，则在菜单栏中执行【文件】|【关闭】命令，弹出【警告】对话框，如果需要保存编辑后的内容，单击【是】按钮；如果不需要保存编辑后的内容，单击【否】按钮；如果不想关闭文件，单击【取消】按钮。

（3）略。

## 第2章

### 一、填空题

（1）筛选

（2）复制粘贴、拖曳、纯文本

（3）压缩、网页格式

### 二、简答题

（1）书脊的尺寸要计算准确。在做书刊封面时，一定要对书的厚度计算准确，这关系到书脊的正确尺寸。如果书脊尺寸计算不准确，当书脊与书封颜色不同时，会造成书封上出现多余的书脊颜色，或者书脊上出现多余的书封颜色。

（2）【样本大小】：对1×1单像素颜色取样；对2×2像素区域中的平均颜色值进行取样；对5×5像素区域中的平均颜色值取样；可以在其中根据需要选择要取样颜色的范围。

## 第3章

### 一、填空题

（1）图形、曲线、折线

（2）笔刷、笔触

### 二、简答题

（1）预设、笔刷、喷涂、书法与压力工具。

（2）基本形状、箭头形状、流程图形状、标题形状。

## 第4章

### 一、填空题

（1）形状、大小、位置、颜色、虚实、叠套。

（2）色相、饱和度、亮度。

### 二、简答题

（1）专色是指在印刷中基于成本或者特殊效果的考虑而使用的专门的油墨。

（2）渐变填充是指用渐变色进行图形的填充。

## 第5章

### 一、填空题

（1）使文本适合框架

（2）拆分路径内的段落文本

### 二、简答题

（1）ANSI Text（TXT）、Microsoft Word Document（DOC）文件、Microsoft Word Open XML 文档（DOCX）、WordPerfect 文件（WPD）、多信息文本格式（RTF）文件。

（2）可以在菜单栏中选择【表格】|【创

建新表格】命令来创建表格，还可以在工具箱中选择【表格工具】▦来创建表格。具体操作步骤参照5.8节。

# 第6章

## 一、填空题

（1）选定、群组、嵌套工具群组

（2）手绘工具、贝赛尔工具、钢笔工具

## 二、简答题

（1）可以将对象复制或剪切到剪贴板上，然后粘贴到绘图区中，也可以再制对象。它们的区别在于将对象剪切到剪贴板时，对象将从绘图区中移除；将对象复制到剪贴板时，原对象保留在绘图区中；再制对象时，对象副本会直接放到绘图窗口中，而非剪贴板上，并且再制的速度比复制和粘贴快。

（2）在工具箱中选择【裁剪工具】，然后在场景中拖曳出一个裁剪框，用户可以在其中调整裁剪框，调整好裁剪框后，在裁剪框中双击确定裁剪，即可将裁剪框以外的内容裁剪掉。

# 第7章

## 一、填空题

（1）Ctrl+Home

（2）逆序

## 二、简答题

（1）选中要对齐的多个对象，在菜单栏中选择【排列】|【对齐和分布】|【左对齐】命令，执行该操作后，即可将选择的对象以最底层的对象为准进行左对齐。

（2）选中要群组的对象，在菜单栏中选择【排列】|【群组】命令或者按Ctrl+G组合键，即可将选中的对象进行群组。

# 第8章

## 一、填空题

（1）阴影效果、阴影效果、透明度、颜色、位置、羽化程度

（2）多个节点、移动这些节点、复制、

移除

## 二、简答题

（1）使用交互式透明工具可以为对象添加交互式透明效果，它是指通过改变图像的透明度，使其成为透明或半透明图像的效果。此工具与交互式渐变工具相似，提供了多种透明类型。还可以通过属性栏选择色彩混合模式、调整渐变透明角度和边缘大小，以及控制透明效果的扩展距离。

（2）推拉、拉链与扭曲。

# 第9章

## 一、填空题

（1）自动调整　　　（2）定向平滑

## 二、简答题

（1）在绘图页中选择需要转换的矢量图，然后在菜单栏中选择【位图】|【转换为位图】命令，弹出【转换为位图】对话框，在对话框的【分辨率】列表中设置位图的分辨率，以及在【颜色模式】列表中选择合适的颜色模式，设置完成后单击【确定】按钮，即可将素材文件转换为位图。

（2）在绘图页中选择位图图像，然后在菜单栏中选择【位图】|【位图边框扩充】|【手动扩充位图边框】命令，弹出【位图边框扩充】对话框，在该对话框中对【扩大方式】参数进行设置，设置完成后单击【确定】按钮，即可扩充位图边框。

# 第10章

## 一、填空题

（1）尺寸　　（2）5

## 二、简答题

（1）在平面设计中，尺寸分为两种：一种叫成品尺寸，另一种是印刷尺寸。成品尺寸是指印刷品经过裁切后的实际尺寸，印刷尺寸是指印刷品在裁切前包含了出血的尺寸。

（2）6大要素包括：形状、大小、位置、颜色、虚实、套压。